U0255268

教育部职业教育与成人教育司推荐教材

中等职业学校机械专业教学用书

电工与电子
技术基础

第 2 版

中 国 机 械 工 业 教 育 协 会
全国职业培训教学工作指导委员会　组编
机 电 专 业 委 员 会

覃　斌　主编

机 械 工 业 出 版 社

本书是为适应中等职业教育教学改革需要而编写的。本书主要内容包括：直流电路、磁与电磁、正弦交流电路、工作机械的基本电气控制电路、二极管及整流电路、晶体管及放大电路、晶闸管及其应用电路等。

本书可供技工学校、中等职业技术学校机械类专业使用。

图书在版编目（CIP）数据

电工与电子技术基础/覃斌主编. —2版. —北京：机械工业出版社，2013.7（2023.9重印）

教育部职业教育与成人教育司推荐教材. 中等职业学校机械专业教学用书

ISBN 978-7-111-43264-7

Ⅰ.①电… Ⅱ.①覃… Ⅲ.①电工技术—中等专业学校—教材②电子技术—中等专业学校—教材 Ⅳ.①TM②TN

中国版本图书馆 CIP 数据核字（2013）第 156296 号

机械工业出版社（北京市百万庄大街 22 号　邮政编码 100037）
策划编辑：陈玉芝　责任编辑：陈玉芝　　王振国
版式设计：常天培　责任校对：闫玥红
封面设计：赵颖喆　责任印制：单爱军
河北鑫兆源印刷有限公司印刷
2023 年 9 月第 2 版第 15 次印刷
184mm×260mm・14 印张・343 千字
标准书号：ISBN 978-7-111-43264-7
定价：28.00 元

凡购本书，如有缺页、倒页、脱页，由本社发行部调换

电话服务　　　　　　　　　　网络服务
服务咨询热线：010-88379833　机 工 官 网：www.cmpbook.com
读者购书热线：010-88379649　机 工 官 博：weibo.com/cmp1952
　　　　　　　　　　　　　　教育服务网：www.cmpedu.com
封底无防伪标均为盗版　　　金 书 网：www.golden-book.com

教育部职业教育与成人教育司推荐教材
中等职业学校机械专业教学用书
编审委员会名单

主　　任　　郝广发

副 主 任　　周学奎　刘亚琴　李俊玲　何阳春　林爱平
　　　　　　李长江　付　捷　单渭水　王兆山　张仲民

委　　员　　（按姓氏笔画排序）
　　　　　　于　平　王　珂　王　军　王洪琳　付元胜
　　　　　　付志达　刘大力　刘家保　许炳鑫　孙国庆
　　　　　　李木杰　李稳贤　李鸿仁　李　涛　何月秋
　　　　　　杨柳青　杨耀双　杨君伟　张跃英　张敬柱
　　　　　　林　青　周建惠　赵杰士　郝晶卉　荆宏智
　　　　　　贾恒旦　黄国雄　董桂桥　曾立星　甄国令

本书主编　　覃　斌

参　　编　　巫时云　周素英　杨杰忠

前　　言

由中国机械工业教育协会、全国职业培训教学工作指导委员会机电专业委员会组编的"中等职业学校机械专业和电气维修专业教学用书"（共 22 种）自 2003 年出版以来，已多次重印，受到了教师和学生的广泛好评，并且有 17 种被教育部评为"教育部职业教育与成人教育司推荐教材"。

随着技术的进步和职业教育的发展，本套教材中涉及的一些技术规范、标准已经过时，同时，近年来各学校普遍进行了教学和课程的改革，使教学内容也有了一定的更新和调整。为了更好地服务教学，我们对本套教材进行了修订。

本次修订，充分继承了第 1 版教材的精华，在内容、编写模式上做了较多的更新和调整，配套资源更加丰富。第 2 版教材具有以下特点：

（1）内容新而全　本套教材在修订过程中，主要是更新陈旧的技术规范、标准、工艺等，做到知识新、工艺新、技术新、设备新、标准新，并根据教学需要，删除过时和不符合目前授课要求的内容，精简繁杂的理论，适当增加、更新相关图表和习题，重在使学生掌握必需的专业知识和技能。

（2）编写模式灵活　为了适应教学改革的需要，部分专业课教材采用任务驱动模式编写。

（3）配套资源丰富　本套教材全部配有电子课件，部分教材配有习题集或课后习题。

本套教材的编写工作得到了各相关学校领导的重视和支持，参加教材编审的人员均为各校的教学骨干，使本套教材的修订工作能够按计划有序地进行，并为编好教材提供了良好的保证，在此对各个学校的支持表示感谢。

本书由覃斌主编，巫时云、周素英、杨杰忠参加编写。

尽管我们不遗余力，但书中仍难免存在不足之处，敬请读者批评指正。我们真诚地希望与您携手，共同打造职业教育教材的精品。

中国机械工业教育协会

全国职业培训教学工作指导委员会机电专业委员会

目 录

绪　论

一、学习本课程的目的

通过本课程的学习，使学生获得电工及电子技术方面必要的理论知识，为学习专业技术打下良好的基础。

二、本课程的内容

本课程主要由以下七大部分组成。

（1）直流电路　主要介绍直流电路的组成，电路中的几个物理量的表示方法，以及复杂的直流电路的计算方法。

（2）磁与电磁　主要介绍电磁产生的原理，电磁感应定律及在工业上的应用。

（3）正弦交流电路　主要介绍正弦交流电的产生及表示方法，单相交流电路组成及电流、电压、功率关系。照明电路中常见电路的安装和安全用电等相关知识。

（4）工作机械的基本电气控制电路　主要介绍三相异步电动机的工作原理，常用低压电器结构及工作过程，典型控制电路的组成和工作原理。

（5）二极管及整流电路　主要介绍二极管的结构、工作原理、特性和主要参数，以及整流电路、滤波电路、稳压电路的工作原理。

（6）晶体管及放大电路　主要介绍晶体管的结构、工作原理、特性和主要参数，通过对基本典型电路的组成、工作原理及分析方法的论述，为进一步学习其他电子电路和相关专业技术奠定基础。

（7）晶闸管及其应用电路　主要介绍晶闸管的结构、工作原理、特性和主要参数，以及整流电路、触发电路的工作原理。

三、本课程的特点及学习方法

本课程虽然是理论基础课，但它具有很强的实践性，学习时一定要从实践出发，对基本概念、基本元器件及典型电路工作原理务必搞清楚。

要重视实验课，在实验中多提问题、多动手、多思考，激发学习兴趣，培养动手和创新能力，加深对理论知识的理解。

第一章

直 流 电 路

知识目标

1. 了解电路的组成及其基本物理量的意义、单位和符号。
2. 掌握电压、电流的概念及其正方向的规定原则。
3. 掌握欧姆定律及简单电路的分析。
4. 掌握电阻的串、并联等效变换的特点及应用。
5. 掌握电能与电功率的计算方法。
6. 掌握基尔霍夫定律及其在支路电流法中的应用。
7. 掌握电压、电流、电阻元件的测量方法及其识别方法。

技能目标

1. 学会用万用表测量电压、电流和电阻元件。
2. 根据电路图会正确接线。
3. 能应用电路定律对简单电路和典型复杂电路进行分析计算。
4. 能根据负载的额定值作电路的正确连接。

◇◇◇ 第一节　电路及基本物理量

　　电路是电流的通路，是为了某种需要由电工设备或电路元器件按一定方式组合而成。实际电路有交流电路和直流电路，而且它有大有小、有简单也有复杂，大到全国范围的电力供电网，小到一块 IC 电话卡上的集成电路；复杂到全球计算机网络的控制，简单到手电筒的电路。其作用是：首先，实现电能的传输、分配与转换；其次，实现信号的传递与处理。图1-1 所示为电力供电网和计算机主板。

a)　　　　　　　　　　　　　　　b)

图 1-1　应用电路

a) 电力供电网　b) 计算机主板

　　本章从简单电路开始，重点介绍电路的基本概念、基本定律和基本的分析方法。

一、电路及电路图

1. 组成

电流经过的路径称为**电路**。最基本的电路由电源、负载、开关和连接导线组成,如图1-2所示。电路各部分的名称及作用见表1-1。

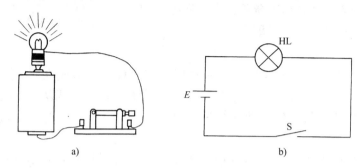

图 1-2　电路和电路图

a)实物接线图　b)电路图

表 1-1　电路各部分的名称及作用

名称	作用	实例	实例图
电源	将其他形式的能量转换为电能的装置	如发电机、干电池、蓄电池等	
负载	将电能转换成其他形式的能	如电灯、电扇、电动机等	
开关	用于控制电路的接通或断开	如电键开关、刀开关、低压断路器等	
连接导线	将电源和负载连接起来,担负着电能的传输和分配	如各种规格的铜线、铝线等	

2. 工作原理

图1-2a所示为由干电池、小电珠、开关和连接导线构成的一个简单直流电路。当开关闭合时,电路接通(通路),干电池向外输出电流,电路中有电流流过,小电珠就发光。开关断开时,电路中没有电流过,小电珠不亮。

电路分为内电路和外电路。电源内部的电路称为**内电路**，电源以外的电路称为**外电路**。

实际中电气设备安装和维修是依据电路原理图进行的，很少使用实物接线图，可将图1-2a所示实物接线图画成图1-2b所示电路原理图。电路原理图简称**电路图**。

【想一想】

电热、照明电路上安装的熔断器，其作用是什么？

二、电路中几个基本物理量

1. 电流

电路中，带电粒子在电源作用下做有规则的定向移动而形成**电流**。金属导体中的自由电子，电解液中的正、负离子都是带电粒子，因此，电流既可以是负电荷，也可以是正电荷，或者两者兼有的定向运动的结果。因此，自由电子和负离子移动方向跟电流方向相反。

不同的用电器通过的电流大小是不一样的，电流是单位时间内通过导体横截面的电荷量，用字母 I 表示。如果在 t 秒内流经导体横截面的电荷量为 Q，则电流的定义为

$$I = \frac{Q}{t} \tag{1-1}$$

式中　I——电流，单位是安[培]（A）；

　　　Q——在 t 秒内通过导体截面的电荷量，单位是库[仑]（C）；

　　　t——时间，单位是秒（s）。

如果在 1s 内通过导体横截面的电荷量为 1C，则导体中的电流就是 1A。实际中，除安培外，常用的电流单位还有千安（kA）、毫安（mA）和微安（μA）。它们之间的换算关系如下：

$$1\text{kA} = 10^3 \text{A}$$
$$1\text{mA} = 10^{-3} \text{A}$$
$$1\mu\text{A} = 10^{-3} \text{mA} = 10^{-6} \text{A}$$

电流不仅有大小，而且有方向。习惯上规定以正电荷移动的方向为电流的方向。

在分析电路时，常常要知道电流的方向，但有时对某段电路中电流的方向往往难以判断，此时可先任意假定电流的参考方向（也称为**正方向**），然后列方程求解。当求出的电流为正值时，就认为电流的实际方向与参考方向一致，如图1-3a所示；反之，解出的电流为负值时，就认为电流的实际方向与参考方向相反，如图1-3b所示。

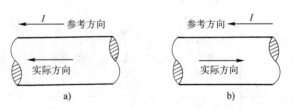

图1-3　电流的正负规定

a) $I>0$　b) $I<0$

2. 电流密度

在实际工作中，有时需要选择导线的粗细（横截面积），这就涉及电流密度这一概念。所谓**电流密度**是指当电流在导体的横截面上均匀分布时，该电流的大小与导体横截面积的比值。电流密度可用字母 J 表示，其数学表达式为

$$J = \frac{I}{S} \tag{1-2}$$

式中　J——电流密度，单位是安培/平方毫米(A/mm^2)；

　　　I——电流，单位是安(A)；

　　　S——导体横截面积，单位是平方毫米(mm^2)。

选择合适的导体横截面积就是使导体的电流密度在允许的范围内，保证用电量和用电安全。导体允许的电流密度随导体的横截面积的不同而不同。例如，$1mm^2$及$2.5mm^2$铜导线的J取$6A/mm^2$，而$120mm^2$铜导线的J取$2.3/mm^2$。当导线中通过的电流超过允许值时，导体将过热，甚至着火发生事故。

【想一想】

相同横截面积的铜导线和铝导线，它们的电流密度一样吗？

3. 电压

电压又称为**电位差**，是衡量电场力做功本领大小的物理量。如图 1-4 所示，在电场中若电场力将单位正电荷 Q 从 A 点移动到 B 点，所做的功为 W_{AB}，则功 W_{AB} 与电荷 Q 的比值就称为该两点之间的电压，用带双下标的符号 U_{AB} 表示，其数学表达式为

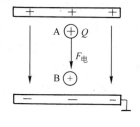

图 1-4　电场力做功

$$U_{AB} = \frac{W_{AB}}{Q} \qquad (1-3)$$

式中　W_{AB}——电场力所做的功，单位是焦[耳](J)；

　　　Q——被移动电荷的电荷量，单位是库[仑](C)；

　　　U_{AB}——A 点与 B 点间的电压差(电位差)，单位是伏[特](V)。

实际中，除伏[特]外，电工常用的电压单位还有千伏(kV)、毫伏(mV)和微伏(μV)。它们之间的换算关系如下：

$$1kV = 10^3 V$$

$$1mV = 10^{-3} V$$

$$1\mu V = 10^{-3} mV = 10^{-6} V$$

电压和电流一样，不仅有大小，而且有方向，即有正负。对于负载来说，规定电流流进端为电压的**正端**，电流流出端为电压的**负端**。电压的方向由正指向负。

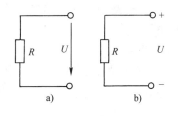

电压的方向在电路图中有两种表示方法，一种是用箭头，如图 1-5a 所示；另一种用极性符号表示，如图 1-5b 所示。

图 1-5　电压的方向

a) 用箭头表示　b) 用极性符号表示

在分析电路时，往往难以确定电压的实际方向，此时可先任意假设电压的参考方向，再根据计算所得值的正、负来确定电压的实际方向。

对于电阻负载来说，没有电流就没有电压，有电压就一定有电流，电阻两端的电压被称为**电压降**。

4. 电位

实际中，人们为了分析和维修电路方便，通常需要选定某一点作为参考点，这样电路中某点与参考点之间的电压就称为该点的电位。参考点的电位通常规定为零，所以又叫做**零电位点**。电位的文字符号用带单下标的字母 V 表示，如 V_A，即表示 A 点的电位。电位的单位

也是伏（V）。

零电位点可以任意选定，但为了统一，一般选大地为参考点，即视大地电位为零电位。在电子仪器和设备中常把金属外壳或电路的公共接点的电位作为零电位。零电位的符号有两种，图1-6a表示接地，图1-6b表示接公共点或接机壳。

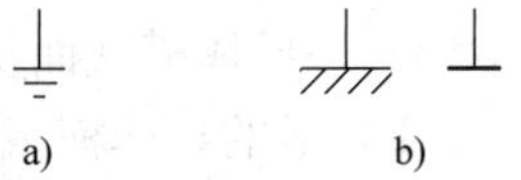

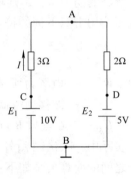

图1-6 接地与接公共点
a）接地 b）接公共点或接机壳

电位有正电位和负电位之分，当某点的电位大于零时，表示该电位高于参考点电位，称为**正电位**；当某点电位小于零时，表示该点电位低于参考点电位，称为**负电位**。

电路中零电位点规定之后，电路中任何一点与零电位点之间的电压，就是该点的电位。这样，电路中各点的电位就有了确定的数值。当各点电位已知后，就能求出任意两点（A，B）间的电压。

【**例1-1**】 在图1-7所示电路中，分别以A、B为参考点计算C和D点的电位及C和D两点之间的电压。

【**解**】 （1）以A为参考点

$$I = \frac{10+5}{3+2}A = 3A$$

$$V_C = 3 \times 3V = 9V$$

$$V_D = -3 \times 2V = -6V$$

$$U_{CD} = V_C - V_D = 15V$$

（2）以B为参考点

$$V_C = 10V \quad V_D = -5V$$

$$U_{CD} = V_C - V_D = 15V$$

结论：

1）电位值是相对的，参考点选取的不同，电路中各点的电位也将随之改变。

2）电路中两点间的电压值是固定的，不会因参考点的不同而改变，即与零电位参考点的选取无关。

【**小知识**】

小鸟站在高压线上没有危险，是因为它可以站在一条导线上，两脚之间无电位差，所以是安全的。

图 1-7

5. 电动势

电动势是衡量电源将非电能转换成电能本领的物理量。电动势的定义为：在电源内部外力将单位正电荷从电源的负极移到电源的正极所做的功，如图1-8所示。电动势用符号E表示，其数学表达式为

$$E = \frac{W}{Q} \tag{1-4}$$

式中 W——外力对电荷所做的功，单位是焦［耳］（J）；

Q——外力移动的电荷量，单位是库［仑］（C）；

E——电源的电动势，单位是伏［特］（V）。

电动势的大小只决定于电源本身的性质，对给定的电源，

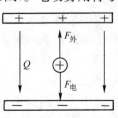

图1-8 外力克服电场力做功

W/Q 为一定值，与外电路无关。例如干电池的电动势为 1.5V。

电动势的方向规定是：**在电源内部由负极指向正极**。图 1-9 表示直流电动势的图形符号和方向。

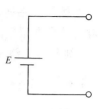

对于一个电源来说，既有电动势，又有端电压。电动势只存在于电源内部；而端电压则是电源加在外电路两端的电压，其方向由正极指向负极。一般情况下，电源的端电压总是低于电源内部的电动势，只有当电源开路时，电源的端电压才与电源的电动势相等。

图 1-9　直流电动势
的图形符号

6. 电阻

导体对电流的阻碍作用称为**电阻**，用符号 R 表示。其基本单位为欧姆，简称欧，用符号 Ω 表示。除欧姆外，常用的电阻单位还有千欧（kΩ）、兆欧（MΩ），它们之间的换算关系如下：

$$1k\Omega = 10^3 \Omega$$

$$1M\Omega = 10^3 k\Omega = 10^6 \Omega$$

导体的电阻是客观存在的，即使没有外加电压，导体仍然有电阻。在一定温度下，一段均匀导体的电阻与导体的长度成正比，与导体的横截面积成反比，还与组成导体材料的性质有关。用公式表示为

$$R = \rho \frac{L}{S} \tag{1-5}$$

式中　L——导体长度，单位是米（m）；

　　　S——导体的横截面积，单位是平方米（m^2）；

　　　ρ——导体的电阻率，单位是欧米（Ω·m）。

表 1-2 列出了几种材料在 20℃时的电阻率及主要用途。

由表 1-2 可知，纯金属的电阻率很小，绝缘体的电阻率很大。银是最好的导体，但因价格昂贵，一般很少使用，目前电器设备中常用导电性能良好的铜、铝做导线。

表 1-2　几种材料在 20℃时的电阻率及主要用途

材料		电阻率/Ω·m	主要用途
纯金属	银	1.6×10^{-8}	导线镀银
	铜	1.7×10^{-8}	各种导线
	铝	2.9×10^{-8}	各种导线
	钨	5.3×10^{-8}	白炽灯灯丝、电器触头
	铁	1.0×10^{-7}	电工材料
合金	锰铜（85%铜、12%锰、3%镍）	4.4×10^{-7}	标准电阻、滑线电阻
	康铜（54%铜、46%镍）	5.0×10^{-7}	标准电阻、滑线电阻
	铝铬铁电阻丝	1.2×10^{-6}	电炉丝
半导体	硒、锗、硅等	$10^{-4} \sim 10^7$	制造各种晶体管、晶闸管
绝缘体	赛璐珞	10^8	电器绝缘
	电木、塑料	$10^{10} \sim 10^{14}$	电器外壳、绝缘支架
	橡胶	$10^{13} \sim 10^{16}$	绝缘手套、鞋、垫

【小知识】

两根导线连接时，如果接触面积较小（接触不良），会造成接头处的接触电阻增大，严重时将造成电路不能正常工作。

【例1-2】 绕制10Ω的电阻，问需要直径为1mm的康铜丝多少？

【解】 由 $S = \dfrac{\pi d^2}{4} = \dfrac{3.14 \times (1 \times 10^{-3})^2}{4}\text{m}^2 = 7.85 \times 10^{-7}\text{m}^2$

查表1-2可知，20℃时康铜的电阻率 $\rho = 5.0 \times 10^{-7}\Omega \cdot \text{m}$

由 $R = \rho\dfrac{L}{S}$，得

$$L = \frac{RS}{\rho} = \frac{10 \times 7.85 \times 10^{-7}}{5.0 \times 10^{-7}}\text{m} = 15.7\text{m}$$

利用导体的电阻性能，可制造成具有一定阻值的实体元件（如电阻器），用它来控制电路中电流的大小、电压的高低。电阻器也叫做**电阻**，是各种电路经常使用的基本元件之一。常用电阻元件的外形、符号、特点与应用见表1-3。

表1-3　常用电阻元件的外形、符号、特点与应用

名称	实物图	图形符号	文字符号	特点与应用
碳膜电阻			R	碳膜电阻稳定性较高，噪声也比较低。一般在无线电通信设备和仪表中做限流、阻尼、分流、分压、降压、负载和匹配等用途
金属膜电阻			R	金属膜和金属氧化膜电阻的用途和碳膜电阻一样，具有噪声低，耐高温，体积小，稳定性和精密度高等特点
实心碳质电阻			R	实心碳质电阻的用途和碳膜电阻一样，具有成本低，阻值范围广，容易制作等特点，但阻值稳定性差，噪声和温度系数大
绕线电阻			RP	绕线电阻有固定和可调式两种。特点是稳定、耐热性能好，噪声小、误差范围小。一般在功率和电流较大的低频交流和直流电路中做降压、分压、负载等用途。额定功率大都在1W以上
电位器			RP	1）绕线电位器的阻值变化范围小，功率较大 2）碳膜电位器稳定性较高，噪声较小 3）推拉式带开关碳膜电位器使用寿命长，调节方便 4）直滑式碳膜电位器节省安装位置，调节方便

（续）

名称	实物图	图形符号	文字符号	特点与应用
压敏电阻			RV	当加在它上面的电压低于它的阈值时，流过它的电流极小，相当于一只关死的阀门，当电压超过 U_N 时，流过它的电流激增，相当于阀门打开。它主要用作过电压保护和吸收浪涌电流
光敏电阻			RL 或 RG	灵敏度高，反应速度快，光谱特性及 r 值一致性好，在高温、多湿的恶劣环境下，还能保持高度的稳定性和可靠性。广泛应用于光声控开关、路灯自动开关以及各种光控玩具、光控灯饰、灯具等控制领域
热敏电阻			Rt	热敏电阻器正温度系数和负温度系数两种，阻值随温度变化的曲线呈非线性。主要用于温度补偿、温度测量和在各类电源中吸收浪涌电流作为电路保护元件

【小知识】

常用测量仪表如图 1-10 所示。

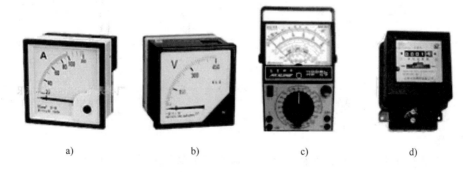

图 1-10　常用测量仪表

a）电流表　b）电压表　c）万用表　d）电能表

三、电流、电压、电阻的测量

1. 电流的测量

电路中电流的大小，可以用电流表（见图 1-11）直接测量。测量时，必须注意如下几点：

1）对交、直流电流应分别使用交流电流表和直流电流表。

2）电流表必须与被测电路串联。

3）直流电流表表壳接线柱上标明的"＋"、"－"记号，应和电路的极性相一致，不能接错，否则指针要反转，既影响正常测量，也容易损坏电流表。

4）使用前应根据被测电流的大小选择适当量程，在无法估计电流范围时，应选用较大的量程进行测量，然后再逐渐减小量程进行测量。

2. 电压的测量

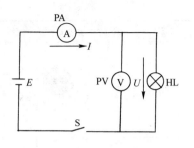

电路中任意两点之间的电压大小，可用电压表（伏特表）（见图 1-11）进行测量。测量时应注意如下几点：

1）对交直流电压分别采用交流电压表和直流电压表。

2）电压表必须与被测电路并联。

3）直流电压表表壳接线柱上标明的"＋"、"－"记号，应和被测两点的电位相一致，即"＋"端接高电位，"－"端接低电位，不能接错，否则指针要反转，并会损坏电压表。

图 1-11　电流和电压的测量

4）使用前应根据被测电压的大小选择适当量程，在无法估计电压范围时，应选用较大的量程开始测量，然后再逐渐减小量程进行测量。

3. 电阻的测量

导体电阻的大小可用欧姆表进行测量如图 1-12 所示。测量时应注意以下几点：

1）断开电路上的电源，如图 1-12a 所示。

2）使被测电阻的一端断开，如图 1-12b 所示。

3）避免把人体的电阻接入，如图 1-13 所示。

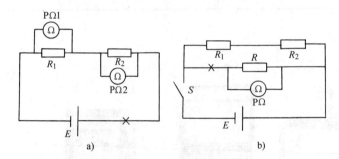

图 1-12　用欧姆表测量电阻

a）断开电源　b）断开电阻的一端

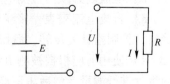

图 1-13　测量电阻时量入了人体电阻

【想一想】

1）用万用表测量电压或电流时，为什么不能用手触摸表笔的金属部分？

2）万用表测量完毕后，将转换开关置于什么挡？

◇◇◇ 第二节　欧姆定律及其应用

一、部分电路欧姆定律

部分电路欧姆定律的内容是：在不包含电源的电路（见图 1-14）中，导体通过的电流与这段导体两端电压成正比，与导体的电阻成反比，即

$$I = \frac{U}{R} \qquad (1-6)$$

式中　I——导体中的电流，单位是安（A）；

　　　U——导体两端的电压，单位是伏（V）；

　　　R——导体的电阻，单位是欧（Ω）。

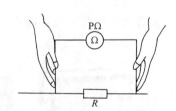

图 1-14　部分电路

式(1-6)也可以写成

$$U = IR \qquad\qquad (1-7)$$

欧姆定律揭示了电流、电压和电阻三者之间的联系，是电路分析的基本定律之一，实际应用非常广泛。

【例1-3】 我国对安全电压是这样规定的：以通过人体电流不引起心室颤动的最大电流30mA 为极限，如果人体电阻按 1000 ~ 1200Ω 估算，则安全电压是多少？

【解】 当人体电阻按1000Ω 计算时，根据式(1-7)有

$$U = IR = 30 \times 10^{-3} \times 1000V = 30V$$

当人体电阻按1200Ω 计算时，同理有

$$U = IR = 30 \times 10^{-3} \times 1200V = 36V$$

所以安全电压为 36V 以下。

【练一练】

已知某 100W 的白炽灯在电压 220V 时正常发光，此时通过的电流是 0.455A，试求该灯泡工作时的电阻？

二、全电路欧姆定律

全电路是指由内电路和外电路组成的闭合电路的整体，如图 1-15 所示。图中的点划线框代表一个电源的内部电路，称为**内电路**。电源内部一般都是有电阻的，这个电阻称为**内电阻**，简称**内阻**，用符号 r 或者 R_0 表示。内电阻也可以不单独画出，而在电源符号旁边注明内电阻的数值。

全电路欧姆定律的内容是：**在全电路中，电流与电源的电动势成正比，与整个电路的内外电阻之和成反比**。其数学表达式为

$$I = \frac{E}{R + r} \qquad\qquad (1-8)$$

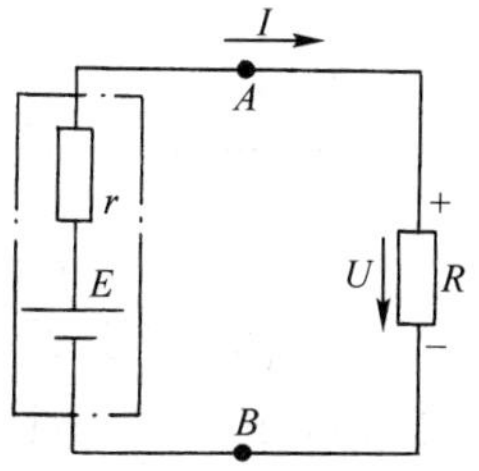

式中 E——电源的电动势，单位是伏(V)；

R——外电路(负载)电阻，单位是欧(Ω)；

r——内电路电阻，单位是欧(Ω)；

I——电路中电流，单位是安(A)。

由式(1-8)可得到

图 1-15 全电路

$$E = IR + Ir = U_R + U_r \qquad\qquad (1-9)$$

式中 U_r——电源内阻的压降，也称为**内阻压降**；

U_R——外电路的电压，也称为**电源的端电压**。

因此，全电路欧姆定律又可表述为：电源电动势在数值上等于闭合电路中内、外电路电压降之和。

【例1-4】 已知一电源电动势 $E = 3V$，内阻 $r = 0.4Ω$，外接负载电阻 $R = 9.6Ω$，求电源端电压和内压降。

【解】 根据全电路欧姆定律，有

$$I = \frac{E}{R + r} = \frac{3}{9.6 + 0.4}A = 0.3A$$

内压降 $U_r = Ir = 0.3 \times 0.4V = 0.12V$

$$端电压 \quad U_R = IR = 0.3 \times 9.6V = 2.88V$$
$$或 \quad U_R = E - U_r = (3 - 0.12)V = 2.88V$$

三、电路的三种状态

电路通常有三种状态：**通路**、**断路**和**短路**。

根据全电路的欧姆定律，我们来分析电路在三种不同状态下，电源端电压与输出电流之间的关系。

1. 通路

通路就是有载工作状态，如图 1-16 所示，当开关 S 接通"1"号位置时，负载中有电流流过。电路中的电流为

$$I = \frac{E}{R + r}$$

端电压与输出电流的关系为

$$U_R = E - U_r = E - Ir \tag{1-10}$$

式(1-10)表明，当电源具有一定值的内阻时，端电压总是小于电源电动势；当电源电动势和内阻一定时，端电压随输出电流的增大而下降。这种电源端电压随输出(负载)电流的变化关系，称为**电源的外特性**，其关系曲线称为电源的**外特性曲线**，如图 1-17 所示。

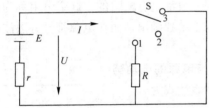

图 1-16   电路的三种状态   图 1-17   电源的外特性曲线

通常把通过大电流的负载称为**大负载**，把通过小电流的负载称为**小负载**。这样，由外特性曲线可知：在电源的内阻一定，电路接大负载时，端电压下降较多；电路接小负载时，端电压下降较少。

2. 断路(开路)

断路就是电源两端或电路某处断开，电路中没有电流流过。如图 1-16 所示，当开关 S 接通"2"号位置时，电路中没有电流流过，电源不向负载输送电能。对于电源来说，这种状态叫做空载。断路状态的主要特点是：**电路中的电流为零，电源端电压和电动势相等。**

【小知识】

断路可分为控制性断路和故障性断路。控制性断路是人们根据需要利用开关将处于通路状态的电路断开；故障性断路是一种突发性的、意想不到的断路状态。例如：在供电电路中，电源与负载之间的连接导线松脱，负载与导体的金属部分接触不良，都会引起断路故障。所以，在接线时要确保牢固可靠，尽量避免断路故障发生。

3. 短路

短路就是电源未经负载而直接由导体构成闭合回路。如图 1-16 所示，当开关 S 接通"3"号位置时，电源被短接，电路中短路电流 $I_S = E/r$。由于电源内阻一般都很小，所以 I_S 极大，此时，电源对外输出电压 $U = E - I_S r = 0$。

短路电流极大，不仅会损坏导线、电源和其他电器设备，甚至还会引起火灾，因此，短路是严重的故障状态，必须禁止发生。在电路中常串接保护装置，如熔断器等。一旦电路发生短路故障，能自动切断电路，起到安全保护作用。因此，电路在三种状态下各物理量的关系见表1-4。

表1-4 电路在三种状态下各物理量的关系

电路状态	电流	电压	电源消耗功率	负载功率
通路	$I = E/(R + r)$	$U = E - Ir$	$P_E = EI$	$P_R = UI$
断路	$I = 0$	$U = E$	$P_E = 0$	$P_R = 0$
短路	$I = I_S = E/r$	$U = 0$	$P_E = I_S^2 r$	$P_R = 0$

【例1-5】 在图1-18中，不计电压表和电流表内阻对电路的影响，开关在不同位置时，电压表和电流表的读数各为多少？

【解】 （1）开关接"1"号位置 电路处于短路状态，电压表读数为零；电流表中流过短路电流为

$$I_S = \frac{E}{r} = \frac{2}{0.2}A = 10A$$

（2）开关接"2"号位置 电路处于断路状态，电压表的读数为电源电动势的数值，即2V；电流表无电流流过，即 $I = 0$。

（3）开关接"3"号位置 电路处于通路状态，电流表的读数为

$$I = \frac{E}{R + r} = \frac{2}{9.8 + 0.2}A = 0.2A$$

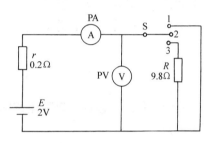

图1-18

电压表的读数为

$$U = IR = 0.2 \times 9.8V = 1.96V$$

或 $$U = E - Ir = (2 - 0.2 \times 0.2)V = 1.96V$$

【想一想】

在日常生活中，在晚上7点到9点间，白炽灯的光线要比其他时间发出的光线要暗一些，你能解释这种现象吗？

◇◇◇ 第三节 电阻的串联、并联及其应用

一、电阻的串联电路

两个或两个以上电阻的首尾依次连接所构成的无分支电路叫做**电阻的串联电路**。图1-19a、b分别是3个电阻串联电路及其等效电路。

电阻的串联电路有如下特点：

1）串联电路中，流过各个电阻的电流都相等，即

$$I = I_1 = I_2 = \cdots = I_n \tag{1-11}$$

式中，角标1，2，…，n分别代表第1，第2，…，第n个电阻(以下出现的含义相同)。

2）串联电路两端的总电压等于各个电阻两端的电压之和，即

$$U = U_1 + U_2 + \cdots + U_n \qquad (1\text{-}12)$$

3）串联电路的总电阻（即等效电阻）等于各串联电阻之和，即

$$R = R_1 + R_2 + \cdots + R_n \qquad (1\text{-}13)$$

4）每个电阻上分配到的电压与电阻成正比，即

$$\frac{U_1}{R_1} = \frac{U_2}{R_2} = \cdots = \frac{U_n}{R_n} = I \qquad (1\text{-}14)$$

式(1-14)表明，在串联电路中，电阻的阻值越大，这个电阻所分配到的电压越大；反之越小，即电阻上的电压分配与电阻的阻值成正比。这个结论是电阻串联电路特点的重要推论，用途极为广泛。

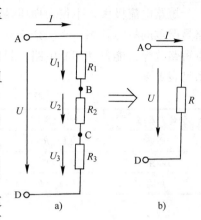

图1-19　电阻的串联电路
a）串联电路
b）等效电路

若已知串联电路的总电压 U 及两个电阻 R_1、R_2，可得

$$U_1 = \frac{R_1}{R_1 + R_2} U; \quad U_2 = \frac{R_2}{R_1 + R_2} U \qquad (1\text{-}15)$$

式(1-15)通常被称为**串联电路的分压公式**，运用这一公式，计算串联电路中各电阻的电压很方便。

在实际工作中，电阻串联有如下应用：

1）用几个电阻串联以获得较大的电阻。

2）采用几个电阻串联构成分压器，使同一电源能供给几种不同数值的电压；图1-20是由 $R_1 \sim R_4$ 组成的串联电路，使用同一电源可以输出4种不同数值的电压。

3）当负载的额定电压低于电源电压时，可用串联电阻的方法将负载接入电源。

4）限制和调节电路中电流的大小。

5）扩大电压表量程。

【例1-6】　图1-21是一个万用表头电路，它的等效内阻 $R_a = 10\text{k}\Omega$，满标度电流（即允许通过的最大电流）$I_a = 50\mu\text{A}$，若改装成量程（即测量范围）为10V的电压表，则应串联多大的电阻？

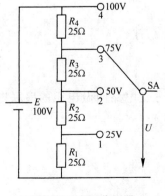

图1-20　电阻分压器

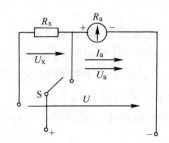

图1-21　万用表头电路

【解】　依据题意，当表头满标度时，表头两端电压 U_a 为

$$U_a = I_a R_a = 50 \times 10^{-6} \times 10 \times 10^3 \text{V} = 0.5 \text{V}$$

显然，用这个表头直接测量大于 0.5V 的电压，会使表头烧坏，需要串联分压电阻，以扩大测量范围。设量程扩大到 10V 需要串入的电阻为 R_x，则

$$R_x = \frac{U_x}{I_x} = \frac{U - U_a}{I_a} = \frac{10 - 0.5}{50 \times 10^{-6}} \Omega = 190 \times 10^3 \Omega = 190 \text{k}\Omega$$

由于电压表的电阻很大，一般电路计算时不考虑其对计算结果的影响。

【练一练】

将一个标称值为 6.3V/0.3A 的指示灯与一个 100Ω 的可变电阻串联起来，接到 $U = 24\text{V}$ 的电源上，若要使指示灯两端电压达到额定值，可变电阻的阻值应调节到多大？

二、电阻的并联电路

两个或两个以上电阻的首尾接在电路中相同两点之间的连接方式，叫做**电阻的并联电路**。图 1-22a、b 分别是 3 个电阻并联电路及其等效电路。

电阻的并联电路有如下特点：

1）并联电路中，各电阻两端的电压相等，且等于电路两端的电压，即

$$U = U_1 = U_2 = \cdots = U_n \qquad (1\text{-}16)$$

2）并联电路的总电流等于流过各电阻的电流之和，即

$$I = I_1 + I_2 + \cdots + I_n \qquad (1\text{-}17)$$

3）并联电路的总电阻（即等效电阻）的倒数等于各并联电阻的倒数之和，即

$$\frac{1}{R} = \frac{1}{R_1} + \frac{1}{R_2} + \cdots + \frac{1}{R_n} \qquad (1\text{-}18)$$

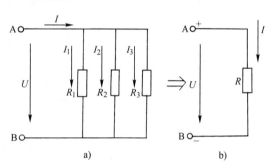

图 1-22　电阻的并联电路
a）并联电路　b）等效电路

若是两个电阻并联，根据式（1-18）可求并联后的总电阻为

$$R = \frac{R_1 R_2}{R_1 + R_2} \qquad (1\text{-}19)$$

可记为

$$R = R_1 /\!/ R_2$$

如果有 n 个阻值相同的电阻并联，由式（1-18）又可得

$$R = \frac{R_0}{n} \qquad (1\text{-}20)$$

式中，R_0 代表其中一个电阻的阻值。

4）每个电阻分配到的电流与电阻成反比，即

$$I_1 R_1 = I_2 R_2 = \cdots = I_n R_n = IR = U \qquad (1\text{-}21)$$

式（1-21）表明，在并联电路中，电阻的阻值越大，这个电阻所分配到的电流越小；反之越大，即电阻上的电流分配与电阻的阻值成反比。这个结论是电阻并联电路特点的重要推论，用途极为广泛。

对两个电阻并联的电路，由式（1-21）可得分流公式，即

$$I_1 = \frac{R_2}{R_1 + R_2}I$$

$$或 \quad I_2 = \frac{R_1}{R_1 + R_2}I \tag{1-22}$$

在实际工作中，电阻并联有如下应用：

1）凡是额定工作电压相同的负载都采用并联的工作方式。这样每个负载都是一个可独立控制的回路，任一负载的正常接入或切断都不影响其他负载的使用。例如：工厂中的电动机、电炉以及各种照明灯具均并联工作。

2）获得较小的电阻。

3）扩大电流表的量程。

【例 1-7】 在图 1-23 并联电路中，求等效电阻 R_{AB}、总电流 I、各负载电阻上的电压、各负载电阻中的电流。

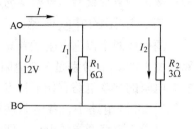

【解】 等效电阻 $R_{AB} = R_1 // R_2 = \frac{R_1 R_2}{R_1 + R_2} = \frac{6 \times 3}{6 + 3}\Omega = 2\Omega$

总电流 $\quad I = \frac{U}{R_{AB}} = \frac{12}{2}A = 6A$

各负载中电压 $\quad U_1 = U_2 = U = 12V$

图 1-23

各负载中电流 $\quad I_1 = \frac{R_2}{R_1 + R_2}I = \frac{3}{6 + 3} \times 6A = 2A$

或 $\qquad\qquad I_1 = \frac{U_1}{R_1} = \frac{12}{6}A = 2A$

$$I_2 = I - I_1 = (6 - 2)A = 4A$$

【想一想】

为什么工厂中的电动机、电炉以及各种照明灯具均采用并联连接？

三、电阻的混联电路

电路中既有电阻串联又有电阻并联的电路叫做**电阻的混联**，如图 1-24 所示。

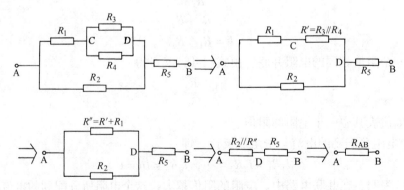

图 1-24　混联电路的简化过程

这种电路的串联部分具有串联电路的特点，并联部分具有并联电路的特点。因此，只要熟悉电阻串并联电路的特点及运算公式，就能分析和计算电阻的混联电路。

电阻混联电路的分析、计算方法和步骤如下：

分析混联电路时，应把电阻的混联电路分解为若干个串联和并联关系的电路；然后，在电路中各电阻的连接点上标上不同字母（A、B、C、D）并将多字母按顺序在水平方向排列（一般将待求字母放在两端）；然后，把各电阻接入相应字母之间；最后，依次画出简化过程中的等效电路，如图 1-24 所示。

【例 1-8】 在图 1-24 电路中，已知 $R_1 = 2\Omega$，$R_2 = 4\Omega$，$R_3 = R_4 = 4\Omega$，$R_5 = 4\Omega$，求 R_{AB}。

【解】 $R_{AB} = (R_1 + R_3 // R_4) // R_2 + R_5$

式中

$$R_3 // R_4 = \frac{4 \times 4}{4 + 4}\Omega = 2\Omega$$

$$R_1 + R_3 // R_4 = (2 + 2)\Omega = 4\Omega$$

$$(R_1 + R_3 // R_4) // R_2 = \frac{4 \times 4}{4 + 4}\Omega = 2\Omega$$

所以

$$R_{AB} = (2 + 4)\Omega = 6\Omega$$

◇◇◇ 第四节　电功与电功率

一、电功与电功率

1. 电功

电流流过负载时，负载将电能转换成其他形成的能量（如：磁能、热能、机械能等），这一过程，称为**电流做功**，简称**电功**，用字母 W 表示。根据公式：$I = \dfrac{Q}{t}$，$U = \dfrac{W}{Q}$，$I = \dfrac{U}{R}$，可得到电功的数学表达式为

$$W = UQ = IUt = I^2Rt = \frac{U^2 t}{R} \tag{1-23}$$

式中　U——加在负载上的电压，单位是伏（V）；

　　　I——流过负载的电流，单位是安（A）；

　　　R——电阻，单位是欧（Ω）；

　　　t——时间，单位是秒（s）；

　　　W——电功，单位是焦［耳］（J）；

　　　Q——电荷，单位是库［仑］（C）。

实际应用中，电功还有另一个常用单位，即千瓦时（kW·h），1kW·h 就是人们通常所说的一度电，它表示功率为 1kW 用电器在 1h 内消耗的电能。符号是 kW·h，1kW·h = 3.6×10^6 J。电能的大小可用电能表测量。

2. 电功率

不同的用电器，在相同的时间里，用电量是不同的，即电流做功快慢是不一样的。我们用电功率描述电流做功的快慢，定义为：电流在单位时间内所做的功，称为**电功率**，简称**功率**，用符号 P 表示，其数学表达式为

$$P = \frac{W}{t} \tag{1-24}$$

式中　W——电功，单位是焦［耳］（J）；

　　　t——时间，单位是秒（s）；

P——电功率，单位是瓦（W）。

在实际工作中，电功率的常用单位还有千瓦（kW）、毫瓦（mW）等。它们之间的换算关系如下：

$$1kW = 10^3 W$$
$$1W = 10^3 mW$$

根据式（1-24）可得到电功率的常见计算公式为

$$P = IU = I^2 R = \frac{U^2}{R} \tag{1-25}$$

由式（1-25）可知：

1）当负载电阻一定时，电功率与电流或电压的二次方成正比。

2）当流过负载的电流一定时，电功率与电阻值成正比。由于串联电路流过同一电流，则串联电阻的功率与各电阻的阻值成正比。

3）当加在负载两端电压一定时，电功率与电阻的阻值成反比。因并联电路各电阻两端电压相等，所以各电阻的功率与各电阻的阻值成反比。

【例1-9】　有一"220V/1000W"的电炉，接在220V的供电电路上，若平均每天使用2h，电价是0.60元/kW·h，求每月（以30天计）应付的电费。

【解】　根据题意，可得

每月用电时间：$2h \times 30 = 60h$

每月消耗电能：$W = Pt = 1 \times 60kW \cdot h = 60kW \cdot h$

每月应付电费：0.60元$\times 60 = 36$元

二、电流的热效应

电流经过导体使导体发热的现象，叫做**电流的热效应**。电流的热效应是电流通过导体时电能转换成热能的效应。

实验证明：电流通过某段导体（或用电器）时所产生的热量与电流的二次方、导体的电阻及通电的时间成正比，这一定律称为**焦耳—楞次定律**，其数学表达式为

$$Q = I^2 Rt = \frac{U^2}{R}t \tag{1-26}$$

式中　Q——热量，单位是焦［耳］（J）；

　　　I——电流，单位是安（A）；

　　　U——电压，单位是伏（V）；

　　　R——电阻，单位是欧（Ω）；

　　　t——时间，单位是秒（s）。

电流的热效应有利也有弊。应用电流热效应制成各种电器，如电灯、电炉、电烙铁、电烤箱、熔断器等；但电流的热效应会使导线发热、电气设备温度升高等，若温度超过规定值，会加速绝缘材料的老化变质，从而引起导线漏电或短路，甚至烧毁设备，是一种不容忽视的潜在危险。

【例1-10】　已知一台电烤箱的电阻为5Ω，工作电压为220V，试问通电15min能放出多少热量？消耗的电能是多少？

【解】　热量

$$Q = \frac{U^2 t}{R} = \frac{220^2 \times 15 \times 60}{5} \text{J} = 8712 \text{kJ}$$

电能

$$W = \frac{Q}{t} = \frac{8.712 \times 10^6}{3.6 \times 10^6} \text{kW} \cdot \text{h} = 2.42 \text{kW} \cdot \text{h}$$

三、电气设备的额定值

为保证电路元器件和电气设备能长期安全工作，通常都规定了一个最高工作温度。显然，工作温度取决于热量，而热量又由电流、电压或功率决定。所以，通常把电路元器件和电气设备安全工作时所允许的最大电流、电压、功率分别叫做额定电流、额定电压、额定功率。额定值的表示方法很多，可以利用铭牌标出，例如，电动机、电冰箱的铭牌等；也可以直接标在该产品上，例如，电灯泡、电阻等。额定值还可以从产品目录中查到，例如，各种半导体器件等。

电气设备的额定值可供使用者正确使用该产品，所以，使用时必须遵守额定值的规定。应用中实际值等于额定值时，电气设备的工作状态称为**额定状态**；如果实际值超过额定值，即**过载**，就可能引起电气设备的损坏或降低使用寿命，如果实际值低于额定值，这种情况称为**欠载(轻载)**，多数电气设备不能发挥正常的效能。例如，照明灯泡标有 220V/40W，表明该灯泡在 220V 额定电压作用下，消耗的额定功率为 40W，正常发光。如果灯泡两端的电压达不到 220V，灯泡就会欠载使其消耗的功率小于 40W，相应的亮度就会下降。如果将其误安在 380V 电压下，灯泡就会因过载而被烧坏。

【例1-11】 某电阻外壳上标有"100Ω 1W"的数据，试问该电阻两端所允许施加的最大电压为多少？允许通过的电流又是多少？

【解】 允许施加的最大电压为 $U = \sqrt{PR} = \sqrt{1 \times 100} \text{V} = 10 \text{V}$

允许通过的电流为 $I = \frac{P}{U} = \frac{1}{10} \text{A} = 0.1 \text{A}$

【想一想】

有一台直流发电机，其铭牌上标有 40kW、230V、174A。试问：什么是发电机的轻载运行、满载运行和过载运行？

◇◇◇ 第五节 基尔霍夫定律

一、概述

如果一个电路不能用电阻的串联、并联方法简化成为单回路电路，这个电路就叫做复杂电路。如图 1-25 所示的电路，虽然电阻元件只有三个，但两个电源在不同的支路上，三个电阻之间没有串、并联关系，所以是个复杂电路。由此可见，判断一个电路是简单电路还是复杂电路，应该依据上面的定义，而不能看电路中元件的多少。

分析复杂直流电路主要依据电路的两条基本定律——**欧姆定律**和**基尔霍夫定律**。基尔霍夫定律既适用于直流电路，也适用于交流

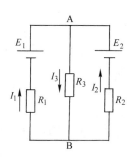

图 1-25 复杂直流电路

电路。在介绍基尔霍夫定律之前，先把有关电路结构的几个术语分述如下。

1. 支路

电路中的每一个分支叫做**支路**。它由一个或几个相互串联的电路元件所构成。图 1-25 中有 3 条支路，即：$E_1 - R_1$ 支路；R_3 支路；$E_2 - R_2$ 支路。其中含有电源的支路叫做**有源支路**，不含电源的支路叫做**无源支路**。

2. 节点

三条或三条以上支路所汇成的交点叫做**节点**。图 1-25 中有两个节点，即 A、B。

3. 回路

电路中任一闭合路径都叫做**回路**。一个回路可能只含一条支路，也可能包含几条支路。图 1-25 中有 3 个回路。即：A→R_3→B→R_1→E_1→A；A→E_2→R_2→B→R_3→A；A→E_2→R_2→B→R_1→E_1→A。

4. 网孔

电路中的回路内部不含有支路的回路叫做**网孔**。图 1-25 中有 2 个网孔，即 A→R_3→B→R_1→E_1→A；A→E_2→R_2→B→R_3→A。

二、基尔霍夫第一定律

基尔霍夫第一定律又称为**节点电流定律**。它指出：在任一瞬间，流进某一节点的电流之和恒等于流出该节点的电流之和，即

$$\sum I_i = \sum I_o$$

在图 1-25 中，对于节点 A 有

$$I_1 + I_2 = I_3$$

可将上式改写成

$$I_1 + I_2 - I_3 = 0$$

因此得到

$$\sum I = 0 \tag{1-27}$$

即对任一节点来说，流入（或流出）该节点电流的代数和恒等于零。

在分析未知电流时，可先任意假设支路电流的参考方向，列出节点电流方程。通常可将流进节点的电流取正值，流出节点的电流取为负值，再根据计算值的正负来确定未知电流的实际方向。有些电路的电流可能是负值，这是由于所假设的电流方向与实际方向相反。

【**例 1-12**】 在图 1-26 中，已知 $I_1 = 1A$，$I_2 = 5A$，$I_3 = 2A$，$I_4 = 3A$。试求电流 I_5 的大小？

【**解**】 由基尔霍夫第一定律可知：

$$I_1 + I_3 + I_5 = I_2 + I_4$$
$$I_5 = I_2 + I_4 - I_1 - I_3 = (5 + 3 - 1 - 2)A = 5A$$

I_5 值为正，说明 I_5 的正方向与电流的实际方向一致，I_5 是流向节点的。

基尔霍夫第一定律可以推广应用于任一假设的闭合面。在图 1-27 电路中闭合面所包围的是一个三角形电路，它有 3 个节点。应用基尔霍夫第一定律可以得出

$$I_A = I_{AB} - I_{CA}$$
$$I_B = I_{BC} - I_{AB}$$

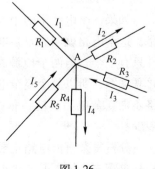

图 1-26

$$I_C = I_{CA} - I_{BC}$$

上面三式相加得

$$I_A + I_B + I_C = 0$$

或

$$\sum I = 0$$

即流入此闭合曲面的电流恒等于流出该曲面的电流，如图1-27所示。

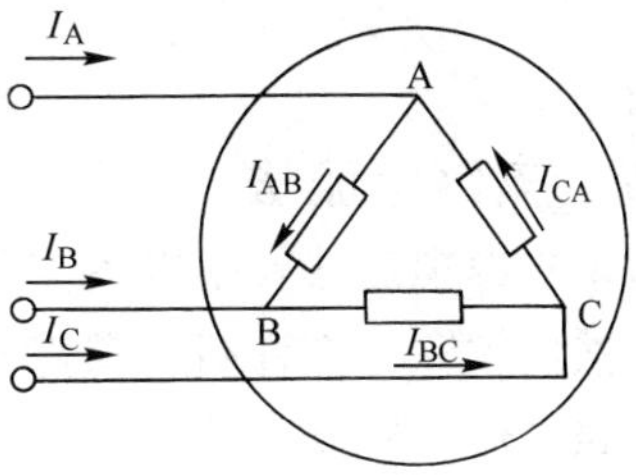

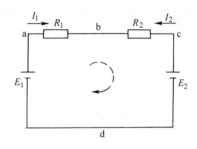

图1-27　基尔霍夫第一定律的推广应用

【想一想】

1）若两个网络之间只有一根导线相连，那么这根导线中一定_____（填有或没有）电流通过。

2）若一个网络只有一根导线与地相连，那么这根导线中一定_____（填有或没有）电流通过。

三、基尔霍夫第二定律

基尔霍夫第二定律又称为**回路电压定律**。它指出：在任一闭合回路中，各段电路电压降的代数和恒等于零。用公式表示为

$$\sum U = 0 \tag{1-28}$$

在图1-28所示电路中，按虚线方向循环一周，根据电压与电流的参考方向可列出

$$U_{ab} + U_{bc} + U_{cd} + U_{da} = 0$$

即

$$I_1 R_1 - I_2 R_2 + E_2 - E_1 = 0$$

或

$$E_1 - E_2 = I_1 R_1 - I_2 R_2$$

由此，可得到基尔霍夫第二定律的另一种表达形式，即

$$\sum E = \sum IR \tag{1-29}$$

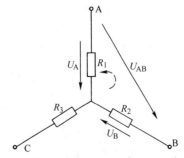

图1-28　任一回路的各段电压降代数和为零

式(1-29)表明：对于电路中任一闭合回路，各电阻上电压降的代数和等于电动势的代数和。这是基尔霍夫第二定律的另一种表达形式，也是常用的形式。式中各电压和电动势的正、负符号的确定方法如下：

1）首先选定各支路电流的方向。

2）确定回路的绕行方向是顺时针方向，还是逆时针方向。

3）确定电阻上电压的符号：若通过电阻的电流方向与绕行方向一致，该电阻上的电压取正号，与绕行方向相反时，取负号。

4）确定电动势的符号：若电动势的实际方向与绕行方向一致，取正号；与绕行方向相反时，取负号。

【想一想】

当复杂电路的某一回路中没有电动势时，应用式(1-29)对该回路列方程时 $\sum E$ 为多少？

必须指出的是，基尔霍夫第二定律不仅适用于由实际元件构成的闭合电路，也适用于实际元件不闭合的假想回路。从图1-29可得

图1-29　基尔霍夫第二定律推广应用

$$\sum U = U_\mathrm{A} - U_\mathrm{B} - U_\mathrm{AB} = 0$$

或

$$U_\mathrm{AB} = U_\mathrm{A} - U_\mathrm{B}$$

四、支路电流法

所谓**支路电流法**就是以各支路电流为未知量，应用基尔霍夫第一定律和第二定律列出方程组，然后解联立方程组，求得各支路电流。

支路电流法解题步骤如下：

1）假设各支路电流参考方向，对 n 个节点列 (n−1) 个独立的节点电流方程。

2）按网孔选择回路绕行方向，对 m 个网孔就列出 m 个独立的回路电压方程。

3）代入数据，求解联立方程组，得出各支路电流的大小，并确定各支路电流的实际方向。计算结果为正值时，实际方向与参考方向相同；计算结果为负值时，实际方向则与参考方向相反。

【例1-13】　在图 1-30 所示的电路中，已知：$E_1 = 18\mathrm{V}$，$E_2 = 9\mathrm{V}$，$R_1 = R_2 = 1\Omega$，$R_3 = 4\Omega$。试求各支路电流。

【解】　1）假设各支路电流方向和网孔绕行方向如图 1-30 所示。

2）电路中只有两个节点，只能列出一个独立的节点电流方程式。对于 A 点有

$$I_1 + I_2 = I_3$$

由基尔霍夫第二定律列出网孔 1、2 的电压方式。

对于网孔 1 有

$$E_1 = I_1 R_1 + I_3 R_3$$

对于网孔 2 有

$$E_2 = I_2 R_2 + I_3 R_3$$

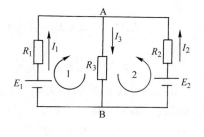

图 1-30

3）代入已知数，求解联立方程式

$$I_1 + I_2 - I_3 = 0$$
$$I_1 + 4I_3 = 18$$
$$I_2 + 4I_3 = 9$$

解得

$$I_1 = 6\mathrm{A}（实际方向与假设方向相同）$$
$$I_2 = -3\mathrm{A}（实际方向与假设方向相反）$$
$$I_3 = 3\mathrm{A}（实际方向与假设方向相同）$$

小　结

一、电路的基本概念和基本定律

1）电路是电流流经的路径，一般电路由电源、负载、开关和连接导线组成。电路有三种状态：通路、断路和短路。电路图是用国家统一规定的符号来描述电器工作的原理图。

2）电路的几个物理量中，电流、电压和电动势是有大小和方向的。电流的方向规定为正电荷的移动方向，在外电路由高电位流向低电位；电压的方向由高电位指向低电位；电动势的方向，在电源内部由低电位指向高电位。电流密度仅反映大小，不同横截面积的导线，电流密度的大小有所不同。

3）电路中某点的电位就是该点对参考点的电压，电位的数值随参考点而变，是相对

值；而电路中任意两点间的电压是绝对值，与参考点位置无关。

4）电阻是表示物体对电流的阻碍作用大小的物理量，是客观存在的，其大小与导体的几何尺寸和材料及温度有关。在温度一定时，$R = \rho L/S$。温度升高，金属材料的电阻值一般都增大。

5）电功是指电流做功多少的物理量，定义为 $W = UQ = UIt$。电功率则是电流在单位时间内所做的功，定义为 $P = W/t$。功率越大的电器在单位时间里消耗的电能越大。

6）电能是反映一定功率的电器在一段时间内的用电量。由电能表计数，单位为千瓦时（$kW \cdot h$）。

7）部分电路欧姆定律：在不包含电源的电路中，导体通过的电流与这段导体两端电压成正比，与导体的电阻成反比，即 $I = U/R$。

8）全电路欧姆定律的内容是：在全电路中，电流与电源的电动势成正比，与整个电路的内外电阻之和成反比，即 $I = E/(R + r)$。

9）焦耳-楞次定律：电流通过导体时所产生的热量与电流的二次方、导体的电阻及通电时间成正比，即 $Q = I^2 Rt$。

10）基尔霍夫第一定律：在任一瞬间，流进某节点的电流之和恒等于流出该节点的电流之和，即 $\sum I_i = \sum I_o$，$\sum I = 0$。

11）基尔霍夫第二定律：在任一闭合回路中各段电路电压降的代数和恒等于零，即 $\sum U = 0$，$\sum E = \sum IR$。

12）支路电流法是以支路电流为未知量，用基尔霍夫第一、第二定律列方程并求解方程组的方法。

二、电阻串、并联电路的特点

连接方式	串联	并联
电流	$I_1 = I_2 = \cdots = I_n = I$	$I_1 + I_2 + \cdots + I_n = I$
电压	$U_1 + U_2 + \cdots + U_n = U$	$U_1 = U_2 = \cdots U_n = U$
电阻	$R_1 + R_2 + \cdots + R_n = R$ 各电阻相等时 $R = nR_0$ （R_0为其中一个电阻值）	$\dfrac{1}{R_1} + \dfrac{1}{R_2} + \cdots + \dfrac{1}{R_n} = \dfrac{1}{R}$ 各电阻相等时 $R = \dfrac{R_0}{n}$ （R_0为其中一个电阻值）
分压或分流	两个电阻串联时分压公式 $U_1 = \dfrac{R_1}{R_1 + R_2} U$ $U_2 = \dfrac{R_2}{R_1 + R_2} U$	两个电阻并联时分流公式 $I_1 = \dfrac{R_2}{R_1 + R_2} I$ $I_2 = \dfrac{R_1}{R_1 + R_2} I$

习　题

1. 试述电位、电压与电动势的异同点。

2. 电路主要由哪几部分组成？它们在电路中各起什么作用？

3. 某导体在 5min 内均匀通过的电荷量为 4.5C，试求导体中的电流值是多少？

4. 某照明电路中需要通过 21A 电流，都应采用多粗的铜导线（设铜导线的允许电流密度为 $6A/mm^2$ ）？

5. 要使 4A 的电流通过 55Ω 的电阻，试问需要在该电阻两端加多大的电压？

6. 有一条长 300m 的铜导线，其横截面积是 $12.75mm^2$，如果导线两端的电压为 8V，求通过这根导线中的电流有多少安？

7. 如题图 1-1 所示，已知：$E = 10V$，$r = 0.1Ω$，$R = 9.9Ω$。求开关在不同位置时电流表和电压表的读数。

8. 已知某电池的电动势 $E = 1.65V$，在电池两端接上一个 $R = 5Ω$ 的电阻，实测得电阻中的电流 $I = 300mA$。试计算电阻两端的电压 U 和电池内阻 r 各为多少？

9. 要把一额定电压为 24V、电阻为 240Ω 的指示灯接到 36V 电源中使用，应串联多大的电阻？

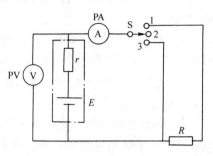

题图 1-1

10. 如题图 1-2 所示，已知：流过 R_2 的电流 $I_1 = 2A$，$R_1 = 1Ω$，$R_2 = 2Ω$，$R_3 = 3Ω$，$R_4 = 4Ω$。试求总电流 I。

11. 如题图 1-3 所示，已知：$R_1 = 10Ω$，$R_2 = 20Ω$，$R_3 = 5Ω$。求 U_1/U_2，I_2/I_3 各等于多少？

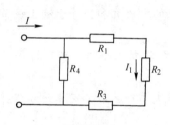

题图 1-2

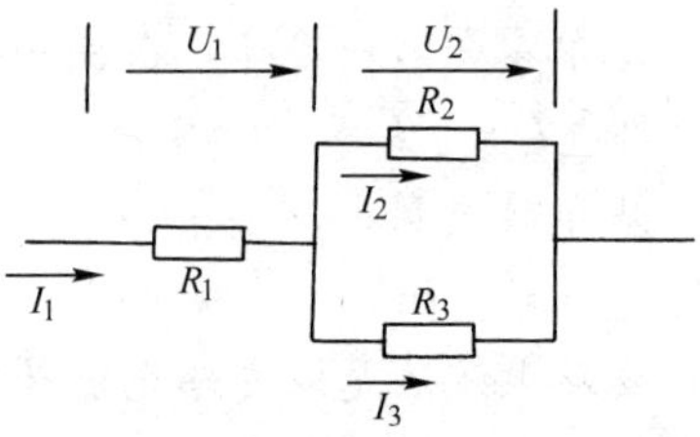

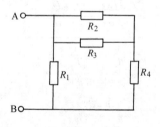

题图 1-3

12. 如题图 1-4 所示，已知：$R_1 = 400Ω$，$R_2 = R_3 = 600Ω$，$R_4 = 300Ω$。求等效电阻 R_{AB} 的值。

13. 如题图 1-5 所示，已知：$R_1 = 30Ω$，$R_2 = 20Ω$，$R_3 = 60Ω$，$R_4 = 10Ω$，求等效电阻 R_{AB} 的值。

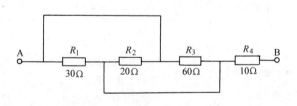

题图 1-4

题图 1-5

14. 如题图 1-6 所示，$R_1 = 20Ω$，$R_2 = 40Ω$，$R_3 = 50Ω$，电流表读数为 2A，求总电压 U、R_1 上的电压 U_1 及 R_2 上的功率 P_2。

15. 如题图 1-7 所示，表头满偏电流 100μA，内阻 1kΩ。若要将其改装为一个量程分别为 3V、30V、300V 的电压表，试计算 R_1、R_2、R_3 的值。

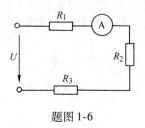

题图 1-6

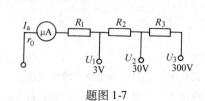

题图 1-7

16. 已知：$R_1 = R_2 = 5\Omega$，$R_3 = 10\Omega$，试画出草图说明，把它们按不同方式连接，一共有几种方式？并计算各种接法的等效电阻。

17. 已知某电阻丝的长度为 2m，横截面积为 1mm^2，流过电流为 3A。求该电阻丝在 1min 内发出的热量（该电阻丝的 $\rho = 1.2 \times 10^{-6}\Omega \cdot \text{m}$）。

18. 某负载的额定值为 1600W/220V，求接入 110V 电源时，实际消耗的功率是多少？

19. 已知某电烘箱的电阻丝通过 5A 电流时，每分钟可放出 $1.2 \times 10^6\text{J}$ 热量。求这台电烘箱的电功率及电阻丝工作时的电阻值。

20. 有一台直流电动机，端电压 550V，通过电动机线圈的电流为 2.73A，试求电动机运行 3h 消耗多少电能？

21. 额定值分别为 220V/60W 和 110V/40W 的白炽灯各一只。试问：

1）把它们串联后连接到 220V 电源上时哪只灯亮？为什么？

2）把它们并联后连接到 48V 电源上时哪只灯亮？为什么？

22. 在题图 1-8 中，试问该电路有几个节点？几条支路？几个回路？几个网孔？

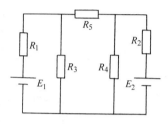

23. 在题图 1-9 中，已知 $E_1 = 120\text{V}$，$E_2 = 130\text{V}$，$R_1 = 10\Omega$，$R_2 = 2\Omega$，$R_3 = 10\Omega$。试用支路电流法求各支路电流。

24. 在题图 1-10 中，已知 $E_1 = 15\text{V}$，$E_2 = 3\text{V}$，$R_1 = 1\Omega$，$R_2 = 6\Omega$，$R_3 = 9\Omega$。试用支路电流法求各支路电流。

题图 1-8

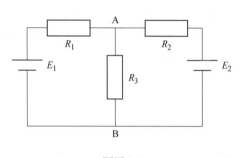

题图 1-9

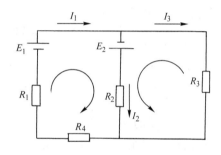

题图 1-10

实验一　万用表的使用

一、实验目的

掌握用万用表测量电压、电流和电阻的操作方法。

二、实验器材

1. 万用表（MF – 47 型）	1 块
2. 干电池（1 号电池或 5 号电池）	1 节
3. 直流（稳压）电源	1 台
4. 电阻 R_1（20Ω）	1 只
5. 被测电阻（电位器）RP（0 ~ 300kΩ）	1 只

三、实验内容和步骤

1. 直流电源（干电池）开路电压的测量

1）测量原理如实验图 1-1 所示。

2）将万用表的量程转换开关置于"V"（直流电压测量）挡。注意选用合适的量程挡。

3）测量直流电压时，将红表笔接电池的正极（高电位 a 端）；黑表笔接电池的负极（低电位 b 端）。如果两表笔接错，指针将反偏。

4）记录所测电源开路电压的数值，$E =$ _____ V。

2. 负载电压的测量

1）测量原理如实验图 1-2 所示。

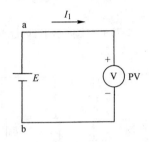 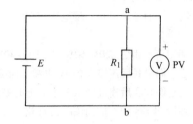

实验图 1-1   实验图 1-2

2）接通稳压电源开关，调节稳压电源的输出旋钮，将输出电压调节到 3V。

3）用万用表合适的电压量程挡测量负载电阻 R_1 两端的电压 U_{ab}，记录在实验表 1-1 中。

4）将输出电压分别调节到：4V，10V，15V，20V。重复步骤 3）的实验操作，并将结果记录在实验表 1-1 中。

实验表 1-1 数据记录（一）

E/V	3	4	10	15	20
U_{ab}/V					

3. 负载电流的测量

1）测量原理如实验图 1-3 所示。

2）将万用表量程转换开关置于"A"（直流电流测量）挡。注意选用合适的量程挡。在不知被测电流大小时，应先选择最大电流量程挡。

3）将万用表通过表笔串入被测电路中。

4）将直流输出电压调到 4V。

5）记录被测电路中的电流数值，$I =$ _____ A。

4. 电阻的测量

1）测量原理如实验图 1-4 所示。

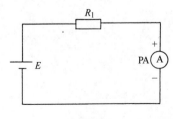 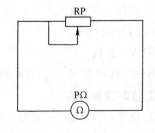

实验图 1-3   实验图 1-4

2）将万用表量程转换开关置于"Ω"挡，并选用合适的电阻测量挡。

3）先将两表笔短接，调节表头下的"Ω"旋钮，将指针调整到电阻值刻度的零点（以后测量电阻时，每转换一次电阻测量挡，都要先调零）。

4）调节被测电阻 RP，分别测量 4 种不同阻值的电阻，并将结果记录在实验表 1-2 中。

实验表 1-2　数据记录（二）

序号	1	2	3	4
电阻值/Ω				

5. 交流电压的测量

1）测量原理如实验图 1-5 所示。

2）将万用表量程转换开关置于"V"500V 挡。

3）分别测量交流电压 U_{A0}、U_{AB}、U_{AC} 的值，并记录在实验表 1-3 中。

实验表 1-3　数据记录（三）

被测电压/V	U_{A0}	U_{AB}	U_{AC}
实测电压/V			

四、实验报告

1）根据实验操作步骤 1，2，3，说明用万用表测量直流电流、直流电压的基本方法。

2）根据实验操作步骤 4，说明用万用表测量电阻的方法。

3）根据实验操作步骤 5，说明用万用表测量交流电压的方法。

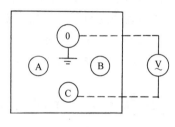

实验图 1-5

第二章

磁 与 电 磁

知识目标

1. 了解磁场的基本概念，理解磁感应强度、磁通、磁导率的概念。
2. 掌握磁场的产生及磁场（或磁力线）方向的判断。
3. 掌握磁场对通电直导体的作用及方向的判断。
4. 了解铁磁材料的性质。
5. 理解电磁感应定律，掌握感应电动势的计算公式。
6. 了解自感现象和互感现象及其在实际中的应用。
7. 理解互感线圈的同名端概念。

技能目标

1. 能用右手螺旋定则（安培定则）判断磁场方向。
2. 能用左手定则判断电磁力方向。
3. 能正确判断导体中感应电动势的方向。
4. 会正确判断绕组的同名端。

◇◇◇ 第一节 电流的磁场

本章重点介绍磁场的基本概念、电磁力、电磁感应定律以及自感现象和互感现象及其在实际中的应用。

一、磁的基本知识

1. 磁铁及其特性

人们把物体能够吸引铁、镍、钴等金属及其合金的性质叫做磁性，把具有磁性的物体叫做磁体（磁铁）。磁体分为**天然磁体**和**人造磁体**两大类。天然磁体的磁性较弱，实际应用的都是人造磁铁。人造磁铁可分为**永久磁铁**和**暂时磁铁**两种，永久磁铁的磁性能够长期保存。一般做成条形、蹄形和针形等，如电工仪表中的**马蹄形磁铁**和扬声器尾部的**圆形磁铁**，如图2-1所示。永磁铁用处很多，如在各种电表，扬声器、耳机、录音机、永磁发电机等设备中都需要永磁体。

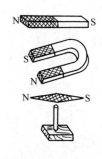

图 2-1 人造磁体

大量实验证明，磁铁有以下**主要性质**：

1）磁铁的两端磁性最强，叫做**磁极**。磁极具有指向南北极的性质。通常把指南端的磁极叫做**南极**，用 S 表示；指北端的磁极叫做**北极**，用 N 表示。

2）同性磁极互相排斥，异性磁极互相吸引。磁极之间的这种相互作用力叫做**磁力**。

3）任何磁铁都具有两个磁极，而且无论把磁铁怎样分割总保持有**两个异性磁极**，也就

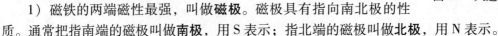

是说 N 极和 S 极总是**成对出现**的。

2. *磁场与磁力线*

两块互不接触的磁铁之间存在着相互的作用力，这证明在磁铁周围的空间中存在着一种特殊的物质，这种特殊物质称为**磁场**。作用力就是通过磁场这一类特殊物质进行传递的。磁场具有力和能的特性，这种特性可以通过磁场方向和强弱表示出来。一般情况下磁场各处的强弱和方向都是不同的。为了形象地表示磁场在空间各点的强弱和方向，人们根据铁屑在磁铁周围磁场的作用下，形成有规则地排列线条的启示想象出**磁力线**，如图 2-2 所示。磁力线具有如下**几个特点**：

1）磁力线是无头无尾互不交叉，假想闭合的曲线，在磁铁外部由 N 极指向 S 极，在磁铁内部由 S 极指向 N 极。

2）磁力线上任意一点的切线方向，就是该点的磁场方向，即小磁针 N 极的指向。

3）磁力线越密，磁场越强；磁力线越疏，磁场越弱。磁力线均匀分布而又相互平行的区域，称为**均匀磁场**，反之则称为**非均匀磁场**。

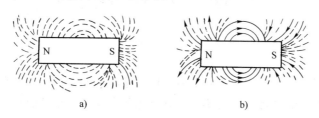

图 2-2　磁力线

a）磁力线　b）磁力线方向

【想一想】

指南针是我国古代劳动人民的四大发明之一，也是中华民族对世界文明做出的一项重大贡献，被应用到军事、生产、日常生活、地形测量等方面，特别是航海上。你知道它是根据什么原理研制而成的吗？

二、电流的磁场

近代科学已经验证：通电导体周围与永久磁铁一样也存在着磁场，这种现象称为**电流的磁效应**。产生磁场的根本条件是电流，而且电流越大，它所产生的磁场就越强，电流和磁场有着不可分割的联系，磁场总是伴随着电流存在，而电流永远被磁场所包围。

电流与其产生磁场的方向可用**安培定则**（又称为**右手螺旋定则**）来判断。安培定则既适用于判断电流产生磁场方向，也可用于在已知磁场方向时判断电流的方向。

1. *通电直导体的磁场*

如图 2-3 所示，右手握住导体，用大拇指指向电流方向，则弯曲四指的方向就是磁场方向。

2. *螺管线圈产生的磁场*

如图 2-4 所示，右手握住线圈，以弯曲的四指表示电流的方向，则拇指所指的方向就是磁场方向。

【想一想】

奥斯特实验如图 2-5 所示，请回答下列问题：

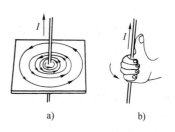

图 2-3　通电直导体产生的磁场

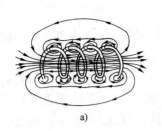

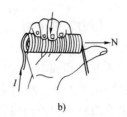

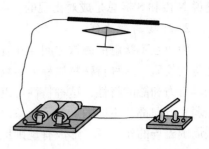

图2-4 通电线圈产生的磁场　　　　　　　图2-5 奥斯特实验
a）磁力线　b）右手螺旋定则

1. 小磁针在什么情况下偏转？什么情况下不偏转？
2. 小磁针为什么会偏转？
3. 小磁针偏转的方向跟什么因素有关？
4. 奥斯特实验用的是一根直导线，那么一根直导线通电后有多大的磁性？实际应用大吗？
5. 那么，用什么方法可以增强通电导体的磁性？

【小知识】

交流接触器不但能用于正常工作时不频繁地接通和断开电路，而且当电路发生过载、短路或失电压等故障时，能自动切断电路，有效地保护串联在它后面的电气设备。它主要由电磁系统、触头系统、灭弧装置及其他部件四部分组成，如图2-6所示。

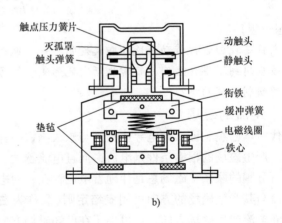

图2-6 交流接触器
a）外形　b）内部结构

当交流接触器的电磁线圈通电后，产生磁场，使静铁心产生足够大的吸力，克服反作用弹簧与动触头压力弹簧片的反作用力，将衔铁吸合，使动触头和静触头的状态发生改变，其中三对常开主触头闭合。常闭辅助触头首先断开，接着，常开辅助触头闭合。当电磁线圈断电后，由于铁心电磁吸力消失，衔铁在反作用弹簧作用下释放，各触头也随之恢复原始状态。

◇◇◇ 第二节 磁场对电流的作用

上节叙述了通电导体周围存在着磁场，如果把这个通电导体放入磁场中，则通过磁场之间的相互作用，通电导体必然要受到力的作用，我们把这种力叫做**安培力**（或**电磁力**），把这类作用都归为磁场对电流的作用。

一、磁场对通电直导体的作用

如图2-7b所示是磁场对通电直导体的作用。

实验证明：在均匀磁场中，通电导体所受到的电磁力 F 的大小与磁感应强度 B，导体中的电流 I，磁场中导体的有效长度 L 以及导体与磁感应线之间的夹角 α 的正弦成正比，即

$$F = BIL\sin\alpha \tag{2-1}$$

式中　F——通电导体受到的电磁力，单位为牛（N）；

　　　B——磁感应强度，单位为特（T）；

　　　I——导体中的电流，单位为安（A）；

　　　L——导体在磁场中的长度，单位为米（m）；

　　　α——电流方向与磁力线的夹角，单位为弧度（rad）。

由式（2-1）可知，当导体与磁力线方向垂直时，即 $\alpha = 90°$，$\sin\alpha = 1$，导体受力 $F = BIL$ 为最大；当导体与磁力线方向平行时，$\alpha = 0°$，$\sin\alpha = 0$，导体不受力作用，$F = 0$。

通电导体在磁场中受到的电磁力的方向，可用**左手定则**来判断，如图2-7b所示，平伸左手，使拇指垂直其余四指，手心正对磁场方向，四指指向表示电流方向，则拇指的指向就是通电导体的受力方向。

【想一想】

1）通电导体在磁场中的受力方向与什么因素有关？怎样改变通电导体在磁场中的运动方向？

2）通电导体在磁场中受力而运动是消耗了（　　）能，得到了（　　）能。

二、磁场对通电线圈的作用

在均匀磁场中放置一个可以转动的通电矩形线圈 abcd，如图2-8所示。

已知 $ad = bc = L_1$，$ab = cd = L_2$，线圈平面与磁力线平行，如图2-8a所示。由于 ab 与 cd

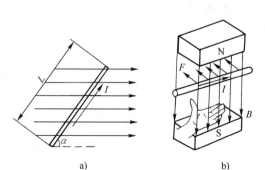

图2-7　磁场对通电直导体的作用

a）导体与 B 方向夹角为 α 时　b）左手定则

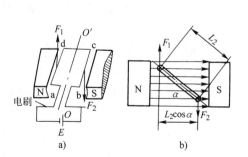

图2-8　磁场对通电线圈的作用

与磁力线平行，所受到的安培力为零；而 ad 和 bc 与磁力线垂直，所受到安培力最大。两条边受到安培力的方向为 F_1 向上，F_2 后向下，F_1 和 F_2 大小相等方向相反，且不在一条直线上，因而形成一对力偶。对 OO' 轴而言，这对力偶产生了力偶矩，使线圈绕 OO' 轴作顺时针方向旋转。

综上所述，把通电线圈放到磁场中，磁场将对通电线圈产生一个电磁转矩，使线圈绕轴线转动，常用的电工仪表，如电流表、电压表、万用表等指针的偏转，电动机会旋转，就是根据这一原理制成的，因而这一原理被称为电动机定则。

【小知识】

直流电动机由定子与转子(电枢)两大部分组成，定子部分包括机座、主磁极、换向极、端盖、电刷等装置；转子部分包括电枢铁心、电枢绕组、换向器、转轴、风扇等部件把电刷 A、B 接到直流电源上，假定电流从电刷 A 流入线圈，沿 a→b→c→d 方向，从电刷 B 流出。由电磁力定律可知，载流的线圈将受到电磁力的推动，其方向按左手定则确定，ab 边受力向左，cd 受力向右，形成转矩，结果使电枢逆时针方向转动，如图 2-9b 所示。

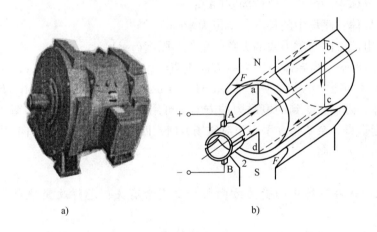

a)　　　　　　　　　　　　　　b)

图 2-9　直流电动机

a) 外形　b) 原理

【想一想】

直流电动机是根据通电线圈在磁场中受力而转动的原理工作的。但实际制成电动机时，还有些问题需要我们解决，比如：通电线圈不能连续转动，而实际电动机要能连续转动，怎么办？

三、通电平行导体之间的相互作用

两根平行且相互靠近的通电导体，彼此之间都要受到对方电磁力的作用。电磁力的方向可用图 2-7 所示的方法来判断。先判断每根通电导体产生的磁场方向，再用左手定则来判断另一根通电导体所受到的电磁力方向，由图中可以看出：两根平行导体的电流方向相同时(见图 2-10a)相互吸引；电流方向相反时(见图 2-10b)相互排斥。

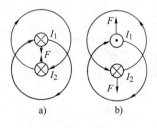

图 2-10　通电平行导体间的相互作用

a) 电流同向　b) 电流反向

四、磁场中的几个物理量

1. 磁通

通过与磁场方向垂直的某一面积上磁力线的总数，叫作通过该面积的磁通量，简称**磁通**。用字母 Φ 表示，其单位是 Wb（韦伯）。面积一定时，通过的磁通越多，磁场就越强。这一概念在电气工程上有极其重要的意义，如变压器、电动机、电磁铁等就是通过尽可能地减少漏磁通，增强一定铁心截面下磁场的强度来提高其工作效率的。

2. 磁感应强度

垂直通过单位面积的磁力线数目，叫作该点的**磁感应强度**。用字母 B 表示，单位是特斯拉，简称特（T）。在均匀磁场中，磁感应强度 $B = \Phi/S$。磁感应强度不仅表示了磁场中某点的强弱，还表示出该点磁场的方向，它是一个矢量。某点磁力线的切线方向，就是该点磁感应强度的方向。

若磁场中各点磁感应强度的大小相等，方向相同，则该磁场叫作**均匀磁场**。以后若不加以说明，均为在均匀磁场范围内讨论问题，并且用符号"⊗"和"⊙"分别表示磁力线垂直穿进和穿出纸面的方向。

3. 磁场强度

磁场中磁感应强度的大小不仅与产生磁场的电流的大小有关，还与磁场中的介质有关，计算时很不方便。为了使磁场计算方便，通常用磁场强度来确定电流的磁场。

磁场中某一点的磁感线强度 B 与介质磁导率 μ 的比值，称为该点的**磁场强度**，用 H 表示，即

$$H = \frac{B}{\mu} \qquad B = \frac{\mu}{H}$$

磁场强度的方向和所在点的磁感应强度方向一致。它的单位为安/米（A/m）。

◇◇◇ 第三节 磁导率及铁磁材料

一、磁导率

磁导率是用来表征物质磁性能的物理量，用字母 μ 表示，单位为享/米（H/m）。真空的磁导率 $\mu_0 = 4\pi \times 10^{-7}$ H/m，且为一常数。我们把某种物质的磁导率 μ 与真空中磁导率 μ_0 的比值叫做物质的**相对磁导率**，用字母 μ_r 表示，即 $\mu_r = \mu/\mu_0$。

μ_r/μ 只是一个比值，无单位。不同材料的相对磁导率 μ_r 相差很大，见表 2-1。由表中可见铸钢、硅钢片、铁氧磁体及坡莫合金等磁性材料的相对磁导率比非磁性材料要高 $10^2 \sim 10^6$ 倍，因而在电机、变压器、电器及电子技术领域中均被广泛采用。根据物质相对磁导率不同对物质的分类，见表 2-2。

表2-1　不同材料的相对磁导率

材料名称	μ_r
空气、材料、铜、铝、橡胶、塑料等	1
铸　铁	$200 \sim 400$
铸钢	$500 \sim 2200$

（续）

材料名称	μ_r
硅钢片	6000～7000
铁氧磁体	几千
坡莫合金	约十万

表2-2　根据物质相对磁导率不同对物质的分类

分类	相对磁导率	材料
反磁物质	$\mu_r \leqslant 1$	如铜、银等
顺磁物质	$\mu_r \geqslant 1$	如空气、锡、铬等
铁磁物质	$\mu_r \geqslant 1$	如铁、镍、钴及其合金等

二、铁磁材料的性质、分类及用途

1. 铁磁材料具有以下共同的性质

能被磁体吸引；磁化后有剩磁，能形成磁体；磁感应强度 B 有一个饱和值；具有磁滞损耗；磁导率比非铁磁物质大很多倍，并且不是一个常数。

2. 铁磁材料分类

根据用途不同，铁磁材料的分类、特点及用途，见表2-3。

表2-3　铁磁材料的分类、特点及用途

分类	特点	用途	实例
软磁材料	磁导率高，易磁化易去磁	常用来制作电机、变压器、继电器、电磁铁等电器的铁心以及手机内置天线等	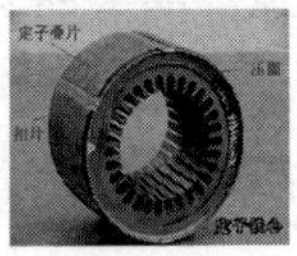 电机铁心 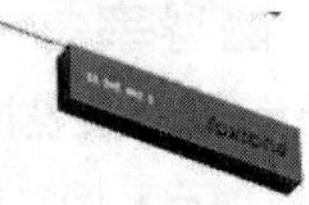 内置天线
硬磁材料	不易磁化，也不易去磁	常用来制作各种永久磁铁、扬声器的磁钢以及磁性磨盘等	 扬声器  磁性磨盘

（续）

分类	特点	用途	实例
矩磁材料	在很小的外磁场作用下就能磁化，并且达到饱和，去掉外磁后，磁性仍能保持饱和值	常用来制作记忆元件或用于计算机中的存储器等	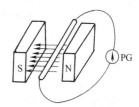 读卡器芯片 计算机中硬盘

【小知识】

微航内置天线采用有机磁性材料作为骨架绕线而成，具有磁性强度、线圈线径、线距和绕制方式多种可调参数，体积小，增益高，带宽，频率漂移小。应用在手机、音响、平板计算机、数码相框、MP3 和 MP4 等便携式产品中。

◇◇◇ 第四节 电磁感应

通电导体周围会产生磁场，那么，磁场能否产生电呢？回答是肯定的。早在 1831 年，英国科学家法拉第发现了电磁感应（或磁能产生电）的规律——**电磁感应定律**，科学界称之为**电磁感应**。电磁感应进一步说明了电磁不可分割的关系。

一、电磁感应现象及产生条件

为了便于理解电磁感应的概念和规律，首先观察以下两个实验：

［实验一］：如图 2-11 所示，均匀磁场中放置一根导体，两端连接一个检流计 PG，当导体垂直于磁力线作切割运动时，检流计的指针发生偏转，说明此时回路中有电流存在；当导体平行于磁力线方向运动时，检流计不发生偏转，此时回路中无电流存在。

［实验二］：如图 2-12 所示，在线圈两端接上检流计构成回路，当磁铁插入线圈时，检流计指针发生偏转；磁铁在线圈中静止不动时，检流计不偏转；将磁铁迅速由线圈中拔出时，检流计指针又向另一个方向偏转。

图 2-11 直导体的电磁感应

上述实验说明：当导体切割磁力线或线圈中磁通发生变化时，在直导体或线圈中都会产生感应电动势；若导体和线圈是闭合的，就会有感应电流。这种由导体切割磁力线或在闭合线圈中磁通量发生变化而产生电动势的现象，称为电磁感应现象。而由电磁感应产生的电动势称为感应电动势，由感应电动势产生的电流称为感应电流。由以上分析可知，产生电磁感应的条件是：一种是导体与磁场之间发生相对切割运动，另一种是线圈中的磁通量发生变化。

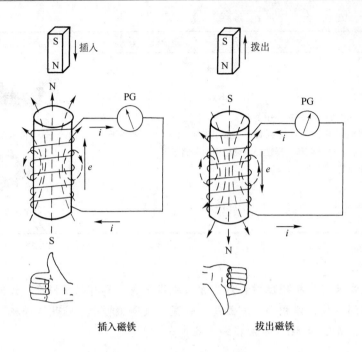

图 2-12　条形磁铁插入和拔出线圈时产生感应电流

二、直导体中的感应电动势

1. 感应电动势的大小

实验证明：在均匀磁场中，作切割磁力线的直导体，其瞬时感应电动势 e 的大小与磁感应强度 B，导体的有效长度 L，导线运动以速度 v 及导体运动方向与磁力线夹角 α 的正弦值成正比，即

$$e = BvL\sin\alpha \tag{2-2}$$

式中　B——磁感应强度，单位为特（T）；

$\quad\quad v$——导体运动速度，单位为米/秒（m/s）；

$\quad\quad \alpha$——导体与磁力线方向的夹角；

$\quad\quad L$——导体的有效长度，单位为米（m）；

$\quad\quad e$——感应电动势，单位为伏特（V）。

当导体垂直磁力线方向运动时，$\alpha = 90°$。$\sin 90° = 1$，感应电动势最大；当导体平行于磁力线方向运动时，$\alpha = 0°$，$\sin 90° = 0$，此时感应电动势最小为零。

【想一想】

从能量角度考虑，导体在磁场中作切割磁感线运动时，将（　　）能转化为（　　）能。

2. 直导体中感应电动势的方向

作切割磁力线运动的直导体，其产生感应电动势的方向可用**右手定则**来判断。如图 2-13 所示，伸平右手，让拇指与其余四指垂直并同在一个平面内，使磁力线穿过掌心，拇指指向切割运动方向，则其余四指的指向就是感应电动势的方向（从低电位指向高电位）。

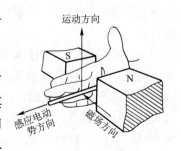

图 2-13　右手定则

需要注意的是，判断感应电动势方向时，要把导体看成是一个电源，在导体内部，感应电动势的方向由负极指向正极，感应电流的方向与感应动势的方向相同。如果当直导体不形成闭合回路时，导体中只产生感应电动势，不产生感应电流。

三、线圈中的感应电动势

1. 感应电动势的方向

我们知道，线圈中的磁通量发生变化时，线圈就会产生感应电动势。感应电动势的方向由**楞次定律**和**右手螺旋定则**来确定。

楞次通过大量的实验证明：**感应电流产生的磁通总是企图阻碍原磁通的变化**。也就是说当线圈中的磁通量要增加时，感应电流就要产生一个磁通去阻碍它的增加；当线圈中的磁通量要减少时，感应电流就要产生一个磁通去阻碍它的减少；如果线圈中原来的磁通量不变，则感应电流为零。

利用楞次定律判断感应电动势和感应电流的方向，具体步骤如下：

1）确定原磁通的方向及其变化趋势（增加或减少）。

2）由楞次定律确定感应电流的磁通方向是与原磁通同向还是反向。

3）根据感应电流产生的磁通方向，用右手螺旋定则确定感应电动势的方向或感应电流方向。

应当注意，必须把线圈看成一个电源，在线圈内部，感应电动势的方向由负极指向正极，感应电流的方向与感应电动势的方向相同。

在图 2-12a 中，当把磁铁插入线圈时，线圈中的磁通将增加。根据楞次定律，感应电流的磁场应阻碍磁通的增加，则线圈的感应电流产生的磁场方向上 N 下 S，再根据安培定则可判断出感应电流的方向是由左端流过检流计。当磁铁拔出线圈时（见图 2-12b），用同样的方法可判断感应电流由右端流过检流计。

【小知识】

在生产和日常学习、生活中，很多电气设备和电器的工作原理都是一个电—磁的转换过程，如电动机、变压器、继电器、收录机等。如图 2-14 所示为收录机，用于记录声音的器

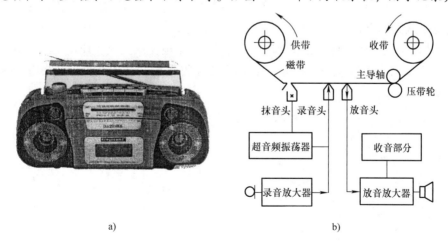

a)   b)

图 2-14 收录机

a）外形 b）组成框图

件是磁头和磁带。磁头由环形铁心、绕在铁心两侧的线圈和工作气隙组成。收录机中的磁头包括录音磁头和放音磁头。声音的录音原理利用了磁场的特点与性质，首先将声音变成电信号，然后将电信号记录在磁带上；放音原理同样利用磁场的特点与性质，将记录在磁带上的电信号变换成声音播放出来。

2. 感应电动势的大小

法拉第通过大量实验总结出：线圈中感应电动势的大小，与线圈中磁通量的变化快慢（即变化率）和线圈的匝数 N 的乘积成正比。通常把这个定律叫作**法拉第电磁感应定律**，其数学表达式为

$$e = \left| -N \frac{\Delta\phi}{\Delta t} \right| = \left| -\frac{\Delta\Phi}{\Delta t} \right| \tag{2-3}$$

式中　N——线圈的匝数；

　　　$\Delta\phi$——一匝线圈的磁通变化量，单位为韦伯（Wb）；

　　　$\Delta\Phi$——N 匝线圈的磁通变化量，单位为韦伯（Wb）；

　　　Δt——磁通变化所需要的时间，单位为秒（s）；

　　　e——在 Δt 时间内感应电动势的平均值，单位为伏特（V）。

式（2-3）中，负号表示感应电流所产生的磁通总是企图阻止原来磁通的变化。实际中判断感应电动势的方向还是用楞次定律而用法拉第电磁感应定律来计算感应电动势的大小。

【小知识】

直流发电机在原动机的拖动下电枢逆时针旋转，电枢上的导体切割磁场产生交变电动势，再通过换向器的整流作用，在电刷间获得直流电压输出，从而实现了将机械能转换成直流电能的目的，如图 2-15 所示。

四、自感

1. 自感现象

在图 2-16a 所示的电路中，当开关 S 合上瞬间，灯泡 EL1 立即正常发光，此后灯的亮度不发生变化；但灯泡 EL2 的亮度却是由暗逐渐变亮，然后正常发光。在图 2-16b 所示的电路中，当开关 S 打开瞬间，S 的刀口处会产生火花。上述现象是由于线圈电路在接通和断开瞬间，电流发生从无到有和从有到无的突然变化，线圈中产生了较高的感应电动势。图 2-16a 电路中，根据楞次定律可知，感应电动势要阻碍线圈中电流的变化，EL2 支路中电流的增大必然要比 EL1 支路来得迟缓些，因此灯泡 EL2 也亮得迟缓些。图 2-16b 电路中，线圈在开

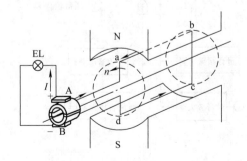

图 2-15　直流发电机的工作原理

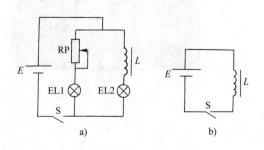

图 2-16　自感电路
a) 闭合开关 S　b) 断开开关 S

关 S 打开瞬间所产生的感应电动势，则使 S 的刀口处空气电离而产生火花。

以上这种由于流过线圈本身的电流发生变化，而引起的电磁感应现象叫作**自感现象**，简称**自感**。由自感产生的感应电动势称为**自感电动势**，用 e_L 表示。自感电流用 i_L 表示。

2. 自感系数

自感系数是用来描述线圈产生自感磁通本领的物理量。定义为线圈中通过每单位电流所产生的自感磁通数，称为**自感系数**，也称为**电感**，用 L 表示。其数学表达式为

$$L = \frac{\Delta \Phi}{\Delta i} \tag{2-4}$$

式中　$\Delta \Phi$——流过 N 匝线圈的电流 Δi 时所产生的自感磁通，单位为韦伯（Wb）；

　　　Δi——流过线圈的外电流，单位为安（A）；

　　　L——电感，单位为亨（H）。

由式（2-4）看出，如果一个线圈中通过 1A 电流，能产生 1Wb 的自感磁通，则该线圈的电感就叫做 1 亨利，简称亨，用符号 H 表示。在实际工作中，常用较小的单位，如毫亨、微亨等，它们与亨的换算关系如下：

$$1 \text{ 亨（H）} = 10^3 \text{毫亨（mH）}$$
$$1 \text{ 毫亨（mH）} = 10^3 \text{微亨（μH）}$$

电感 L 的大小不但与线圈的匝数及几何形状有关（一般情况下，匝数越多，L 越大），而且与线圈中媒介质的磁导率 μ 有密切关系。有铁心的线圈，L 不是常数；空心线圈，当其结构一定时，L 为常数。我们把 L 为常数的线圈称为线性电感，把线圈称为电感线圈，也称为**电感器**或**电感**。

3. 自感电动势

（1）自感电动势的方向　自感电动势的方向仍用**楞次定律**判断，即线圈中的外电流 i 增大时，感应电流的方向与 i 的方向相反；外电流 i 减小时，感应电流的方向与 i 的方向相同，如图 2-17 所示。

（2）自感电动势的大小　自感电动势的大小，可由法拉第电磁感应定律得

$$e_L = \left| -\frac{\Delta \Phi}{\Delta t} \right| \tag{2-5}$$

把式（2-4）代入式（2-5），且 L 为常数时，有

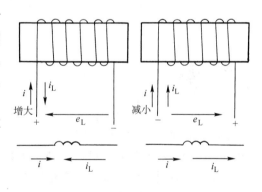

图 2-17　自感电动势的方向

$$e_L = \left| -L \frac{\Delta i}{\Delta t} \right| \tag{2-6}$$

式中　Δi——线圈中外电流在 Δt 内的变化量，单位为安（A）；

　　　Δt——线圈中外电流的变化 Δi 所用的时间，单位为秒（s）；

　　　L——线圈的电感量，单位为亨（H）；

　　　e_L——自感电动势，单位为伏特（E）；

　　　$\dfrac{\Delta i}{\Delta t}$——电流的变化率，单位为安/秒（A/s）。

式(2-6)表明，自感电动势的大小与线圈的电感及线圈中外电流的变化速度（变化率）成正比，负号表示自感电动势的方向和外电流的变化趋势相反。

自感对人们来说，既有利又有弊。例如荧光灯是利用镇流器中的自感电动势来点燃灯管的，同时也利用它来限制灯管的电流；但在含有大量电感元件的电路被切断的瞬间，因电感两端的自感电动势很高，在开关处会产生电弧，容易烧坏开关，或者损坏设备的元器件，这要尽量避免。通常在含有大电感的电路中都有灭弧装量。最简单的办法是在开关或电感两端并接一个适当的电阻或电容，或先将电阻和电容串联后并接到电感两端，让自感电流有一条能量释放的通路，从而达到保护设备的作用。

【小知识】

在图2-18中KA是直流电感线圈，在大功率晶体管由导通变为截止（导通时），线圈中将产生较大的感应电动势，在电感线圈两端反向并联一个续流二极管，释放线圈断电时产生的感应电动势，可保护大功率晶体管不会被击穿，同时又可减小线圈感应电动势对控制电路的干扰噪声。

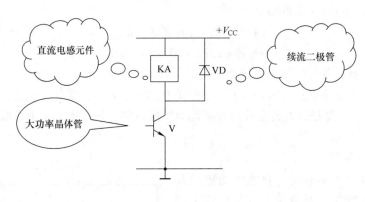

图 2-18

五、互感

1. 互感现象

所谓互感现象，就是当一个线圈中的电流变化而在另一个线圈中产生感应电动势的现象，如图2-19所示。图中，线圈1叫做原线圈或一次线圈；线圈2叫作副线圈或二次线圈。当开关S闭合或打开瞬间，可以看到与线圈2相连的电流表发生偏转，这是因为线圈1中变化的电流要产生变化的磁通 Φ_{11}，这个变化的磁通中有一部分（Φ_{12}）要通过线圈2，使线圈2产生感应电动势，并在此产生感应电流使电流表发生偏转。我们把由互感现象产生的感应电动势叫作**互感电动势**，用符号 e_M 表示。

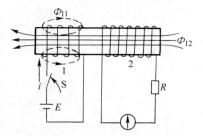

图 2-19　互感现象

2. 同名端

互感电动势的方向，可用**楞次定律**来判断，但比较复杂。尤其是对已经制造好的互感器，从外观上无法知道线圈的绕向，判断互感电动势的方向就更困难。有必要引入描述线圈绕向的概念——同各端。所谓同名端，就是绕在同一铁心上的线圈，由于绕向一致而产生感应电动势的极性始终保持一致的端点叫做线圈的同名端，用"·"或"*"表示。在图2-20中1、4、5端点是一组**同名端**，2、3、6端点也是同名端。那么，同名端跟各自产生的互感电动势的方向有什么关系呢？在图2-20a中，S闭合瞬间，线圈A的"1"端电流增大，根据楞次定律和右螺旋定则可以判断出各线圈感应电动势的极性如图2-20b所示。从图中看出，绕向相同的1、4、5三个端点的感应电动势（线圈A是自感，线圈B、C是互感）的极性都为"+"，而2、3、6三个端点都为"-"。断开S瞬间，则1、4、5三个端点的极性一起变为"-"，而2、3、6三个端点的极性又一起变为"+"。由此可见，无论通入线圈中的电流如何变化，线圈绕向相同的端点，其自感或互感电动势的极性始终是相同的。这也是人们把绕向相同的端点叫做同名端的原因所在。

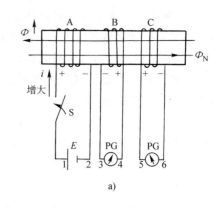

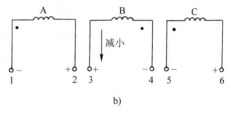

图2-20　互感电动势的同名端

有了同名端的概念以后，再来判断互感电动势的方向就很易了。如图2-20b所示，假设电流i从B线圈3端流出且减少，根据楞次定律，线圈B产生的自感电动势要阻止i减少；故自感电动势在3端点的极性为"+"，又根据同名端概念，线圈A、C产生的互感电动势的极性是2、6端为"+"。

同名端的概念为实际工作中使用电感元件带来方便，人们只要通过元件外部的同名端符号，就可以知道线圈的绕向。如果同名端符号脱落，还可根据上述方法确定同名端。

3. **互感电动势的大小**

互感电动势的大小正比于穿过本线圈磁通的变化率，或正比于另一线圈中电流的变化率。当两个线圈互相平行且第一个线圈的磁通的变化全部影响到第二个线圈时，互感电动势最大；当两个线圈互相垂直时，互感电动势最小。互感电动势的计算比较复杂，这里不作介绍。

和自感一样，互感也有利有弊。在工业生产中具有广泛用途的各种变压器、电动机都是利用互感原理工作的；但在电子电路中，若线圈的位置安放不当，各线圈产生的磁场就会互相干扰，严重时会使整个电路无法工作。为此人们常把互不相干的线圈的距离拉大或把两个线圈的位置垂直布置，在某些场合下还必须用铁磁材料把线圈或其他元器件封闭起来，进行屏蔽。

【想一想】

变压器是根据电磁感应原理将某一种电压、电流的交流电能转变成另一种电压、电流的交流电能的静止电气设备。请问变压器能否改变直流电压和直流电流？

小　　结

1) 磁铁能够吸引铁磁物质的性质叫做磁性。磁铁的两端叫作磁极，其磁性最强。磁极有N极和S极之分。同性磁极相斥，异性磁极相吸。

2）磁铁周围存在磁场，载流导体（或线圈）周围也存在磁场。磁场总是伴随着电流而存在，而电流永远被磁场所包围。磁场具有力和能的特性。

3）磁场可以用磁力线来形象描述。它们是互不交叉的闭合曲线，在磁铁外部由N极指向S极，在磁铁内部由S极指向N极；磁力线上某点的切线方向表示该点的磁场方向，其疏密程度表示磁场的强弱。

4）电流产生的磁场方向可用安培定则判断。磁场中载流直导体所受电磁力的方向可用左手定则判断，电磁力的大小为 $F = BIL\sin\alpha$。

5）磁场的基本物理量：感应强度 B 是描述磁场中某点磁场强弱及方向的物理量；磁通是描述磁场中某一面积磁场强弱的物理量；磁导率是描述磁介质导磁能力大小的物理量。对非铁磁质 μ 为常数，对铁磁质 μ 不是常量。

6）铁磁材料分为软磁材料、硬磁材料和矩磁材料三大类。

7）电磁感应现象：穿过线圈的磁通发生变化或导体作切割磁力线运动时，线圈或导体会产生感应电动势；如果线圈或导体构成闭合回路，回路中就会产生感应电流。对线圈发生的电磁感应现象，按引起磁通变化的原因又可分为自感现象和互感现象。

8）楞次定律的基本内容是：感应磁通总是企图阻止原磁通的变化。法拉第电磁感应定律的基本内容是：感应电动势的大小与磁通的变化率成正比。通常用前者来判别线圈中感应电动势的方向，用后者来计算线圈感应电动势的大小。

9）直导体产生的感应电动势的方向用右手定则来判断，其大小为 $e = BLv\sin\alpha$，当直导体垂直于磁场方向切割磁力线时，产生的感应电动势最大。

10）自感是由于流过线圈本身的电流变化而引起的电磁感应，对于线性电感来说，自感电动势的大小与电流的变化率成正比。方向可用楞次定律来判别，即当线圈中外电流 i 增大时，自感电动势的方向与外电流方向相同。

11）互感是由于一个线圈中的电流变化在另一个线圈中引起的电磁感应，互感电动势的方向可用楞次定律来判别，但比较复杂，通常用同名端判别法来判断互感电动势的方向。

12）同名端就是绕在同一铁心上的线圈其绕向一致而产生感应电动势极性相同的接线端。

习　题

1. 试判断题图2-1中通电线圈的N，S极或根据已标明的磁极极性判断线圈中的电流方向。

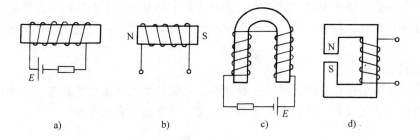

a)　　　　　　b)　　　　　　c)　　　　　　d)

题图2-1

2. 如题图2-2所示，请根据小磁针在图中的位置确定电源的正负极性。

3. 根据左手定则标出题图2-3中电流方向或载流导体的受力方向。

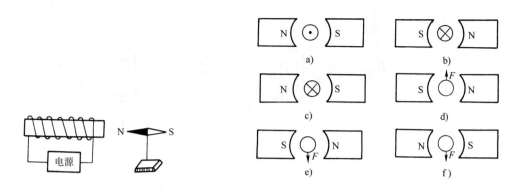

题图 2-2   题图 2-3

4. 简述铁磁材料的分类、特点和用途。

5. 试判别下列结论是正确的还是错误的？为什么？

1）产生感应电流的唯一条件是导体切割磁力线运动或线圈中的磁通发生变化。

2）感应磁场的方向总是和原磁场的方向相反。

3）感应电流的方向总是和感应电动势方向相反。

4）自感电动势是由于线圈中流过恒定电流引起的。

5）自感电流的方向总是与外电流的方向相反。

6）互感电动势的大小正比于本线圈的电流变化率。

6. 在题图 2-4 中，标出 a、b 图中感应电流的方向；标出 c、d 图中导线切割磁力线的运动方向；标出 e、f 图中的磁极极性；在 g、h 图中，把线圈连接到电源上。

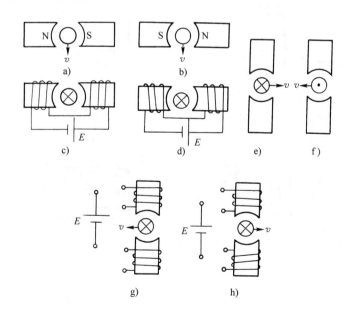

题图 2-4

7. 根据楞次定律，应用右手定则，画出题图 2-5 中感应电流的方向。

8. 如题图 2-6 所示，矩形线圈平面垂直于磁力线，其面积为 2cm²，共有 80 匝。若线圈在 0.025s 内从 $B = 1.25T$ 的均匀磁场中移出，试问线圈两端产生的感应电动势为多少？

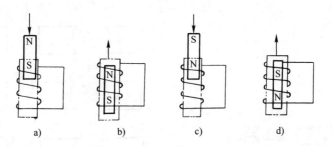

题图 2-5

9. 在题图 2-7 中，当开关 S 合上以后，电路中的电流由零逐渐增大到 $I = E/R$，图中 R 代表线圈的电阻。

1）试画出开关 S 合闸后一瞬间，线圈中自感电动势的方向。

2）试画出开关 S 断开一瞬间，线圈中自感电动势的方向。

3）当 S 闭合，线圈电流达到稳定值以后，线圈中的自感电动势有多大？

10. 在题图 2-8 中，在线圈通电瞬间、电流增强、电流减弱及断电瞬间四种情况下，线圈 B 中能否产生感应电流？方向怎样？

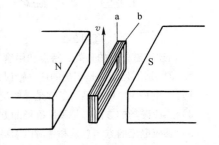

题图 2-6

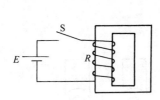

题图 2-7

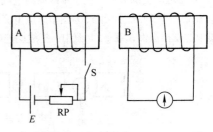

题图 2-8

11. 在题图 2-9 中，用同名端判别法分别标出开关接通瞬间，线圈 B 和 C 中感应电动势的极性。

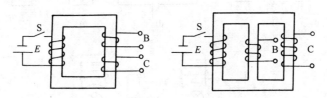

题图 2-9

第三章

正弦交流电路

知识目标

1. 掌握单相正弦交流电的三要素，并了解其三种表示法。

2. 了解电阻、电感和电容在交流电路中的作用，掌握纯电阻、纯电感和纯电容电路特点及简单计算。

3. 了解三相正弦交流电的基本概念，三相正弦交流电电路的星形和三角形连接法，以及两种连接法中各相负载上电压、电流关系。

4. 了解提高功率因数的意义和方法。

5. 掌握安全用电的一般知识。

技能目标

1. 能使用验电器正确区分交流电路中相线、零线，正确安装电源插座。

2. 学会利用万用表测量交流电路中电压和电流值，正确判断交流电路中线电压(相线与相线间)、相电压(相线与零线间)。

3. 会安装白炽灯和荧光灯电路，利用双联开关安装两地控制一盏灯电路。

4. 学会安全用电常识，并能对触电后进行简单急救处理。

◇◇◇ 第一节　交流电的基本概念

一、交流电

交流电是指大小和方向都随时间作周期性变化的电压、电流或电动势。我们在日常的生产和生活中使用的电器设备多数都在使用交流电源。即使是在某些需要直流电的场合(如电视机、计算机等)，也大多是通过整流装置把交流电变成直流电的。交流电可分为正弦交流电和非正弦交流电两类。按正弦规律变化的交流电称为正弦交流电。而非正弦交流电的变化却不按正弦规律变化，几种典型的电流波形如图3-1所示。我们现在所使用的交流电都是正弦交流电，以下如果没有特别说明，我们所讲的交流电都是指正弦交流电。

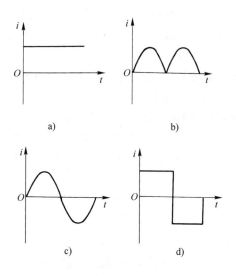

图3-1　几种典型的电流波形

a) 稳恒直流　b) 脉动直流　c) 正弦波　d) 方波

二、正弦交流电的产生

正弦交流电通常是由交流发电机产生的。图3-2a所示是最简单的交流发电机的工作示意图。

发电机由定子和转子组成，定子上有 N、S 两个磁极。转子是一个能转动的圆柱形铁心，在它上面缠绕着一匝线圈，线圈的两端分别接在两个相互绝缘的铜环上，通过电刷 A、B 与外电路接通。

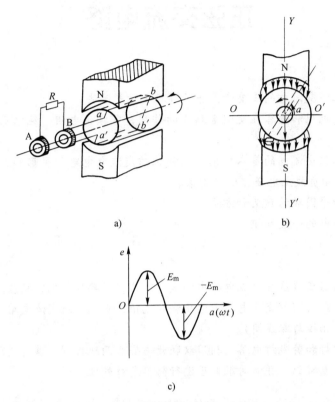

图 3-2　最简单的交流发电机

a）工作示意图　b）磁场分布规律　c）电动势波形

为了使线圈产生出来的感应电动势能按正弦规律变化，发电机定子的磁极做成了特殊的形状，使磁极和转子之间的磁感应强度按正弦规律分布，如图 3-2b 所示。在磁极中心位置 YY' 处，磁感应强度最大（即磁场最强），在 YY' 的两侧，磁感应强度按正弦规律逐渐减小，到达磁极的分界面（又称为中性面）OO' 时，磁感应强度正好减小到零。这样，在转子圆柱面上的磁感应强度 $B = B_m \sin\alpha$ 是按正弦规律分布的。当用原动机（如水轮机或汽轮机）以恒定转速带动发电机转动时，线圈的 ab 边和 a'b' 边便分别切割按正弦规律分布的磁场，因而在各个边上便产生了按正弦规律变化的感应电动势 $e = B_m Lv \sin\alpha$，在电刷 A、B 两端输出的总电动势则为线圈两边的电动势之和，即

$$e = 2B_m Lv \sin\alpha$$

或　　　　　　　　　　　　　　$e = E_m \sin\alpha$　　　　　　　　　　　　　　（3-1）

式中　E_m——导体感应电动势最大值，$E_m = 2B_m Lv$，单位为 V；

　　　L——导体的有效长度，单位为 m；

　　　v——导体切割磁力线的速度，单位为 m/s。

α 表示电动势随时间 t 变化的电角度数。在两极发电机中，它与线圈转过的机械角相等；当交变电动势变化一周时，相应的电角度也变化了 2π 弧度，在 t 秒时交流电重复变化

了 f 周，其电角度则为 $\alpha = 2\pi ft$，此刻电动势的瞬时值为

$$e = E_{\mathrm{m}}\sin 2\pi ft$$

$$= E_{\mathrm{m}}\sin\omega t \tag{3-2}$$

式中，$\omega = \alpha/t = 2\pi f$，表示一秒钟内电角度变化的度数，单位为弧度/秒（rad/s）。

把负载与发电机相连接时，交流发电机的输出电压、电流同样是正弦交流电，即

$$u = U_{\mathrm{m}}\sin\omega t \tag{3-3}$$

$$i = I_{\mathrm{m}}\sin\omega t \tag{3-4}$$

三、表征正弦交流电的物理量和三要素

1. 最大值和有效值

（1）最大值 正弦交流电在一个周期内，出现的最大的瞬时值就叫作正弦交流电的最大值（又称为峰值、振幅），各物理量最大值用大写字母加下标"m"表示，如 E_{m}、U_{m}、I_{m}。

（2）有效值 因为交流电的大小和方向时刻都是不断地随着时间而变化的，这就给电路的计算和测量带来困难。实际使用中，通常总是用有效值来表示交流电的大小。有效值是这样规定的：把交流电和直流电分别加在相同阻值的电阻上，如果在相同时间内所产生的热量相等，那么这个直流电流 I 在发热做功方面就是与原来的交流电流 i 是等效的，我们就把这一直流电的大小叫作相应交流电的有效值。概述为：在发热做功方面与交流电流等效的直流电流的数值叫作**"交流电的有效值"**。它的符号用大写字母 I 表示，同样，对于交流电的电动势、电压有效值也用大写字母 E、U 表示，电工仪表测出的交流电数值及通常所说的交流电数值都指的是有效值。如 380V、220V、15A、5A 等都是指的交流电的有效值。正弦交流电的有效值和最大值之间有如下关系：

$$\text{有效值} = \frac{1}{\sqrt{2}} \times \text{最大值} \qquad \text{或} \qquad \text{最大值} = \sqrt{2} \times \text{有效值}$$

即

$$E = \frac{1}{\sqrt{2}}E_{\mathrm{m}} \approx 0.707E_{\mathrm{m}} \qquad\qquad E_{\mathrm{m}} = \sqrt{2}E = 1.414E$$

$$U = \frac{1}{\sqrt{2}}U_{\mathrm{m}} \approx 0.707U_{\mathrm{m}} \qquad\qquad U_{\mathrm{m}} = \sqrt{2}U = 1.414U$$

$$I = \frac{1}{\sqrt{2}}I_{\mathrm{m}} \approx 0.707I_{\mathrm{m}} \qquad\qquad I_{\mathrm{m}} = \sqrt{2}I = 1.414I$$

2. 周期与频率

（1）周期 交流电每重复变化一次所需要的时间称为**周期**，用符号 T 表示，单位是秒（s）。常用单位还有毫秒（ms）、微秒（μs）、纳秒（ns）。它们之间的换算关系如下：

$$1 \text{毫秒（ms）} = 10^{-3} \text{秒（s）}$$

$$1 \text{微秒（μs）} = 10^{-6} \text{秒（s）}$$

$$1 \text{纳秒（ns）} = 10^{-9} \text{秒（s）}$$

（2）频率 交流电在一秒钟内重复变化的次数称为**频率**，用符号 f 表示，单位是赫兹（Hz）。常用单位还有千赫（kHz）和兆赫（MHz）。它们之间的换算关系如下：

$$1 \text{千赫（kHz）} = 10^{3} \text{赫兹（Hz）}$$

$$1 \text{兆赫（MHz）} = 10^{6} \text{赫兹（Hz）}$$

根据定义可知，周期和频率互为倒数，即

$$f = \frac{1}{T} \quad 或 \quad T = \frac{1}{f}$$

我国工业的电力标准频率为 50Hz（习惯上称为工频），其周期为 0.02s。

（3）角频率　上述两极交流发电机每旋转一周，正弦交流电就重复变化一次，因此正弦交流电变化一周可用 2π 弧度或 360° 来计量。正弦交流电每秒内变化的电角度称为**角频率**，用符号 ω 表示，单位是弧度/秒（rad/s）。根据角频率的定义有

$$\omega = 2\pi f = \frac{2\pi}{T} \tag{3-5}$$

因为我国交流电的频率是 50Hz，周期是 0.02s，所以其角频率是

$$\omega = 2\pi f = 2 \times 3.14 \times 50 \text{rad/s} = 314 \text{rad/s}$$

3. 初相角

在上面分析正弦交流电动势的产生时，是假设线圈平面与中性面的夹角为零（$\alpha = 0$）时开始转动的，转动瞬间的感应电动势 $e = E_m \sin\omega t = 0$。在波形图上，交流电的零起点是从坐标原点开始的（见图 3-2c）。但事实上正弦交流电的变化是连续的，线圈每一次的起点和终点都不一定相同，故线圈所产生的交流电零点就不一定都在坐标原点（$\omega t = 0$ 处）上。如果假设线圈（见图 3-3）在其平面与中性面有一个夹角 φ 时开始转动，那么，经过时间 t 时，线圈平面与中性面间的角度是 $\omega t + \varphi$，感应电动势的公式就变为

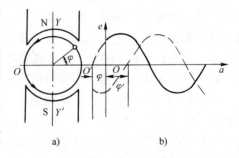

图 3-3　交流电的相位与初相位

$$e = E_m \sin(\omega t + \varphi) \tag{3-6}$$

从式（3-6）可看出，电角度 $\alpha = \omega t + \varphi$ 是随时间变化的。当 $t = 0$ 时，对应于不同的角度 φ，交流电的零起点也就不会相同，可能在坐标系的原点，也可能在坐标系原点的前方或后方。它们在 $t = 0$ 时 Y 轴上的数值大小、正负也不相同，而当 φ 的值一定时，对应于不同时间 t，就有一个不同的感应电动势瞬时值与之相对应，即角度 $\alpha = \omega t + \varphi$ 是表示正弦交流电在任意时刻的电角度，对于确定交流电的起点、大小和方向都起着重要的作用，通常把它称为交流电的**相位**或**相角**。

通常把线圈刚开始转动时（$t = 0$ 时）的相位角 φ 称为**初相角**，也称为**初相位**或**初相**。它实质上也就是发电机线圈在起始位置时与中性面的夹角。

初相角有正有负，如果 $t = 0$ 时正弦交流电的值为正，则其初相角为正角，反之，初相角为负角。在波形图上，当初相角 $\varphi = 0$ 时，正弦波的正半周起点正好在坐标的原点，如图 3-4a 所示。当正弦量的初相角为负时，其正半周的起点在坐标原点的右边；当正弦量的初相角为正时，其正半周起点在坐标原点的左边，如图 3-4b 所示。初相角常用小于 180° 的角度表示，图 3-4 所示为不同初相位对应的波形。

4. 相位差

在正弦交流电路中，电压与电流都是同频率的，分析电路时常常要比较它们的相位之差。所谓相位之差，就是指两个同频率交流电的相位之差，简称**相位差**，用字母 φ 表示。设正弦交流电动势 e_1 的初相角为 φ_1，e_2 的初相角为 φ_2，则 e_1 与 e_2 的相位差为

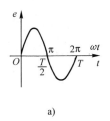
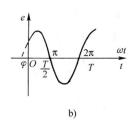
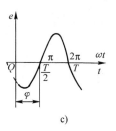

图 3-4　不同初相位对应的波形

a）$\varphi = 0$　b）$\varphi > 0$　c）$\varphi < 0$

$$\varphi = (\omega t + \varphi_1) - (\omega t + \varphi_2) = \varphi_1 - \varphi_2 \tag{3-7}$$

可见，两个同频率交流电的相位差为初相位之差，这个相位差是恒定的，不随时间而改变。相位差有以下几种情况：

1）如果它们的初相位相同，则相位差为零，就称这两个交流电同相位，它们的变化步调一致，总是同时到达零和正负最大值，如图 3-5a 所示。

2）如果它们的初相位互为 180°，则相位差为 180°，就称这两个交流电反相位，如图 3-5b 所示。它们的变化步调恰好相反，一个到达正的最大值，另一个恰好到达负的最大值；一个减小到零，另一个恰好增加到零。

3）如果一个交流电比另一个交流电提前到达零值或最大值，则前者叫做超前，后者叫做滞后。如图 3-5c 所示，e_1 比 e_2 先到达最大值，这时我们说 e_1 超前 e_2，当然也可说成 e_2 滞后于 e_1。

综上所述，正弦交流电的最大值反映了交流电的变化范围，频率（或周期、角频率）反映了交流电的变化快慢，初相位反映了交流电的起始状态，它们是表征正弦交流电的三个重要物理量。知道了这三个量就可以唯

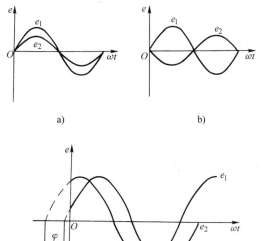

图 3-5　交流电的相位关系

a）同相位　b）反相位　c）超前或滞后

一确定一个交流电的数值大小和变化快慢，就可以写出其瞬时值表达式，从而知道正弦交流电的变化规律，以利于我们分析电路。因此，常把最大值（或有效值）、频率（或角频率、周期）、初相位称为**交流电的三要素**。

【例 3-1】　已知两正弦电动势分别是：$e_1 = 100\sqrt{2}\sin\left(100\pi t + \dfrac{\pi}{3}\right)$ V，$e_2 = 65\sqrt{2}\sin\left(100\pi t - \dfrac{\pi}{6}\right)$ V，求：

1）各电动势的最大值和有效值。

2）频率、周期。

3）相位、初相位、相位差。

4）波形图。

【解】 1）最大值
$$E_{m1} = 100\sqrt{2}\,V$$
$$E_{m2} = 65\sqrt{2}\,V$$

有效值
$$E_1 = \frac{100\sqrt{2}}{\sqrt{2}}V = 100\,V$$

$$E_2 = \frac{65\sqrt{2}}{\sqrt{2}}V = 65\,V$$

2）频率
$$f_1 = f_2 = \frac{\omega}{2\pi} = \frac{100\pi}{2\pi} = 50\,Hz$$

周期
$$T_1 = T_2 = \frac{1}{f} = \frac{1}{50}s = 0.02\,s$$

3）相位
$$\alpha_1 = \left(100\pi t + \frac{\pi}{3}\right) \quad \alpha_2 = \left(100\pi t - \frac{\pi}{6}\right)$$

初相位
$$\varphi_1 = \frac{\pi}{3} \quad \varphi_2 = -\frac{\pi}{6}$$

相位差
$$\varphi = \varphi_1 - \varphi_2 = \frac{\pi}{3} - \left(-\frac{\pi}{6}\right) = \frac{\pi}{2}(e_1\,超前于\,e_2)$$

4）波形图如图 3-6 所示。

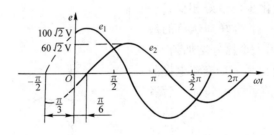

图 3-6　波形图

【想一想】

教室里的照明电源为 220V 的交流电，若有人不慎触电，则对人体造成伤害的瞬间最高电压可达到多大(人体所能承受的安全电压为 36V)？

◇◇◇ 第二节　正弦交流电的三种表示法

正弦交流电一般有四种表示法：解析法、曲线法、相量表示法和符号法，本书只介绍前三种表示法。

一、解析法

正弦交流电的电动势、电压和电流的瞬时值表达式就是正弦交流电的解析式，即

$$e = E_m\sin(\omega t + \varphi_e)$$

$$u = U_m\sin(\omega t + \varphi_u)$$

$$i = I_m\sin(\omega t + \varphi_i)$$

三个解析式中都包含了交流电三要素：**最大值**、**角频率**和**初相位**，根据解析式就可以计算出交流电在任意瞬间的数值。

二、曲线法

正弦交流电还可用与解析式相对应的正弦曲线来表示，如图 3-7 所示。图中的横坐标表示时间 t（或电角度 ωt），纵坐标表示交流电的瞬时值 e。从曲线可以看出，每给定一个横坐标数值，都可在曲线（波形图）上找出其对应的纵坐标值。也就是说，对应于不同的时间（或电角度），就有一个不同的交流电的瞬时值，并且在波形图上可直观地反映出交流电的最大值、初相位和周期等。

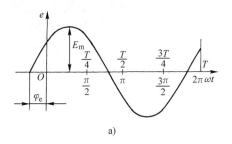

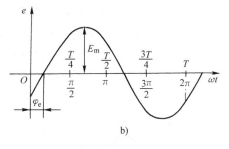

图 3-7 正弦交流电的波形

a）初相位大于零 b）初相位小于零

三、相量表示法

正弦交流电的另一种图示方法是旋转相量表示法。正弦交流电也可以借助旋转相量图来表示，下面我们对旋转相量表示法进行分析。

现以 $e = E_m \sin(\omega t + \varphi)$ 为例来讨论：在平面直角坐标系中，从原点 O 作一相量，其长度等于正弦交变电动势的最大值 E_m，相量与横轴 OX 的夹角等于正弦交变电动势的初相角 φ，令其按逆时针方向旋转，如图 3-8 所示。这样，旋转相量在任一瞬间与横轴 OX 的夹角就是正弦交变电动势的相位 $\omega t + \varphi$，而旋转相量在纵轴上的投影即为正弦交变电动势的瞬时值，当旋转相量不断旋转下去时，根据它在不同位置对应不同瞬时值来描点作图，就可得到电动势 e 的波形图。

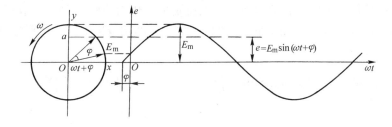

图 3-8 正弦交流电的旋转相量表示法

由此可见，一个正弦量可以用一个旋转相量表示，虽然交流电本身不是旋转相量，但是我们可以借助旋转相量图来直观简便地表示正弦交流电。

在实际应用中，我们没有必要把相量在每一瞬间的位置都画出来，只需画出它的起始位置即可，即采用静止相量来表示交流电。因此，一个正弦量可以很直观地表示出交流电的最大值（或有效值）、初相位这两个重要的要素。

用相量图来表示同频率正弦交流电的一般规则如下：

1）相量的长度代表正弦交流电的最大值（或有效值），用字母 $\dot{E}_m$、$\dot{U}_m$、$\dot{I}_m$ 或 $\dot{E}$、$\dot{U}$、$\dot{I}$ 表示。

2）相量与 X 轴正方向的夹角代表正弦交流电的初相角，当初相角为正时，将相量绕原点逆时针旋转一个角度 φ ，当初相角为负时，将相量绕原点顺时针旋转一个角度 φ ；当初相角为零时，相量与 X 轴重合或平行，如图 3-9 所示。

3）同频率的交流电可以画在同一相量图上。

4）在仅仅为了表示多个正弦交流电的相位关系时，既可选横轴的正方向为参考方向，也可任意选一个相量作为参考相量，并取消直角坐标轴。

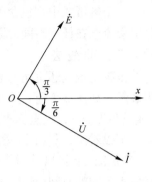

图 3-9　相量图

使用相量来表示交流电后，不但能直观地表示交流电的初相角、有效值和多个正弦量间的相位关系，还可以大大地简化正弦交流电的加减运算，便于对交流电路的分析理解。

四、相量的加减运算（相量的合成）

两个同频率的正弦量用相量进行相加减运算时，可采用平行四边形法则。

1. 相量的加法

设两电压 u_1 和 u_2 的相量图如图 3-10 所示。以这两个相量为两边，作一个平行四边形，则对角线（即合成相量）就表示这两个电压的相量之和（见图 3-10a）。合成相量与横轴的夹角表示合成电压的初相角，合成电压 u 的最大值（或有效值）及初相角均可从相量图上按比例算出，或从图上的几何关系算出。由此可见，利用相量图对正弦交流电进行计算是非常简便的。

2. 相量的减法

两个同频率的正弦量的相减，也可以利用相量加法来进行，其方法是将减量加一个负号，然后再与被减量相加，即

$$u_1 - u_2 = u_1 + (-u_2)$$

将一个正弦量加一个负号，即相当于将此正弦量的初相角旋转 $180°$ ，故将 u_2 的相量旋转 $180°$ 即变成 $-u_2$ 的相量了。最后将 u_1 的相量与 $-u_2$ 的相量用平行四边形法则相加，得出 u 的相量（见图 3-10b）。

【例 3-2】 已知 $u_1 = 3\sqrt{2}\sin\left(314t + \dfrac{\pi}{6}\right)\text{V}$ ， $u_2 = 4\sqrt{2}\sin\left(314t - \dfrac{\pi}{3}\right)\text{V}$ 。试求 $u = u_1 + u_2$ 和

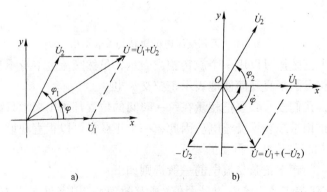

图 3-10　相量的合成

a）相量的加法　b）相量的减法

$u' = u_1 - u_2$。

【解】 根据题意作相量图，如图 3-11a 所示。

则

$$U = \sqrt{U_1^2 + U_2^2} = \sqrt{4^2 + 3^2}\,V = 5V$$

$$\varphi' = \arctan \frac{U_2}{U_1} = \arctan \frac{4}{3} \approx 53° \qquad (u_1\ \text{超前}\ u\ \text{的角度})$$

于是可得 $u = u_1 + u_2$ 的三要素为

$$U = 5V,\ \ \omega = 314\text{rad/s},\ \ \varphi_u = \varphi_1 - \varphi' = \frac{\pi}{6} - \arctan \frac{4}{3} \approx 30° - 53° = -23°$$

所以 $u = 5\sqrt{2}\sin(314t - 23°)\,V$

由 $u = u_1 - u_2 = u_1 + (-u_2)$，画出相量图（见图 3-11b）。

得 $U' = \sqrt{U_1^2 + U_2^2} = \sqrt{4^2 + 3^2}\,V = 5V$

$$\varphi' = \arctan \frac{U_2}{U_1} = \arctan \frac{4}{3} \approx 53° \qquad (u'\ \text{超前}\ u\ \text{的角度})$$

于是可得 $u' = u_1 - u_2$ 的三要素为

$$U' = 5V,\ \ \omega = 314\text{rad/s},\ \ \varphi'_u = \varphi_1 + \varphi' = \arctan \frac{4}{3} + \frac{\pi}{6} = 53° + 30° = 83°$$

所以 $u' = 5\sqrt{2}\sin(314t + 83°)\,V$

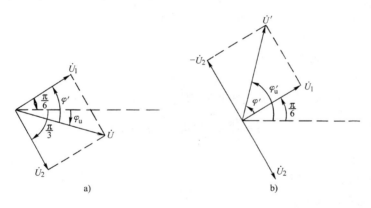

图 3-11 u_1 与 u_2 的相量合成

a) u_1 与 u_2 之和　b) u_1 与 u_2 之差

【提示】

初相角不相同的两个交流电压或电流需要相加或相减时，不能用简单的 $3 + 5 = 8$ 或 $8 - 5 = 3$ 算术式求得结果。

◇◇◇ **第三节 单相交流电路**

由交流电源和交流负载组成的电路称为**交流电路**。若电源中只有一个交变电动势，则这种电路称为**单相交流电路**。

由一根相线和一根零线供电的照明电路及日常生活中的用电电路，就是典型的单相交流电路。交流用电设备品种繁多，用途各异，但将其按负载性质归类起来，不外乎是电阻、电感、电容或它们的不同组合。我们把负载中只有电阻的交流电路称为纯电阻电路，只有电感的电路称为纯电感电路；只有电容的电路称为纯电容电路。严格地讲，仅有单一参数的纯电路是不存在的，但为了分析交流电路的方便，常常先从分析纯电路所具有的特点入手。

由于交流电路中的电压和电流都是交变的，因而有两个作用方向。为分析电路时方便，通常把电源瞬时极性为上正下负时规定为正方向，且同一电路中的电压和电流以及电动势的正方向完全一致。

一、纯电阻电路

由白炽灯、电熨斗、电饭锅、电炉等负载组成的交流电路都可近似看成是纯电阻电路，如图 3-12 所示。在这些电路中当外加电压一定时，影响电流大小的因素是电阻 R。

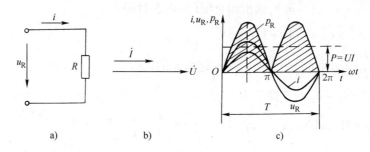

图 3-12　纯电阻电路

a）电路图　b）相量图　c）波形图

1. 电流与电压的相位关系

设加在负载电阻 R 两端的电压为

$$u_R = U_{Rm}\sin\omega t$$

在任一瞬间，流过电阻的电流可根据欧姆定律算出，即

$$i = \frac{u_R}{R} = \frac{U_{Rm}}{R}\sin\omega t = I_m\sin\omega t \tag{3-8}$$

由此可见，通过电阻的电流也是一个同频率、同相位的正弦交流电。图 3-12b、c 分别为电流和电压的相量图和波形图。

2. 电流与电压的数量关系

由式(3-8)可知，通过电阻的电流最大值为

$$I_m = \frac{U_{Rm}}{R} \tag{3-9}$$

若把式(3-9)两边同除以 $\sqrt{2}$，则得

$$I = \frac{U_R}{R} \tag{3-10}$$

即电流与电压的关系仍符合欧姆定律，且电流的大小与电源频率无关。

3. 功率关系

在任一瞬间负载电阻 R 向电源取用的电功率 p_R 等于这个时刻的电压 u_R 和电流 i 的乘积，即

$$p_R = u_R i \tag{3-11}$$

这个功率称为**瞬时功率**。把各个时刻的 u_R 和 i 的乘积在波形图上画出来,就得到 p_R 的波形如图 3-12c 所示。由于电流和电压同相位,所以在 u、i 不为零时,p_R 在任一瞬间的数值都是正值(除零点外)。这表明电阻负载在任何时刻都在向电源取用电能,电阻是消耗电能的元件。

瞬时功率在一周内的平均值称为**平均功率**。它实际上也是电阻在交流电一个周期内消耗的功率平均值,又称为**有功功率**,用 P 表示,单位仍是瓦(W)。其数学表达式为

$$P = U_R I = I^2 R = \frac{U_R^2}{R} \tag{3-12}$$

与直流电路的计算公式相同。

综上所述,纯电阻电路的特点见表 3-1。

表 3-1 纯电阻电路的特点

序号	关系	特点
1	相位关系	电流与电压同相位
2	数量关系	$I = \dfrac{U}{R}$,电流与频率无关
3	功率关系	电阻是消耗电能的元件。有功功率 $P = UI = I^2 R = U_R^2/R$

【**例 3-3**】 已知某电炉的额定参数为 $220\text{V}/1\text{kW}$,其两端所加电压为 $u = 220\sqrt{2}\sin\left(314t + \dfrac{\pi}{6}\right)\text{V}$。试求:

1)电炉的工作电阻。

2)电炉的额定电流及工作电流。

3)写出电流解析表达式。

4)作电压和电流的相量图。

【**解**】

1)因为电炉的额定电压、额定功率分别为 220V、1kW,所以

$$R = \frac{U^2}{P} = \frac{220^2}{1 \times 10^3}\Omega = 48.4\Omega$$

2)由 $u = 220\sqrt{2}\sin\left(314t + \dfrac{\pi}{6}\right)\text{V}$,可知电压有效值为

$$U = \frac{U_m}{\sqrt{2}} = \frac{220\sqrt{2}}{\sqrt{2}}\text{V} = 220\text{V}$$

与电炉的额定电压相符,故电炉的额定电流等于其工作时的电流,即

$$I = \frac{U}{R} = \frac{220}{48}\text{A} = 4.5\text{A} \qquad \left(\text{或 } I = \frac{P}{U}\right)$$

3)因为电炉属于纯电阻负载,电流与电压同频率、同相位,所以

$$i = I_m \sin(\omega t + \varphi) = 4.5\sqrt{2}\sin\left(314t + \frac{\pi}{6}\right)\text{A}$$

4)电流和电压相量图如图 3-13 所示。

由以上计算结果可知,额定电压220V、额定功率1kW的电阻负载,其额定电流为4.5A。因此,对额定电压为220V的电阻性负载,我们可根据"每千瓦4.5安培"电流来估算负载电流,以便安全合理地配置和使用导线、开关、插座等相应电器元件。

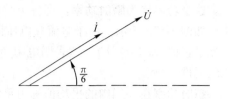

图3-13 纯电阻电路中电流和电压相量图

【小知识】

一般照明开关的额定电流为3A,如用来控制一只220V/2kW(9A)的电炉,显然是不安全的。

二、电感与纯电感电路

由前面所学电磁感应知识可知,当流过线圈本身的电流发生变化时,在线圈中会产生自感电动势。电感则是衡量线圈能产生自感电动势能力大小的物理量,通常把线圈称为电感元件。在交流电路中,若忽略线圈本身的电阻不计时,该线圈则称为纯电感元件。仅有纯电感负载的电路称为纯电感电路,如图3-14所示。

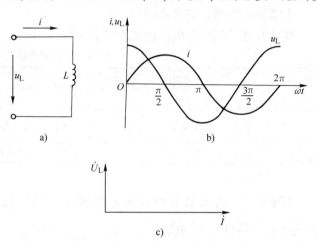

图3-14 纯电感电路

a) 电路图 b) 波形图 c) 相量图

1. 电流与电压的相位关系

当纯电感电路中有交变电流 i 通过时,根据电磁感应定律,在线圈 L 上就产生自感电动势,其表达式为

$$e = -L \frac{\Delta i}{\Delta t} \tag{3-13}$$

式中 $\frac{\Delta i}{\Delta t}$——电流变化速度,单位为安每秒(A/s);

L——自感系数,简称电感,单位为亨利(H)。

对于一个已制造好的线圈来说,电感量为常数。因此,自感电动势的大小与电流变化速度成正比,负号表明自感电动势的方向永远与电流变化趋势相反,即自感电动势对电流变化起阻碍作用,这导致了电路中的电流不能突然变化。设加在电感两端电压为

$$u = U_m \sin\left(\omega t + \frac{\pi}{2}\right)$$

则经过数学推导,可得

$$i_L = I_{Lm} \sin\omega t = \frac{U_{Lm}}{\omega L} \sin\omega t \tag{3-14}$$

即电流与电压同频率,但电流比电压滞后了90°,它们的波形图、相量图如图3-14b、c所示。

从波形图上还可很直观地看出,在 $\omega t = 0$ 时,$u_L = U_m$ 为最大值,但 $i_L = 0$ 值;而在 $\omega t = \frac{\pi}{2}$ 处,$u_L = 0$,$i_L = I_m$ 达到最大值,电流和电压的变化步调不一致,电流滞后于电压。

2. 电流与电压的数量关系

由式(3-14)可知：

$$I_{Lm} = \frac{U_{Lm}}{\omega L} \qquad (3-15)$$

两边同除以$\sqrt{2}$，得

$$I_L = \frac{U_L}{X_L} = \frac{U_L}{\omega L} = \frac{U_L}{2\pi f L} \qquad (3-16)$$

式中，$X_L = \omega L$称为**感抗**，单位为欧姆。

感抗实质上就是自感电动势对交流电的阻碍作用，相当于纯电阻电路中电阻的作用一样。但不同的是：电阻的大小与频率无关，而感抗的大小与频率成正比。由式(3-16)可知，电流与电压的数量关系仍符合欧姆定律，但因感抗与频率成正比，故电流与频率成反比。对某一线圈而言，当电压一定时f越高则X_L越大，电流越小，因此电感线圈对高频电流的阻碍作用很大。若电流频率很高时，电感线圈中几乎没有电流通过，相当于开路状态。而对直流电而言，由于$f = 0$，则$X_L = 0$，电感线圈对直流电没有阻碍作用，相当于短路状态。电感元件的这个特性在电子电路中得到了广泛的应用。如果不慎把交流线圈(电感元件)接到相同电压的直流电路中时，可导致线圈立即烧毁。因此，我们在使用电感性电器设备(如电动机)时，还必须了解所用电源频率与设备铭牌数据上标明的电源频率是否相符，以保证设备能安全运行。

3. 功率关系

纯电感电路的瞬时功率为

$$p_L = u_L i_L = U_L I \sin 2\omega t \quad (证明略)(3-17)$$

若把各个时刻的电压、电流瞬时值相乘，便可得出该时刻的瞬时功率p_L波形如图3-15所示。由图可知，在第一和第三个1/4周期内，p_L为正值，线圈向电源吸取电能，并把它转变为磁能形式储藏于磁场中；在第二和第四个1/4周期内，p_L为负值，即线圈将所储藏的磁能转换成电能返送回电源。这样，在一个周期内，纯电感电路的平均功率为零。也就是说纯电感

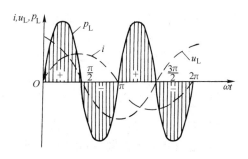

图3-15 纯电感电路的功率波形

电路中没有能量损耗，只有电能和磁能周期性的转换，因此电感元件是一种储能元件。

瞬时功率在一个周期内的平均值，即有功功率$P_L = 0$，这表示纯电感元件不消耗电能。但在线圈与电源之间存在着电能和磁能周期性的转换，通常用无功功率Q_L来衡量这种能量转换的规模大小，无功功率就是瞬时功率的最大值。其数学式为

$$Q_L = U_L I_L = I_L^2 X_L = \frac{U_L^2}{X_L} \qquad (3-18)$$

Q_L的单位为乏尔(var)。比乏尔大的常用单位是千乏尔(kvar)，1千乏尔$= 1\text{kvar} = 10^3 \text{var}$。

必须指出的是，无功功率并不是无用功率，它与有功功率的区别为：无功功率是"交换能量"，没有消耗能量，而是又将能量返送回电源。因此，对用户来讲，这种电能的使用是不需要缴纳电费的。但无功功率过大对供电系统不利，有关这个问题将在后面章节作进一步说明。有功功率则是"消耗能量"，已经被转换成其他形式的能量消耗掉。具有电感性质

的变压器、电动机等设备都是靠电磁转换工作的，没有无功功率，这些设备就无法工作。

综上所述，纯电感电路的特点见表3-2。

表3-2 纯电感电路的特点

序号	关系	特点
1	相位关系	电流滞后电压90°
2	数量关系	$I = U/2\pi f L$，电流的大小与频率成反比
3	功率关系	纯电感是不消耗电能的元件，属储能元件。无功功率 $Q = U_L I = I^2 X_L = U_L^2/X_L$

【例3-4】 有一个线圈，其电阻 $R \approx 0$，电感 $L = 0.7H$，接在 $u = 220\sqrt{2}\sin\left(314t + \dfrac{\pi}{6}\right)V$ 的电源上，试求：

1）线圈的感抗。

2）流过线圈的电流及其瞬时值表达式。

3）电路的无功功率。

4）电压和电流的相量图。

【解】

1）线圈的感抗为 $\qquad X_L = \omega t = 314 \times 0.7\Omega = 220\Omega$

2）电流有效值为 $\qquad I_L = \dfrac{U_L}{X_L} = \dfrac{220}{220}A = 1A$

在纯电感电路中，电流滞后电压90°，且 $\varphi_u = \dfrac{\pi}{6}$

所以电流的初相位 $\varphi_i = \varphi_u - \dfrac{\pi}{2} = \dfrac{\pi}{6} - \dfrac{\pi}{2} = -\dfrac{\pi}{3}$

得 $\qquad i_L = \sqrt{2}\sin\left(314t - \dfrac{\pi}{3}\right)A$

3）无功功率为 $\qquad Q_L = U_L I = 220 \times 1 \text{var} = 220\text{var}$

4）电流和电压相量图如图3-16所示。

三、纯电容电路

1. 电容器的基本知识

（1）电容器 电容器是储存电荷的容器，它在电路中也是一种储能元件。它由两块相互平行、靠得很近而又彼此绝缘的金属板构成。电容器的图形符号非常形象地表示了其结构特点，如图3-17所示。电容器容量的单位是法拉，简称法（F）。实际应用中，通常用微法（μF）或皮法（pF）作单位，它们之间换算关系如下：

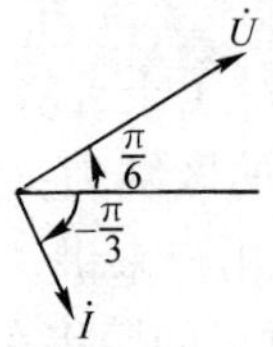

图3-16 电流和电压相量图 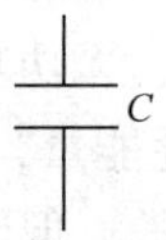　　　　　　　　图3-17 电容器的图形符号

$$1\mu F = 10^{-6}F \qquad\qquad 1pF = 10^{-12}F$$

（2）电容器的基本性质　我们先来做一个简单实验，观察一下直流电和交流电通过电容时的现象，实验电路如图 3-18 所示。

图 3-18a 是将一个电容器和一个灯泡串联起来接在直流电源上，这时灯泡亮了一下就逐渐变暗直至不亮了，电流表的指针在动了一下之后又慢慢回到零位，这个现象就是我们在物理课中学过的电容器充电现象，这时电容器在储存电能。当电容器上的电压和外加电源电压相

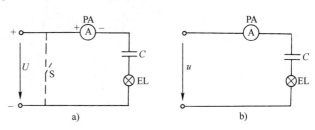

图 3-18　电容器加上直流、交流电压时的现象
a）施加直流电压　b）施加交流电压

等时，充电就停止了，此后再无电流通过电容器，即电容器具有隔直流的特性，直流电流不能通过电容器。

当电容器充好电之后，若将电源断开并立即将图 3-18a 中虚线所示的开关闭合，这时我们可看到电流表的指针向相反的方向又动了一下，之后仍慢慢回到零位，而灯泡也突然亮了一下又随之熄灭，这就是电容器的放电现象。它表明了电容器在脱离电源后仍具有一定的电能，因此，电容器具有储存电荷的特性。

若把图 3-18b 所示电路接到交流电源上，这时我们就看到灯泡亮度稳定，电流表指针也有一个稳定的读数，可见这时电路中有一个电流在流动，说明交流电能够通过电容器。

由于电容器极板间是由绝缘体所隔开的，因此，直流电不能通过电容器，但为什么交流电却能通过电容器呢？因为电容器具有能够储存电荷的性质，若将一正弦交变电压加到电容器上，当电压增加时，电容器就充电，当电压降低时，电容器就放电，当电压向负值方向增加时，电容器就反方向充电。由于交流电不断地交替变化，因此电容器也就不断地进行充放电，在电路中就会保持一个交变电流，但并不是电荷通过绝缘体构成了回路（充放电电流），这就是交流电为什么能通过电容器的道理。

综上所述，电容器具有储存电荷和通交流、隔直流的基本特性，下面我们就讨论纯电容电路的特点。纯电容电路如图 3-19a 所示。

2. 纯电容电路的特点

（1）电流与电压的相位关系　电容器在充电和放电过程中，极板两端的电荷是逐渐增加或逐渐减少的，其两端电压也只能随之逐渐变化而不能突然变化，因此电压的变化总是滞后于电流。经数学推导证明（过程略），电容器上的电压滞后电流90°。

设加在电容器两端的正弦交流电压的初相角为零，则电压和电流的瞬时值表达为

$$u_C = U_{cm}\sin\omega t$$

$$i_C = I_m\sin\left(\omega t + \frac{\pi}{2}\right) \tag{3-19}$$

电压和电流的波形图、相量图如图 3-19 和图 3-20 所示。

（2）电流与电压的数量关系　交流电通过电容器时会遇到一定的阻力，我们把电容器对交流电的阻碍作用称之为容抗，用 X_C 表示。容抗与电容量及电源的频率成反比，即

$$X_C = \frac{1}{\omega C} = \frac{1}{2\pi fC} \tag{3-20}$$

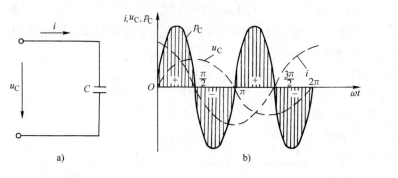

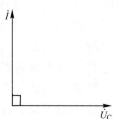

图3-19　纯电容电路中的电流、电压和功率
a）纯电容电路　b）电流、电压和功率波形图

图3-20　纯电容电路中的
电流、电压相量图

式中，当 C 的单位为法拉，f 的单位为 Hz 时，X_C 的单位为 Ω。

纯电容电路中，电压、电流和容抗三者之间的数量关系仍满足欧姆定律，即

$$I = \frac{U_C}{X_C} = \frac{U_C}{\dfrac{1}{2\pi fC}} = 2\pi fCU_C \tag{3-21}$$

由式（3-21）可见，当外加电压和电容 C 为一定值时，因容抗与频率成反比，所以流过电容器的电流与电源频率成正比；在直流电路中，$f = 0$，$X_C \to \infty$（无穷大），$I_C = 0$，故在直流电路中的电容器可看作开路。在高频电路中，X_C 很小，I_C 很大，此时的电容器可看作短路状态。在电子电路中，常利用这个特点来简化电路分析。

（3）功率关系　　与纯电感电路一样，纯电容电路中的瞬时功率为

$$p_C = u_Ci = U_CI\sin2\omega t \qquad （证明略） \tag{3-22}$$

根据式（3-22）（或 u_C、i 波形瞬时值描点作图）可作出瞬时功率的波形图，如图3-19b 所示。由瞬时功率的波形图可以看出，纯电容电路的平均功率为零，即 $P_C = 0$。但是电容与电源之间进行着能量的交换：在第一和第三个 1/4 周期内，电容吸取电源能量并以电场能的形式储存起来；第二和第四个 1/4 周期内，电容又向电源释放能量。和纯电感电路一样，瞬时功率的最大值被定义为电路的无功功率，用以表示电容和电源交换能量的规模。其数学表达式为

$$Q_C = U_CI_C = I_C^2X_C = \frac{U_C^2}{X_C} \tag{3-23}$$

无功功率 Q_C 的单位也是乏（Var）。

综上所述，纯电容电路的特点见表3-3。

表3-3　纯电容电路的特点

序号	关系	特点
1	相位关系	电压滞后电流90°
2	数量关系	$I = 2\pi fCU_C$，电流的大小与频率成正比
3	功率关系	电容器是不消耗电能的元件，属储能元件。无功功率 $Q = U_CI = I^2X_C = U_C^2/X_C$

【例3-5】　已知某纯电容电路两端的电压为 $u = 220\sqrt{2}\sin\left(314t + \dfrac{\pi}{6}\right)$V，电容 $C = 15.9\mu$F。

试求：

1）电路中电流的瞬时值表达式。

2）电路的无功功率。

3）电流和电压的相量图。

【解】

1）根据题意，可得

$$X_C = \frac{1}{\omega C} = \frac{1}{314 \times 15.9 \times 10^{-6}}\Omega \approx 200\Omega$$

$$I_C = \frac{U_C}{X_C} = \frac{220}{200}A = 1.1A$$

因纯电容电路中，电流超前电压90°，且 $\varphi_u = \frac{\pi}{6}$，得电流初相位为

$$\varphi_i = \varphi_u + \frac{\pi}{2} = \frac{\pi}{6} + \frac{\pi}{2} = \frac{2}{3}\pi$$

所以　　　　　　　　$i = 1.1\sqrt{2}\sin\left(314t + \frac{2}{3}\pi\right)A$

2）根据式（3-23）可得电路的无功功率为

$$Q_C = U_C I = 220 \times 1.1var = 242var$$

3）电流和电压相量图如图 3-21 所示。

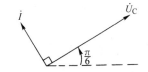

图 3-21　纯电容电路中电流、电压相量图

【小知识】

电容器脱离电源后仍然有电，大容量电容器所带的电足以造成人身触电伤害甚至死亡。所以进行设备维修时需要先进行放电并验明确实无电后方可。

四、电阻和电感串联电路

在含有线圈的交流电路中，实际上线圈都是具有一定电阻的，因此交流电路中的线圈可看作由一个纯电阻（绕制线圈的导线电阻）与一个纯电感串联而成的电路，简称 RL 串联电路。一般地交流电动机、变压器所组成的交流电路及荧光灯照明电路等，都可看成是 RL 串联电路。显然，研究 RL 串联电路更具有实际意义，RL 串联电路及相量图如图 3-22 所示。

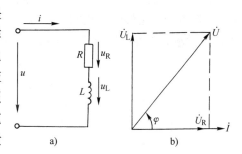

图 3-22　RL 串联电路及相量图
a）串联电路　b）相量图

1. 电流与电压的相位关系

在交变电压的作用下，电路中有电流 i 流通。

由于是串联电路，通过各元件的电流相同，该电流在 R、L 上分别产生电压降为 u_R、u_L，且 u_R 与 i 同相位，u_L 超前于 i 90°。设电流 i 为参考相量，根据以上各电压相位关系作出各电压相量图如图 3-22b 所示。由图可知，总电压超前电流一个角度 φ，且 $0° < \varphi < 90°$。通常把总电压超前电流（或说电流滞后于总电压）的电路叫做**感性电路**，相应电路中的负载则称之为**感性负载**。

2. 电流和电压的数量关系

由相量图可以看出总电压和各分电压的相量关系为：总电压相量为各分电压相量之

和，即

$$\dot{U} = \dot{U}_R + \dot{U}_L$$

三个电压组成了一个直角三角形，称为**电压三角形**。根据电压三角形可求得总电压与各分电压的数量关系为

$$U = \sqrt{U_R^2 + U_L^2} \neq U_R + U_L \qquad (3\text{-}24)$$

把 $U_R = IR$，$U_L = IX_L$ 代入，可得：

$$U = \sqrt{(IR)^2 + (IX_L)^2} = I\sqrt{R^2 + X_L^2} = IZ \qquad (3\text{-}25)$$

式中，$Z = \sqrt{R^2 + X_L^2}$称为电路总阻抗，简称**阻抗**，单位为 Ω。R、X_L、Z 三者组成了一个直角三角形，称为**阻抗三角形**，与电压三角形相似，如图 3-23 所示。

根据式(3-25)由此可得电流与总电压的数量关系为

$$I = \frac{U}{Z} \qquad (3\text{-}26)$$

式(3-26)仍满足欧姆定律，称为**交流电路欧姆定律**，与直流电路欧姆定律形式相同。总电压超前电流的角度为

$$\varphi = \arctan\frac{U_L}{U_R}$$

或

$$\varphi = \arccos\frac{U_R}{U} = \arccos\frac{R}{Z} \qquad (3\text{-}27)$$

3. 功率与功率因数

在 RL 串联电路中，电阻 R 是消耗电能的元件，它向电源取用的功率是有功功率，其大小为 $P = I^2R = IU_R$；而电感 L 是储能元件，仅和电源进行能量交换，电感上的无功功率为 $Q_L = I^2X_L = IU_L$。电源实际提供给负载的总功率称为**视在功率**，包含了有功功率和无功功率两部分。把电压三角形的各边同乘以电流 I，可得到一个与电压三角形相似的功率三角形，如图 3-23 所示。由此可得三个功率的表达式为

$$S = IU = \sqrt{P^2 + Q^2} \qquad (3\text{-}28)$$

式中

$$P = IU_R = S\cos\varphi = IU\cos\varphi \qquad (3\text{-}29)$$

$$Q = IU_L = S\sin\varphi = IU\sin\varphi \qquad (3\text{-}30)$$

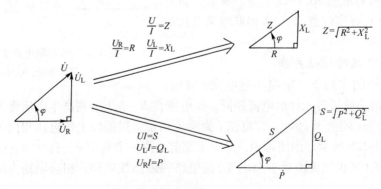

图 3-23　RL 串联电路的三个三角形

视在功率的单位是伏安($V \cdot A$)，换算关系为 1 千伏安 $= 1kV \cdot A = 10^3 V \cdot A$。

在工程中许多电气设备规定有额定电压和额定电流，两者的乘积也就是视在功率，又称为**设备的容量**，所以视在功率一般又指设备的容量。

由以上分析可知，感性电路中存在着一定数量的无功功率，电源提供的功率没有完全被负载吸收，这对电源设备的充分利用是不利的。为了反映电源的利用率，我们把有功功率与视在功率的比值称为**功率因数**，用 $\cos\varphi$ 来表示，即

$$\cos\varphi = \frac{\text{有功功率}}{\text{视在功率}} = \frac{P}{S} \tag{3-31}$$

功率因数是表征交流电路状况的重要参数之一，它还可以用功率因数表来测量。$\cos\varphi$ 值越大，则表明有功功率在总功率中占的比例数越大，电源的利用率越高；反之则表明电源利用率越低。此外，在同一工作电压下要输送同一功率 $P = IU\cos\varphi$ 时，功率因数越大，则电路中电流越小，输电线路上的能量损耗也越小。电力系统中的用电器（如交流电动机）多数是感性负载，功率因数往往较低。为提高电源利用率，提高电力系统的功率因数，通常采用下面两种方法：

（1）并联补偿法 即在感性电路两端并联适当的电容器，可减小电路总的无功功率，从而达到提高功率因数的目的。

（2）提高自然的功率因数 电动机在空转和轻载时，功率因数都较低，故应合理选用电动机，不要用大功率的电动机来带动小功率的负载（俗称大马拉小车）。另外，应尽量不让电动机空转。

综上所述，RL 串联电路的特点见表3-4。

表3-4 **RL 串联电路的特点**

序号	关系	特点
1	相位关系	总电压超前电流 φ，$\tan\varphi = X_L/R$
2	数量关系	$U = \sqrt{U_R{}^2 + U_L^2}$，$I = U/Z = U/\sqrt{R^2 + X_L^2}$
3	功率关系	1）电阻是消耗电能的元件，有功功率 $P = I^2R$ 2）电感是储能元件，无功功率 $Q = I^2X_L$ 3）视在功率（总功率）$S = \sqrt{P^2 + Q^2}$
4	功率因数	$\cos\varphi = $ 有功功率 $P/$ 视在功率 S

【例3-6】 将电感为 25.5mH，电阻为 6Ω 的线圈串接到 $u = 220\sqrt{2}\sin\left(314t + \dfrac{\pi}{6}\right)$V 交流电源上。试求：

1）线圈的阻抗。

2）电路中电流的有效值 I 和瞬时值 i 的解析式。

3）电路的 P、Q、S。

4）功率因数。

5）电流和电压的相量图。

【解】

1）
$$X_L = \omega L = 314 \times 25.5 \times 10^{-3}\Omega \approx 8\Omega$$

$$Z = \sqrt{R^2 + X_L{}^2} = \sqrt{6^2 + 8^2}\,\Omega = 10\,\Omega$$

2)
$$I = \frac{U}{Z} = \frac{220}{10}\text{A} = 22\text{A}$$

由　　　$\varphi = \arctan \dfrac{X_L}{R} = \arctan \dfrac{8}{6} \approx 53°$，可知电压超前电流53°

得　　　$\varphi_i = \varphi_u - \varphi = 30° - 53° = -23°$

所以　　$i = 22\sqrt{2}\sin(314t - 23°)\text{A}$

3)　　　$P = I^2 R = 22^2 \times 6\text{W} = 2904\text{W}$

　　　　$Q = I^2 X_L = 22^2 \times 8\text{var} = 3872\text{var}$

　　　　$S = UI = 220 \times 22\text{V} \cdot \text{A} = 4840\text{V} \cdot \text{A}$

4)　　　$\cos\varphi = \cos 53° = 0.6$　　或　　$\cos\varphi = \dfrac{R}{Z} = \dfrac{6}{10} = 0.6$

5) 相量图如图 3-24 所示。

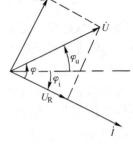

图 3-24　电流、电压相量图

【想一想】

在使用公用电表的用户中，40W 的灯泡和 40W 的电感式荧光灯都缴纳相同的电费合理吗？为什么？

◇◇◇ 第四节　三相交流电路

一、三相交流电

前面所讲的单相交流电路中的电源只有两根输电线，如日常生活中的 220V 单相照明电源就是由一根相线和一根零线组成的。但在工业上广泛应用的是由三相制供电的三相交流电源。这是因为三相制无论在发电、输电以及电能转换成机械能方面都具有很多优点。采用三相制输电，比单相制输电节省用铜量，三相电动机的工作性能比单相电动机工作性能好；三相发电机和三相电动机的制造较简单，节省原材料。因此，近代电力系统的输电电路上普遍都采用三相制送电。

所谓"三相制"就是指三相交流电路。三相交流电路是由三相电源、负载以及连接导线所组成的供电电路。三相电源是由三个最大值相等、频率相同但相位不同的电动势组成，单相交流电源通常是从三相交流电源中取其一相获得的。

二、三相正弦电动势的产生

三相交流电通常是由三相交流发电机产生的。最简单的三相交流发电机示意图如图 3-25 所示，它主要由定子和转子组成。转子是电磁铁，其磁极表面的磁场按正弦规律分布；定子铁心中嵌放三个对称绕组。这里所说的对称是指三个在尺寸、匝数和绕法上完全相同、且在空间彼此相隔 120° 电角度的三个线圈绕组，又称为**三相对称绕组**。三相绕组始端分别用 U1、V1、W1 表示，末端用 U2、V2、W2 表示，分别称为 U 相、V 相、W 相，如图 3-25b 所示。

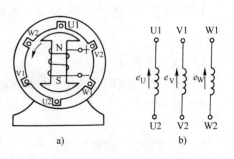

图 3-25　三相交流发电机示意图
a) 定子和转子　b) 三相绕组

当转子在原动机带动下以角速度 ω 作逆时针匀速转动时，在定子三相对称绕组中就能感应出三相对称正弦交流电动势，其解析式为

$$\begin{cases} e_U = E_m \sin\omega t \\ e_V = E_m \sin(\omega t - 120°) \\ e_W = E_m \sin(\omega t + 120°) \end{cases} \tag{3-32}$$

e_U、e_V、e_W 的波形图和相量图如图 3-26 所示。

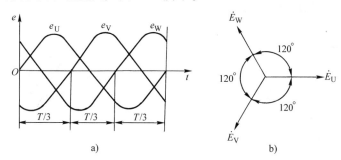

图 3-26 对称三相电动势的波形图和相量图

a) 波形图 b) 相量图

由以上分析可知：三相对称定子绕组以同一角速度切割同一按正弦规律分布的磁场时，在三相对称定子绕组中便产生了三个大小相等、频率相同、相位彼此相差 120° 的三相对称正弦交流电动势。以后在没有特别指明的情况下，所谓三相交流电就是指对称的三相交流电，而且规定每相电动势的正方向是从线圈的末端指向始端（见图 3-25b），即电流从始端流出时为正，反之为负。

三、三相四线制

三相发电机的三个绕组共有六个引线头，但目前在低压供电系统中多数采用三相四线制供电电路，如图 3-27 所示。从图中可见，把发电机三相绕组的尾端 U2、V2、W2 连接在一起，成为一个公共端点（称为中性点）；从三个线圈的首端分别引出三根相线，这种连接方式称为星形联结（Y 联结）。在低压电网中，中性点通常与大地相接，故接地的中性点又称为零点；从中性点引出的输电线称为**中性线**，用符号"N"表示，接地的中性线则称为**零线**。从三个线圈的首端引出的三根输电线叫做端线或相线，俗称**火线**，用符号 L1、L2、L3 表示。这种由三根相线和一根中性线构成的三相供电系统，称为**三相四线制**。

在电路图中，通常不画出发电机线圈的连接方式，只画出四根输电线表示三相四线制电源，并用文字表示相序，如图 3-27b 所示。所谓相序是指三相电动势达到最大值的先后次序，习惯上的相序为 L1→L2→L3；即第一相超前第二相 120°，第二相超前第三相 120°，第三相超前第一相 120°。在电源的母线（总线）上，用颜色黄、绿、红表示相序 L1、L2、L3。

三相四线制能够提供两种电压，一种是相线与相线之间的电压，称为**线电压**，$U_L = U_{UV} = U_{VW} = U_{WU}$；另一种是相线与中性线之间的电压，称为**相电压**，$U_P = U_U = U_V = U_W$。下面讨论线电压与相电压的数量关系。

图 3-27a 所示三相对称电源中，线电压 U_{UV} 是指 U 点与 V 点间的电位差，即 $\dot{U}_{UV} = \dot{U}_U -$

$\dot{U}_V = \dot{U}_U + (-\dot{U}_V)$。

利用相量相加，便可得出 U_{UV}（即 $\dot{U}_{UV}$），如图 3-28 所示。从图上可看出

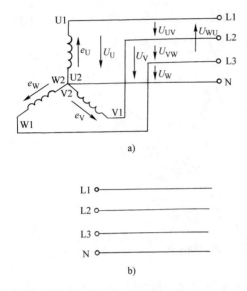

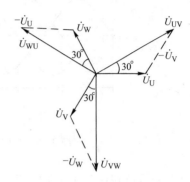

图 3-27　三相四线制供电电路　　　图 3-28　三相四线制线电压与相电压的相量图

a）星形联结　b）相序

$$\frac{U_{UV}}{2} = U_U \cos 30° = \frac{\sqrt{3}}{2} U_U$$

即　　　　　　　　　　　　　　$U_{UV} = \sqrt{3} U_U$

同理　　　　　　　　　　　　　$U_{VW} = \sqrt{3} U_V$

$$U_{WU} = \sqrt{3} U_W$$

由于三相对称，所以线电压和相电压的数量关系为

$$U_L = \sqrt{3} U_P \qquad\qquad (3-33)$$

在相位上，线电压超前与之相应的相电压 30°。

我国三相四线制的低压供电系统中，采用中性点直接接地方式，故电源中性线又称为**零线**。最常用的电压是 380V/220V，也就是线电压 380V，相电压 220V。通常工农业生产中普遍应用的三相交流电动机是接在线电压为 380V 的三根相线上，而日常生活中所用的照明、家用电器等多接在电源线为一相一零、相电压为 220V 的电压上。

【想一想】

用验电器测量相线时，验电器会亮，但使验电器发亮的就一定是相线吗？

四、三相负载的连接方式

接在三相电源上的负载统称为**三相负载**。如果三相负载的各相阻抗值相等，性质相同，则称之为**三相对称负载**，如三相电动机是典型的三相对称负载。如果不能满足上述条件时，就称之为**三相不对称负载**，三相照明电路中的负载均属不对称负载。电压、电流符号及定义见表 3-5。

表3-5　电压、电流符号及定义

名称	符号	定义
相电压	U_P	各相负载两端的电压
相电流	I_P	流过每相负载上的电流
线电流	I_L	流过各相线上的电流
中性线电流	I_N	流过中性线上的电流

1. 三相负载的星形联结

把三相负载分别接在电源的相线与中性线之间的连接方式，称为**三相负载的星形联结**（俗称 **Y 联结**），如图 3-29 所示。

三相负载实际上是由三个单相负载组成的，所以在分析电路的数量关系时，仍可先从其中一相着手进行分析。当三相负载对称时，则三相电路的计算就可以简化为一相电路的计算。下面讨论各相负载上电压、电流关系。

由图 3-29 所示电路中可知，加在各相负载两端的电压为电源的相电压，即 $U_{YP} = U_{LN} = U_P$，流过各相负载的电流为

$$I_{YP} = \frac{U_P}{Z_P} \tag{3-34}$$

所以，流过各相线上的电流与流过各相负载上的电流是同一电流，线电流与相电流是相等的，即

$$I_{YL} = I_{YP} \tag{3-35}$$

如果三相负载对称时，则各相电流大小相等，相位差互为 120°，图 3-30 所示是以 U 相电流为参考相量作出的三相对称电流相量图。由图可知，中性线电流 $i_N = i_1 + i_2 + i_3$，对应的相量式为

$$\dot{I}_N = \dot{I}_U + \dot{I}_V + \dot{I}_W = 0$$

从相量图上可看出，中性线电流 $I_N = 0$，即中性线上无电流通过，此时可以省去中性线而采用三相三线制。如三相交流电动机就是采用三相三线制。

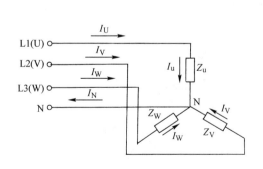

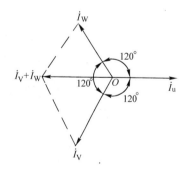

图 3-29　三相负载的星形联结　　　　　　图 3-30　电流相量图

当三相负载不对称时，各相电流的大小不一定相等，相位差也不一定为 120°，此时中性线电流不为零，但通常中性线电流比相电流小得多，所以中性线的横截面积可以小一些。由于低压供电系统中的三相负载经常要变动，即各相上的负载不可能都是同时使用的，是不

对称负载。有中性线存在时，它能平衡各相电压，保证三相负载成为三个互不影响的独立电路，保证各相负载电压都等于电源的相电压，不会因负载变动而变动。但是当中性线断开后，各相电压就不再相等了，就会出现某相电压高于额定值而某相电压低于额定值的现象，这将造成用电器不能正常工作甚至烧毁。所以在三相四线制低压供电电路中规定：中性线上绝对不允许安装熔断器或开关。实际电路中，中性线常用钢丝制成，以避免因中性线断开引起事故。当然另一方面应尽量力求三相负载平衡，以减小中性线电流。单相负载中有的电器功率相差很大，如空调器、电热器具、照明灯等。在电路设计安装时，应将它们合理分接在三相电源上，不要把所有大功率的电器都集中接在某一相或某两相上。

【小知识】

一般照明电路是取自三相电源的其中一相，如果发现家中照明灯比平常特别亮时，这极可能是三相电源零线出现故障。此时应该迅速断开总开关或各种重要家用电器（如电视机、计算机等）开关，以避免因电器损毁而造成不必要的损失。

【例3-7】 已知某三相异步电动机每相的电阻为6Ω，感抗为8Ω，作星形联结，电源线电压为380V，电动机工作在额定状态下。求此时流入电动机每相绕组的电流及各相线的电流。

【解】 由于电源电压对称，各相负载对称，则各相电流相等，各线电流相等。

$$U_P = \frac{U_L}{\sqrt{3}} = \frac{380}{\sqrt{3}}V = 220V$$

$$Z_Y = \sqrt{R^2 + {X_L}^2} = \sqrt{6^2 + 8^2}\Omega = 10\Omega$$

得

$$I_{YP} = \frac{U_{YP}}{Z_Y} = \frac{220}{10}A = 22A$$

$$I_{YL} = I_{YP} = 22A$$

2. 三相负载的三角形联结

把三相负载分别接在三相电源的每两根相线之间的连接方式，称为**三相负载的三角形联结**，如图3-31a所示。

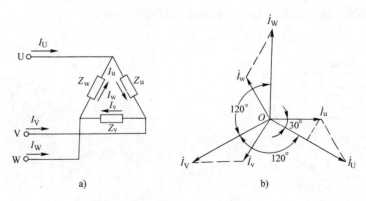

图3-31　三相负载的三角形联结及电流相量图
a）三角形联结　b）电流相量图

对于三角形联结的每相负载来说，依然可以应用单相交流电路的分析方法来讨论各相电流、电压和阻抗三者之间的关系。

由于各相负载接在电源的相线与相线之间，因此负载的相电压就是电源线电压，即

$$U_{\triangle P} = U_L \tag{3-36}$$

下面只讨论负载对称时的电压、电流之间的关系。

负载对称时，各相电流数量相等。应用单相交流电路的欧姆定律可知各相电流为

$$I_{\triangle P} = \frac{U_{\triangle P}}{Z_P} = \frac{U_L}{Z_P} \tag{3-37}$$

而各相电流的相位差仍为 120°，图 3 – 31b 是以 U 相电流的初相位为零作出的相电流相量图。

在三角形联结的三个连接点上，可根据基尔霍夫第一定律写出各线电流与相电流的关系为

$$i_U = i_u - i_w$$
$$i_V = i_v - i_u$$
$$i_W = i_w - i_v$$

得对应的 U 相相量关系式为 $\qquad \dot{I}_U = \dot{I}_u - \dot{I}_w = \dot{I}_u + (-\dot{I}_w)$

显然，线电流与相电流是不相等的，线电流等于相邻两相的相电流相量差。因为三相负载平衡，各相电流相等，故三个线电流也对称：$I_U = I_W = I_V$，相位互差 120°。根据相量合成法则，可得出线电流和相电流的数量关系为

$$I_{\triangle L} = \sqrt{3}I_{\triangle P} \tag{3-38}$$

即线电流是相电流的 $\sqrt{3}$ 倍，在相位上，线电流总是滞后于与之相应的相电流 30°（见图 3-31b）。

由以上讨论可知：负载作 △ 联结时的相电压比作星形联结时的相电压要高 $\sqrt{3}$ 倍。因此，三相负载接到三相电源中，应作 Y 联结还是 △ 联结，主要应根据每相负载的额定电压与电源线电压的大小而定。如果各相负载的额定电压等于电源线电压的 $1/\sqrt{3}$，则负载应接成 Y 联结；若两者相等，则应接成 △ 联结。例如，在我国绝大多数的低压供电系统三相四线制电路中，线电压为 380V，相电压为 220V。故当三相电动机各相额定电压为 380V 时，就应作 △ 联结，当电动机各相额定电压(铭牌上标注的额定电压)为 220V 时，就应作 Y 联结。若误将 Y 联结的负载误接成 △ 联结，就会因电压过高而烧坏负载；反之，若将应作 △ 联结的负载误接成 Y 联结，又会因电压不足而使负载不能正常工作。如果负载是三相电动机，当工作电压过低时会产生转矩不足，会出现电动机不能带负载起动或运行中转速变慢甚至不能转动的现象，将会导致电动机电流自动增大，严重时也会烧坏电动机。

【小知识】

无论是 △ 联结还是 Y 联结的电动机，若三相电源或三相绕组断了一相时（称为断相），电动机都将不能正常工作甚至烧毁。

五、三相负载的电功率

在三相交流电路中，三相负载消耗的总功率为各相负载消耗功率之和，即

$$P = P_U + P_V + P_W = U_{UP}I_{UP}\cos\varphi_1 + U_{VP}I_{VP}\cos\varphi_2 + U_{WP}I_{WP}\cos\varphi_3 \tag{3-39}$$

式中　U_{UP}、U_{VP}、U_{WP}——各相相电压；

　　　I_{UP}、I_{VP}、I_{WP}——各相相电流；

$\cos\varphi_1$、$\cos\varphi_2$、$\cos\varphi_3$——各相功率因数。

在对称三相电路中,各相电压、相电流的有效值相等,功率因数也相等,因而式(3-39)变为

$$P = 3U_\text{P}I_\text{P}\cos\varphi = 3P_\text{P} \tag{3-40}$$

在实际工作中,测量线电流比测量相电流要方便些(是指△联结的负载),且三相电器设备铭牌上的额定值均为线电压、线电流;因此三相功率的计算通常用线电流、线电压来表示。

当三相对称负载作星形联结时,有功功率为

$$P_\text{Y} = 3U_\text{P}I_\text{P}\cos\varphi = 3\frac{U_\text{L}}{\sqrt{3}}I_\text{L}\cos\varphi = \sqrt{3}U_\text{L}I_\text{L}\cos\varphi$$

三相对称负载作三角形联结时,有功功率为

$$P_\triangle = 3U_\text{P}I_\text{P}\cos\varphi = 3U_\text{L}\frac{I_\text{L}}{\sqrt{3}}\cos\varphi = \sqrt{3}U_\text{L}I_\text{L}\cos\varphi$$

即三相对称负载不论是连成星形联结还是连成三角形联结,其总有功功率均为

$$P = \sqrt{3}U_\text{L}I_\text{L}\cos\varphi \tag{3-41}$$

要注意式(3-41)中的 $\cos\varphi$ 仍是相电压与相电流之间的相位差,而不是线电流和线电压间的相位差。

同理,可得到对称三相负载的无功功率和视在功率的数学式,它们分别为

$$Q = \sqrt{3}U_\text{L}I_\text{L}\sin\varphi = 3U_\text{P}I_\text{P}\sin\varphi \tag{3-42}$$

$$S = \sqrt{3}U_\text{L}I_\text{L} = 3U_\text{P}I_\text{P} = \sqrt{P^2 + Q^2} \tag{3-43}$$

【例3-8】 已知某三相对称负载接在线电压为380V的三相电源中,其中 $R_\text{P} = 8\Omega$,$X_\text{P} = 6\Omega$。试分别计算该负载作星形联结和三角形联结时的相电流、线电流及有功功率,并作比较。

【解】 (1)负载作星形联结时

由

$$Z_\text{P} = \sqrt{R_\text{P}^2 + X_\text{P}^2} = \sqrt{6^2 + 8^2}\,\Omega = 10\Omega$$

$$U_\text{YP} = \frac{U_\text{L}}{\sqrt{3}} = \frac{380}{\sqrt{3}}\text{V} = 220\text{V}$$

得

$$I_\text{YP} = \frac{U_\text{YP}}{Z_\text{P}} = \frac{220}{10}\text{A} = 22\text{A} = I_\text{YL}$$

$$\cos\varphi = \frac{R_\text{P}}{Z_\text{P}} = \frac{6}{10} = 0.6$$

$$P_\text{Y} = 3U_\text{YP}I_\text{YP}\cos\varphi = 3 \times 220 \times 22 \times 0.6\text{W} \approx 8.7\text{kW}$$

或

$$P_\text{Y} = \sqrt{3}U_\text{YL}I_\text{YL}\cos\varphi = \sqrt{3} \times 380 \times 22 \times 0.6\text{W} \approx 8.7\text{kW}$$

(2) 负载作三角形联结时

由

$$U_{\triangle\text{P}} = U_\text{P} = 380\text{V}$$

得

$$I_{\triangle\text{P}} = \frac{U_{\triangle\text{P}}}{Z_\text{P}} = \frac{380}{10}\text{A} = 38\text{A}$$

$$I_{\triangle\text{L}} = \sqrt{3}I_{\triangle\text{P}} = \sqrt{3} \times 38\text{A} = 66\text{A}$$

$$P_\triangle = 3U_{\triangle P}I_{\triangle P}\cos\varphi = 3 \times 380 \times 38 \times 0.6\text{W} \approx 26\text{kW}$$

或
$$P_\triangle = \sqrt{3}U_{\triangle L}I_{\triangle L}\cos\varphi = \sqrt{3} \times 380 \times 66 \times 0.6\text{W} \approx 26\text{kW}$$

（3）两种连接方式的比较

$$\frac{I_{\triangle P}}{I_{YP}} = \frac{38}{22} = \sqrt{3}$$

$$\frac{I_{\triangle L}}{I_{YL}} = \frac{66}{22} = 3$$

$$\frac{P_\triangle}{P_Y} = \frac{26}{8.7} = 3$$

通过比较以上计算结果可以发现，当电源线电压相同时，将电动机由星形联结改成三角形联结，则相电压及相电流均增加为原来的 $\sqrt{3}$ 倍，而线电流及向电源吸取的功率则增加为原来的 3 倍。如果电动机在 Y 联结时处于额定状态下运行，那么，将其误接为 △ 联结时将使电动机处于电压过高、电流过大状态下运行，将导致电动机迅速过热，甚至烧毁。

◇◇◇ 第五节　涡流与趋肤效应

一、涡流

在具有铁心的线圈中通以交流电时，就有交变的磁通穿过铁心，由楞次定律可知，在铁心内部必然形成感应电流。由于这种电流在铁心中自成闭合回路，其形状如同水中的漩涡，所以称为**涡流**，如图 3-32a 所示。

由于整块铁心的电阻很小，所以涡流具有很大的数值。涡流引起铁心发热，引起铁心线圈温度升高，严重时还会造成线圈烧毁；铁心发热还会造成不必要的电能损耗，这种损耗称为涡流损耗。此外，涡流还有去磁作用，会削弱原磁场，这在某些场合下也是有害的。

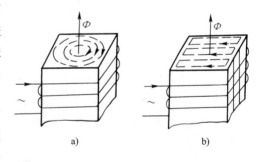

图 3-32　涡流
a）整体铁心　b）硅钢片铁心

为了减小涡流，通常采用增大涡流回路电阻的方法。例如在低压交流电器、变压器、电动机等电器设备的磁路中，一般都是用相互绝缘的硅钢片（厚度为 0.35～0.5mm）叠成铁心，如图 3-32b 所示。这样，可将涡流的区域分割，限制涡流路径。另外，硅钢片具有较好的导磁性能和较大的电阻率，每片又经绝缘处理，这就大大增加了涡流回路的电阻，从而达到减小涡流，保证交流电器设备能正常工作的目的。

涡流也有有利的一面。如高频感应熔炼炉和工频感应炉都是利用涡流产生高温使金属熔化的，如图 3-33a 所示。

此外，利用涡流还可对金属进行表面热处理。在家用电器方面，新型的电炊具电磁炉就是根据电磁感应原理，由电磁线圈通电后在锅底产生涡流而发热来制造的（见图 3-33b）。因其具有安全、清洁卫生、环保、热效率高（节能）、使用方便等优点，受到广大消费者的青睐。

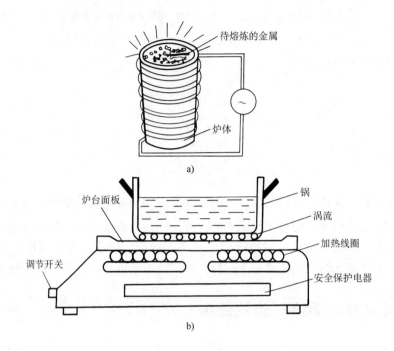

图 3-33　感应炉、电磁炉

a）感应炉　b）电磁炉

二、趋肤效应

实验证明，直流电通过导体时，导体横截面上各处的电流密度相等；而交流电通过导体时，导体横截面上电流的分布是不均匀的。越是靠近导体中心电流密度越小；越是靠近导体表面，电流密度越大。这种交变电流在导体内趋于导体表面的现象称为**趋肤效应**。

对于工频交流电来说，趋肤效应并不明显，但在高频电路，趋肤效应很明显。电流集中在导体表面层通过，而中心几乎无电流。这在实际上就减小了导体的有效截面积，使电阻增加，这对高频电流来说是不利的。但根据这一现象，可在高频电路中采用空心导线以节省有色金属，有时则用多股相互绝缘的绞合导线或编织线以增大导线的表面积来减小电阻。如绕制收音机中波天线用的纱包线就是七股或十二股相互绝缘的漆包线绞合而成。

趋肤效应也有其有利的一面，高频淬火就是一例。图 3-34 所示为高频淬火的简单原理。将金属工件放在由空心铜管绕制的线圈中，线圈和工件之间一般通过空气相互绝缘，当线圈中通以高频电流时，产生的交变磁通穿过工件，此时工件中将产生高频涡流。由于趋肤效应的影响，工件中的涡流只沿表面流动并使工件表面迅速发热，而工件中心几乎不热。当工件表面温度达到预期温度时，突然使工件冷却（水冷）就可达到使工件表面硬度高、内部韧性好的目的。工件表面淬火的深度可通过改变电流频率来控制，当电流频率越高时，表面淬火深度就越浅。通常采用的电流频率是 $200 \sim 600\text{kHz}$。

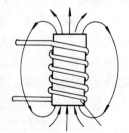

图 3-34　高频淬火的简单原理

【想一想】

凡是金属锅都可以放在电磁炉上面使用吗？

◇◇◇ 第六节 变压器

一、变压器的用途及其基本结构

1. 变压器的用途

变压器是改变交流电压而保持交流电频率不变的电气设备。

在输电时，发电厂到用户通常需要用很长的导线，根据 $P = UI\cos\varphi$，在输送功率 P 和负载功率因数 $\cos\varphi$ 为定值时，电压 U 越高，则电路电流 I 越小。这不仅可以减小输电线的横截面积，节约材料，还可以减小电路的损耗。因此，远距离输电均采用高压输电。从节能的角度来说，输送电压越高，电能的输送效率越高。目前，我国输电线上的输送高压电通常为 $220 \sim 500\text{kV}$。但是，发电机由于受到安全因素和所用绝缘材料的限制，不可能直接生产出如此高的电压，因此，在输电时需要用变压器将电压升高。

电能输送到用电区域后，为了保证安全用电和达到适合用电设备的电压要求，还必须用变压器将电压降低。电力系统对工厂的供电电压通常是 35kV 或 10kV，而负载使用的电压多为 380V、220V 或 36V 等。所以需要通过变压器再次把电压降低以满足负载需求。

变压器除用于改变电压以外，还可用于改变电流、变换阻抗及改变相位等。由此可见，变压器是输配电、电工测量和电子技术等方面不可缺少的电气设备。

本文仅讨论变压器的变压及变流作用。

2. 变压器的基本结构

变压器种类繁多，用途各异，但其基本结构大致相同。最简单的变压器是由两个套在同一铁心上相互绝缘的绕组所构成，如图 3-35 所示。铁心是变压器的磁路部分，绕组是变压器的电路部分。

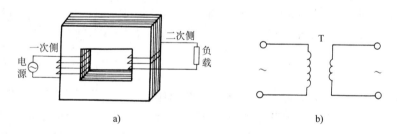

图 3-35 变压器的基本结构和符号

a）基本结构 b）图形符号

与交流电源相接的绕组叫做**一次绕组**，与负载相接的绕组叫做**二次绕组**。两种绕组之间相互绝缘，没有直接的电联系。根据需要，变压器的二次绕组可以有多个，以提供不同的交流电压。变压器的铁心用片间相互绝缘的硅钢片叠合而成，根据变压器铁心和绕组的配置情况，变压器有芯式和壳式两种形式，如图 3-36 所示。

变压器在工作时，铁心和绕组都会发热，必须采用冷却措施。对小容量变压器多用空气自然冷却方式，对大容量变压器多用油浸自冷、油浸风冷或强迫油循环风冷等方式。图 3-37 所示为一油浸式电力变压器的外形。

油浸式电力变压器的铁心和绕组都浸在油里。变压器油除了起冷却作用外，还能增强变压器内部的绝缘性能。油箱外壳接有油管，可使油流动，扩大散热面积，加快散热速度。

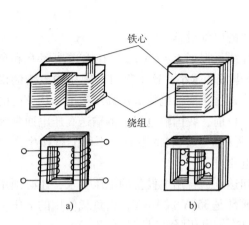

图 3-36　芯式变压器和壳式变压器
a）芯式　b）壳式

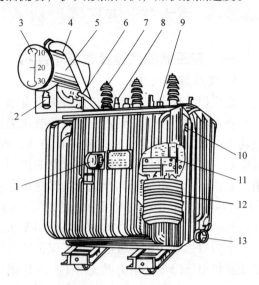

图 3-37　油浸式电力变压器的外形
1—温度计　2—吸湿器　3—油表　4—安全气道　5—储油柜　6—气体继电器　7—高压套管　8—低压套管　9—分接开关　10—油箱　11—铁心　12—线圈　13—放油阀门

二、变压器的工作原理

图 3-38 所示是单相变压器的工作原理。

为分析问题方便，我们规定：凡与一次侧有关的各量，在其符号的右下角均标注"1"，如 e_1、u_1、U_1、I_1、N_1、P_1 等；凡与二次侧有关的各量，都在其符号的右下脚标注"2"，如 e_2、u_2、U_2、I_2、N_2、P_2 等。

当变压器一次侧接入交流电源后，在一次绕组中有交流电流通过，于是在铁心中产生交变磁通，称为

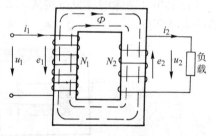

图 3-38　单相变压器的工作原理

主磁通。主磁通沿着铁心形成闭合，极少一部分在绕组外闭合，称为**漏磁通**。通常漏磁通很小，为讨论问题方便而把它忽略不计。所以，可认为一、二次绕组受同一交变主磁通作用。根据电磁感应定律可知，在一次绕组中将产生自感电动势 e_1，在二次绕组中将产生互感电动势 e_2，e_1 和 e_2 的频率与电源频率相同。如果二次侧接有负载构成闭合回路，就有感应电流 i_2 流过负载。

1. 变压原理

设一次侧、二次侧的匝数分别为 N_1 和 N_2，当一次侧加上交流电压 u_1 时，其二次侧产生了感应电压 u_2，根据电磁感应定律推导可知（过程略），变压器一次侧和二次侧之间各量有效值之间的关系为

$$\frac{U_1}{U_2} = \frac{N_1}{N_2} = n \tag{3-44}$$

式中　　U_1——一次侧交流电压的有效值，单位为 V；

　　　　U_2——二次侧交流电压的有效值，单位为 V；

　　　　N_1——一次绕组的匝数；

　　　　N_2——二次绕组的匝数；

　　　　n——一、二次侧的电压比，或匝数比。

　　式(3-44)表明，变压器一、二次绕组的电压比等于它们的匝数比 n。当 $n > 1$ 时，$N_1 > N_2$，$U_1 > U_2$，这种变压器是降压变压器；当 $n < 1$ 时，$N_1 < N_2$，$U_1 < U_2$，这种变压器为升压变压器。可见，只要适当选择变压器一、二次绕组的匝数比，就可实现升压或降压的目的。

　　【例3-9】　一变压器的一次绕组接在 380V 的输电线上，要求二次绕组输出 36V 电压，设一次绕组的匝数为 1652 匝。求变压器的电压比和二次绕组的匝数 N_2。

　　【解】　根据式(3-44)，可知变压器的电压比为

$$n = \frac{U_1}{U_2} = \frac{380\text{V}}{36\text{V}} \approx 10.6$$

而

$$N_2 = \frac{N_1}{n} = \frac{1652\ \text{匝}}{10.6} \approx 156\ \text{匝}$$

实际应用中，二次侧匝数应加 5% ~ 10%（有损耗），所以实际 N_2 可取 168 匝。

　　2. 变流原理

　　变压器在变压过程中只起能量传递的作用，无论变换后的电压是升高还是降低，电能都不会增加。根据能量守恒定律，在忽略损耗时，变压器的输出功率 P_2 应与变压器从电源中获得的功率 P_1 相等，即 $P_1 = P_2$。于是当变压器只有一个二次侧时，应有下述关系：

$$I_1 U_1 = I_2 U_2$$

或

$$\frac{I_1}{I_2} = \frac{U_2}{U_1} = \frac{N_2}{N_1} = \frac{1}{n} \tag{3-45}$$

式(3-45)说明，变压器工作时其一、二次电流比与一、二次电压比或匝数比成反比。

　　【例3-10】　已知某变压器的匝数比 $n = 5$，其二次电流 $I_2 = 60\text{A}$，试计算一次电流。若负载减小，使二次电流 $I_2 = 30\text{A}$ 时，一次电流又是多少？

　　【解】　根据式(3-45)，当 $I_2 = 60\text{A}$ 时可得

$$I_1 = \frac{I_2}{n} = \frac{60}{5}\text{A} = 12\text{A}$$

当 $I_2 = 30\text{A}$ 时

$$I_1 = \frac{I_2}{n} = \frac{30}{5}\text{A} = 6\text{A}$$

由计算结果可知，一次电流随着二次侧负载电流的变化而变化，即当变压器负载增大时，其一次电流也会随之增大。

　　3. 变压器的几个参数

　　(1) 额定电压 U_{1N} 和 U_{2N}　一次绕组额定电压是指加在一次绕组上的正常工作电压值。它是根据变压器的绝缘强度和允许发热等条件规定的。二次绕组的额定电压是指变压器在空载时，一次绕组加上额定电压后，二次绕组两端的电压值。

　　(2) 额定容量 S_N　是指变压器在额定工作状态下二次侧的视在功率，单位为伏安(V · A)或千伏安(kV · A)，$1\text{kV} \cdot \text{A} = 10^3 \text{V} \cdot \text{A}$。

单相变压器的额定容量：

$$S_N = \frac{U_{2N}I_{2N}}{1000}$$

三相变压器的额定容量：

$$S_N = \frac{\sqrt{3}U_{2N}I_{2N}}{1000}$$

【想一想】

很多家用电器上都有变压器，当它们不使用时，仍接在电源上，还会消耗电能吗？

◇◇◇ 第七节　居室照明电路

一、照明概念

电气照明是现代社会人们日常工作与生活不可缺少的条件。居室照明是现代电气照明的重要组成部分；良好的照明环境，照明光线应柔和并分布均匀，不耀眼眩目且具有稳定性。合理的电气照明还能美化环境，有利于人们的身心健康和工作。

因此，居室照明不但要求能满足人们对光照的技术需求，而且在灯具的造型和色彩上还必须与室内的装饰风格相协调，符合审美要求。

居室照明中使用最广泛的照明灯具，按它的安装方式分为吊灯、吸顶灯、嵌入灯、壁灯、台灯和射灯等，如图 3-39 所示。按其发光原理又可分为白炽灯和荧光灯。

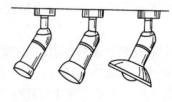

二、白炽灯照明电路

白炽灯是利用电流流过高熔点钨丝后，使之发热到白炽程度而发光的灯具，它具有构造简单、成本低廉、使用方便、光线柔和、点燃迅速、容易调光等优点。但其发光效率很低，且不耐振动，平均寿命较低，现已列为国家逐步淘汰品种。

白炽灯头有螺口式和插口式两种，其玻璃泡有透明泡、彩色泡、磨砂泡等，如图 3-40 所示。

白炽灯照明电路比较简单，只要将白炽灯与开关串联后并接到电源上即可。照明灯电路的电源一般都来自供电系统低压配电线路上的一根相线和一根零线，为 220V/50Hz 的正弦交流电。

图 3-39　居室常用灯具

安装白炽灯的关键是：灯座、开关要串联，相线进开关，零线进灯座。

普通白炽灯照明一般是一只开关控制一盏灯，但如果安装具有照明和装饰功能的多盏吊灯或顶灯时（由多盏灯组成），在安装时最好采用多路开关控制，以便根据需要进行控制（选择点亮电灯数量）。白炽灯照明电路如图 3-41 所示。

图 3-40　白炽灯

a）插口灯泡　b）螺口灯泡　c）内磨砂灯泡

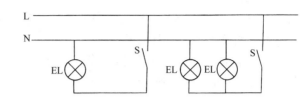

图 3-41　白炽灯照明电路

除上述一般照明电路外，在公用走廊、楼梯间的照明还可以选用声光控延时开关、红外探测开关或双联开关等控制方式。下面介绍常用的双联开关照明电路（两地控制一盏灯）。

双联开关一般有三个接线柱，有两个接线柱为静触头，有一个接线柱是公共端，与动触片相连，如图 3-42 所示。安装时通常把两个开关分别装在楼上楼下两个地方，用它们来控制同一盏灯。

公共端

静触头

公共端

静触头

a）　　　　　　　　　b）　　　　　　　　　c）

图 3-42　双联开关

a）外形　b）内部触点　c）符号

两个双联开关控制一盏灯电路如图 3-43 所示。该电路安装要领是：两开关之间静触头互相连接，公共端向外引线接负载和电源。用双联开关控制的电路，可在任意装有开关的地方开灯或关灯，也可在一个地方开灯，到另一个地方关灯。

白炽灯照明虽然光效不高，但是它价格低廉、安装方便，所以目前仍被广泛使用。使用白炽灯时，要注意灯泡的额定电压与供电电压一致。若误将额定电压低的灯泡接入高电压电路，就会烧坏灯泡，如将 36V 低压灯泡接在 220V 电路时，灯泡就烧坏，反之灯泡不能正常发光。另外，在装螺口灯泡时，相线必须经开关接到螺口灯座的中心接线端上，以防触电。

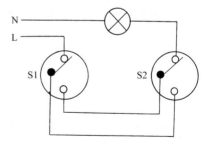

图 3-43　两地控制一盏灯电路

在安装使用白炽灯时，还应注意的是，因白炽灯表面温度较高，故严禁在易燃物中安装。

三、荧光灯照明电路

荧光灯的优点是光效高，是相同瓦数白炽灯的 2~5 倍，可以节约能源。其光线散布均匀，光色好，灯管表面温度低，表面亮度低，不耀眼，使用寿命长。它的缺点是有频闪效应，不宜频繁开关。

荧光灯必须与镇流器配套使用，根据镇流器的不同类型，荧光灯照明电路有以下两种：

1. 电感式镇流器荧光灯电路

（1）电路组成　电感式镇流器荧光灯电路由灯管、辉光启动器、电感式镇流器、灯架和灯座等组成，如图 3-44 所示。

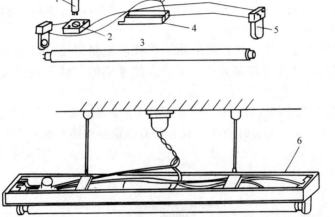

图 3-44　荧光灯电路的组成

1—辉光启动器　2—启动器座　3—灯管　4—镇流器　5—灯座　6—灯架

1）灯管。荧光灯的灯管是由灯丝、灯头和玻璃管（管内充有惰性气体）等部分组成，其基本结构如图 3-45 所示。当灯管接入电路后，它将电能转换为紫外线，再由紫外线激励管壁上的荧光粉发出可见光。灯管是一种能量转换器件，也是荧光灯电路中的主要组成部分。荧光灯管的形状有直管形、环形、U 形等。

2）辉光启动器。它由氖泡、电容器、绝缘底座和外壳等组成，如图 3-46 所示。

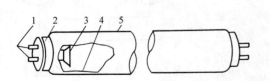

图 3-45　灯管的基本结构

1—灯脚　2—灯头　3—灯丝　4—荧光粉　5—玻璃管

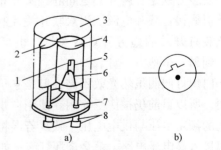

图 3-46　辉光启动器

a）结构　b）图形符号

1—静触片　2—电容器　3—外壳　4—玻璃泡

5—动触片　6—钠化物　7—绝缘底座　8—插头

辉光启动器的氖泡能自动接通和切断电路。并联在氖泡上的纸质电容器有两个作用：一是与镇流器线圈形成 LC 振荡电路，以延长灯丝的预热时间和维持脉冲电动势；二是吸收能干扰收音机和电视机等电子装置的杂波。当电容器被击穿后，去除电容器氖泡时仍可使用。

辉光启动器根据荧光灯管的功率来选用，一般有 4～8W、15～20W、30～40W，以及通用型 4～40W 等多种规格。

3）镇流器。镇流器又叫作限流器，由铁心和电感线圈组成（故称为电感式）。镇流器的主要作用是限制通过灯管的电流和产生脉冲电动势，使荧光灯能正常点亮和工作。目前市场上供应的镇流器品种规格很多，主要有 6W、8W、15W、20W、30W、40W（220V50Hz）等多种类型，以满足与灯管配套的需要。镇流器的外形有封闭式、半封闭式和敞开式等几种，图3-47 所示为电感式镇流器的外形及图形符号。

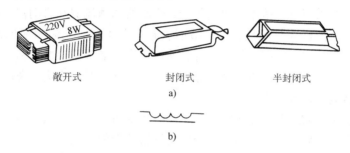

敞开式　　　　封闭式　　　　半封闭式

a)

b)

图 3-47　电感式镇流器的外形及图形符号

a）外形　b）图形符号

4）灯座。灯座有插入式（弹簧式）和开启式两种。小型灯座只有开启式，配用 6W、8W 和 12W 的灯管；大灯座适用于 15W 以上的各种灯管。荧光灯座的外形如图 3-48 所示。

灯座　　　　　灯座

a)　　　　　　b)

图 3-48　荧光灯灯座的外形

a）开启式　b）插入式

5）灯架。目前荧光灯灯架主要是用金属、塑料制成，而且品种繁多，选用时应注意与灯管长度配套。

（2）荧光灯工作原理　电感式镇流器荧光灯电路如图 3-49 所示。在开关接通的瞬间，电路上的电压全部加在辉光启动器的两端，迫使启动器辉光放电。辉光放电所产生的热量使启动器中双金属片变形，并与静触片接触，使电路接通，电流通过镇流器与灯丝、启动器形成回路，灯丝经加热后发射电子。启动器的

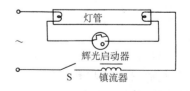

图 3-49　电感式镇流器荧光灯电路

双金属片与静触片接触后，启动器停止放电，氖泡温度下降，双金属片因温度下降而恢复原来的断开状态。而在启动器断开的瞬间，镇流器两端产生一个自感电动势，这个自感电动势与线路电压叠加，形成一个高压脉冲（约800V），将荧光灯管内的惰性气体击穿，使灯管点亮而发出像日光一样的光线。荧光灯管壁上涂不同的荧光粉，可得到不同颜色的光线。

电感式镇流器属电感元件，因此，荧光灯电路是典型的 RL 串联电路，电路功率因数较低；在工作中其铁心和线圈因发热要消耗一定的电能，且线圈要采用一定数量的铜材和铁心，体积大且笨重，故其经济性能较差，属应淘汰产品。在国外，一些发达国家从节能等因素考虑，已明令禁止生产这种耗能型的镇流器，取而代之的是新型的节能型电子镇流器。

2. 电子镇流器荧光灯电路

新型荧光灯电路采用电子镇流器取代了老式铁心线圈镇流器和启动器，电子镇流器荧光灯的特点是：电子镇流器附加能耗很少，节能、起动电压宽、无频闪现象，有利于保护视力；无噪声、起动时间短、功率因数高，灯管使用寿命比老式镇流器长两倍以上，且外形美观，安装方便，不用启动器，电路可靠性好。在选择荧光灯时，应优先考虑采用由正规生产厂家生产的节能型电子镇流器式荧光灯。

荧光灯电子镇流器的外形如图3-50所示。图3-50a所示为电子镇流器，一般有六根引出线，其中两根接电源，另外四根分为两组分别接灯管两端的灯丝。图3-50b所示为灯座式电子镇流器，即灯座里装有电子镇流器，两个灯座之间已接好连接线，插上灯管接上电源就能点亮灯管。

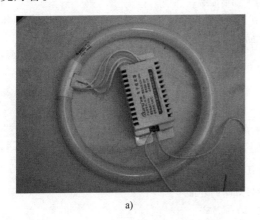
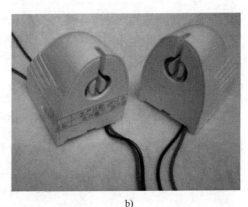

a)　　　　　　　　　　　　　　　　b)

图3-50　荧光灯电子镇流器的外形

a）一般形式电子镇流器　b）灯座式电子镇流器

【小知识】

节能灯

节能灯实际上是一种紧凑型、自带镇流器的荧光灯，其外形如图3-51所示。由于它具有光效高（普通灯泡的5倍），节能效果明显，寿命长，体积小，使用方便的特点，是国家重点发展并推广使用的节能灯具。

节能灯的照明电路与白炽灯相同，只是把白炽灯泡换成节能灯即可。

图 3-51　节能灯的外形

【想一想】

当居室客厅面积较大时，采用两地控制客厅主照明是否会更方便一些？

◇◇◇◇　第八节　安全用电

随着现代科学技术的发展，电器设备（包括家用电器）的使用日益广泛，人们的日常生产和生活都离不开电，电为人类造福不浅。但是如果安装和使用不当，就会造成人身触电，设备损坏，甚至波及供电系统安全运行，导致大面积停电或引起火灾等电气事故。因此，学习安全用电常识，认真执行有关各项安全技术规程是十分必要的。

一、触电与触电急救

1. 触电的原因与触电的方式

因为人体是能导电的，所以当人体接触带电体承受过高电压形成回路时，则会有危险电流流过人体，这种因人体接触带电体而受到伤害的现象称为触电。

（1）触电原因及危害　发生触电的原因有很多种，常见的触电事故主要是由于设备有缺陷、运行不合理、保护装置不完善，或者是由于人们违章操作或粗心大意，直接触及或过分靠近电气设备的带电部分等原因造成的。人体触电时，通过人体的电流将严重损害心脏和神经系统，甚至危及生命。触电的危险性与通过体内的电流大小、时间长短及电流的频率等有关。50mA 的电流流经人体就有生命危险，100mA 及以上的电流通过人体，人就会产生呼吸困难，心脏停止跳动而造成死亡。而频率为 25～300Hz 的交流电，比其他频率的电流更危险。触电的危险性还与电压的高低、电流通过人体的生理部位有关，外加于人体的电压越高、电流越大、触电伤害的危险性越大；当触电电流经过心脏或中枢神经时也就最危险。

（2）触电方式　按照人体触及带电体的方式，一般有以下三种情况：

1）单相触电。是指人体某一部分触及一相电源或接触到漏电的电气设备，电流通过人体流入大地造成触电。触电事故中大部分发生在单相触电，380V/220V 低压配电网有中性点接地和中性点不接地两种，所以单相触电又有以下两种情况：

① 中性点接地的单相触电。人站在地面上，如果人体触及一根相线，电流便会经导线

流过人体到大地，再从大地流回电源中性线形成回路，如图 3-52 所示。这时人体承受 220V 的相电压。这种触电，后果往往很严重。

② 中性点不接地的单相触电。人站在地面上，接触到一根相线，这时有两个回路的电流通过人体（见图 3-53）：一个回路的电流从 L3 相出发，经人体、大地、对地电容到 L2 相；另一回路从 L3 相出发，经人体、大地、对地电容到 L1 相。如果电路的绝缘良好，通过人体的电流就较小，如果电路的绝缘不良，通过人体的电流就较大，对人体伤害的危险性也较严重。

单相触电大多是由于电气设备损坏或绝缘不良，使带电部分裸露而引起的。

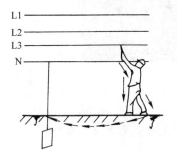

图 3-52　中性点接地的单相触电

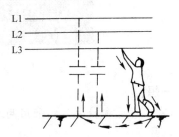

图 3-53　中性点不接地的单相触电

2）两相触电。如图 3-54 所示，两相触电是人体的两个部位分别触及两根相线，这时人体承受 380V 的线电压，危险性比单相触电更大。

3）跨步电压触电。在高压电网接地点、防雷装置接地点及高压线断落或绝缘损坏处，有电流流入地下时，强大的电流在接地点周围的土壤中产生电压降。因此，当人走近接地点附近时，两脚因站在不同的电位上而承受跨步电压。跨步电压的大小与人的两脚位置等因素有关（见图 3-55）。

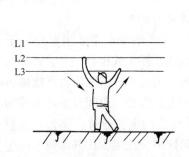

图 3-54　两相触电

图 3-55　跨步电压触电

跨步电压能使电流通过人体而造成伤害。因此，当设备外壳带电或通电导线断落在地面时，应立即将故障地点隔离，不能随便触及，也不能在故障地点附近走动。

已受到跨步电压威胁者应采取单脚或双脚并拢方式迅速跳出危险区域。

此外，必须指出的是：对于高压、超高压电气线路及设备，当人体或物体（如房屋、树木）与它们过分接近，它们之间的距离小于相应电压的最小允许安全距离时，同样也会因强电场放电而造成触电事故，其危害是相当严重的。因此，必须远离高压危险区域。

2. 触电的急救

当发生和发现触电事故时，必须迅速进行抢救。切不可惊慌失措、束手无策。触电的抢救关键是"快"字，抢救的快慢与效果有极大的关系。

（1）脱离电源 触电急救首先是使触电者迅速脱离电源，然后根据触电者受伤情况采取适当的救护方法。

对低压触电，若触电地点附近有电源开关或插头，可立即拉开开关或拔掉插头，迅速断开电源。如果事故地点离电源太远，不能立即断开，可用干燥的衣服、手套、绳索、木板等绝缘物作为工具拉开触电者或挑开电线，也可用干燥的木柄斧、绝缘钳等工具切断电线，使触电者脱离电源。

对高压触电事故，应立即通知有关部门停电，或戴上绝缘手套，穿上绝缘靴，用相应电压等级的绝缘工具拉开开关或切断电源；或者用抛掷裸体金属软线的办法使线路短路接地，迫使线路保护装置动作，切断电源。在抛掷裸体金属软线前，必须先将软线的一端可靠接地，然后抛掷另一端；注意抛掷的一端切不可触及触电者和他人。

必须指出的是，千万不可用切断低压电源的方法去处理高压触电的电源。

（2）现场急救 触电者脱离电源后需积极进行对症抢救，时间越快越好。若触电者失去知觉，但心跳和呼吸还存在，应立即将其抬到空气流通、温暖舒适的地方平躺，并松开其紧身衣扣，用软物（如衣物等）垫高其肩背部，使头尽量向后仰，以利于呼吸道保持畅通。还可给予适当强刺激：用大拇指掐其人中穴位或大声喊他的名字，并速请医生前来救治。若触电者已停止呼吸，心脏也已停止跳动，这种情况往往是假死，一般情况下不要打强心针，也不要用力摇晃触电者的身体，而应该通过人工呼吸以及心脏胸外挤压的急救方法使触电者逐渐恢复正常。下面分别介绍人工呼吸以及心脏胸外挤压的急救方法。

1）人工呼吸法。人工呼吸法适用于有心跳但无呼吸的触电者，如图 3-56 所示。其操作要领是：把触电者的口掰开，用一只手捏住鼻孔，救护者深吸一口气后紧靠触电者的口向内吹气约 2s 使其胸肺扩张。吹气完毕，立即离开触电者的口，并松开其鼻孔，让他排出废

图 3-56 人工呼吸法

气、自行呼气约 3s。吹 2s 停 3s，每分钟 12 次最恰当。如果触电者的口无法掰开，可根据上述步骤采用从鼻孔吹气的方法进行急救。

触电者如系儿童，只可小口吹气，以免肺泡破裂。

2）心脏胸外挤压法。胸外挤压法适用于有呼吸但无心跳的触电者，如图 3-57 所示。

其操作要领是：救护者跪在触电者腰部一侧，或者骑跪在他的身上，两手相叠，掌根放在心窝与颈窝之间的约 1/3 处（见图 3-57a）。用掌根用力向下挤压 3~4cm，迫使血液流出心房；每次挤压后掌根迅速全部放松，但不必完全离开胸廓，使血液返流回心脏。动作要领是慢下快起，每秒挤压一次，每分钟 60~80 次。

触电者如系儿童，可以只用一只手进行，且不可用力过猛，每分钟 100 次左右。

当触电者既无呼吸又无心跳时，可同时采用人工呼吸法和胸外挤压法交替进行急救（又

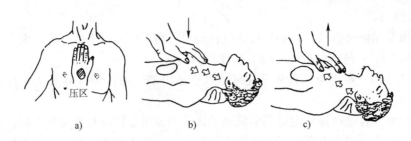

a)   b)   c)

图3-57 心脏胸外挤压法

a）心脏胸外挤压法的正确压点   b）向下挤压   c）突然松手

称为交替法），如单人操作时，应先吹气两次（约5s完成），迅即挤压15次（约10s内完成），也可采用吹1次挤5次的方法，以后交替进行。双人操作时，按前述两种方法各施一法进行。

【想一想】

触电者脱离电源后身上还有电吗？能否采用埋沙子的方法来"放电"？

【小知识】

当触电者经人工急救脱离危险后，并不意味着平安无事了。若电流经心脏形成回路，则会造成对心脏的伤害而暂时未表现出来，应建议触电者到医院作进一步检查，以免留下健康隐患。

二、常用的安全用电防护措施

1. 设立屏障保证安全距离

为了防止偶然触及或过分接近带电体而引起触电事故，通常采用绝缘、设立屏障、保证人体与带电体的安全距离等措施。特别是对于高压电路或设备，保证安全距离尤为重要。

2. 安全电压

安全电压是为防止触电事故而采用的由特定电源（如独立电源或双绕组变压器）供电的电压系列，一般情况下安全电压对人体的安全不会构成威胁。我国规定的安全电压等级为36V、24V、12V等几种，36V多用于触电危险性大的场合；而12V则用于有高度触电危险的场合。

3. 采用各种保护用具

保护用具是保证工作人员安全操作的工具。主要有绝缘手套、鞋，绝缘钳、棒、垫等。在低压带电作业或使用手电钻等移动电器时，必须戴绝缘手套并使用绝缘垫等保护用具。

4. 保护接地和保护接零

在正常情况下，电气设备的金属外壳是不带电的，但当绝缘损坏时，外壳就会带电，人体触及就会触电。为了防止意外触及带电的导电体，保证操作人员的安全，必须对电气设备采用保护接地或保护接零措施。这样即使电气设备因绝缘损坏而漏电，人体触及时也不会有危险。下面对保护接地和保护接零做进一步的介绍。

【小知识】

建筑物离10kV高压线安全距离不得小于1m。否则极易造成因高压放电而引起触电伤害，民用建筑尤其要注意这个问题。

三、低压输配电线路的保护方式

在低压输配电系统中，不同的接地制式与相应的安全保护方式相结合，就构成了不同的低压输配电线路的制式。按照 IEC（国际电工委员会）标准和有关国家标准，低压输配电有五种制式，本文只介绍其中三种。

1. 名词解释及保护工作原理

（1）工作接地　在正常或事故情况下，为了保证电气设备能安全工作必须把电力系统（电网上）某一点（通常是中性点）直接或经电阻、电抗、消弧线圈接地，称为工作接地，又称为**电源接地**。

（2）保护接地　为了防止因绝缘损坏而遭受触电电压和跨步电压的危险，将电气设备在正常情况下不带电的金属外壳或构架（以下简称金属外壳）用导线和接地体相连接，称为保护接地，如图 3-58b 所示。在图 3-58a 中，电动机外壳不接地，当运行中电动机因绝缘损坏，一相电源线碰壳时，人若触及外壳，就相当于接触一相电源。漏电电流通过人体流入大地，并通过线路与大地之间的分布电容构成回路，造成触电事故。

电动机采用保护接地后，当人体触及外壳，人体就相当于接地装置的一条并联支路（见图 3-58b），由于人体电阻比接地体的接地电阻大得多，漏电电流大部分通过接地装置流入大地，从而减轻了触电的危险性。

保护接地适用于电源中性点不接地系统。

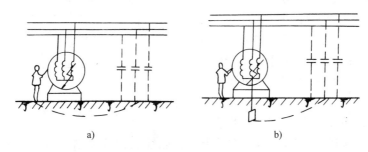

图 3-58　保护接地的设置
a）没有保护接地　b）设有保护接地

（3）保护接零　在低压电网中将电气设备的金属外壳用导线直接与零线连接，称为保护接零，如图 3-59 所示。因为电源零线接在了电动机的外壳上，这样，当发生某相相线碰壳时，就会造成该相短路，巨大的短路电流使电路保护装置迅速动作（如烧断熔体或开关自动跳闸），切断了故障电源，从而避免了因漏电设备外壳带电而发生触电事故。保护接零适用于三相四线制中性线直接接地供电系统。在同一供电系统中不能既采用保护接地，又采用保护接零的混合措施。

（4）保护线（PE）　为防止电击而将设备金属外壳、装置外非导电部分、总接地端子、接地干线、接地极、电源接地点或人工接地点进行电气连接的导体，称为保护线。兼有保护线（PE）和中性线（N）作用的导体，因此称为保护中性线，文字符号为 PEN。

2. 低压输配电常用的三种制式

（1）三相四线保护接零制　图 3-60 是中性点直接接地三相四线保护接零制电路。它由三根相线（L1、L2、L3）、中性线兼保护线（PEN）和工作接地组成。这种制式的工作接地采用变压器低压侧中性点直接接地，我国 380V/220V 电力线路均为中性线直接接地系统，所以零线又称为"地线"。其保护方式是将用电设备的金属外壳与电源零线(PEN)相连接。所以此种保护方式称为保护接零。PEN线兼有保护线(PE)和中性线(N)(又称为**工作零线**)两种作用。

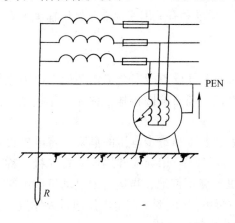

图3-59　保护接零

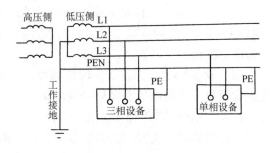

图3-60　三相四线保护接零制电路

（2）三相五线保护接零制　图3-61是三相五线保护接零制电路。它由三根相线(L1、L2、L3)、中性线(N)和保护线(PE)组成。这种制式的工作接地采用电力变压器低压侧中性点直接接地。其保护方式是采用专用保护零线(PE)，用电设备的金属外壳与保护线(PE)相连；保护零线与工作零线严格分开，工作零线N没有保护作用，这种制式电路安全性能优于其他制式电路。

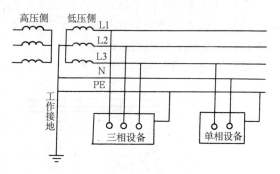

图3-61　三相五线保护接零制电路

（3）三相四线—五线保护接零制　图3-62是三相四线—五线保护接零制电路。它是由三相四线保护接零制电路演变而来的。PEN线一般接自干线的分支处，就近分为保护线(PE)和中性线(N)，而不必远道取自变电所配电室。这种接线方式可靠性较好，安装灵活、方便且较为经济，在生产实际中应用较为普遍。

实际应用中，对单相用电器(如洗衣机、电饭锅等)的保护接零通常是通过三脚插头和三孔插座的正确接法来实现的。三孔插座的正确接法是：左孔(N)接零线，右孔(L)接相线，中间的孔(PE)接保护线(按规定应采用不小于$1\mathrm{mm}^2$的黄绿双色线)，如图3-63所示。

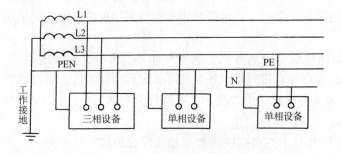

图3-62　三相四线—五线保护接零制电路

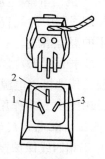

图3-63　三脚插头和三孔插座
1—零线　2—保护零线或地线　3—相线

【小知识】

1）民用住宅安装电气电路时，最好采用单相三线制，即从电源零线上多接一条保护接零线，将三孔插座的中间孔接到保护线上，以提高电路的安全性。

2）在没有装设保护接零线的插座上使用淋浴用的电热水器、电饭锅等家用电器是极不安全的，若它们发生漏电现象，将会造成相关人员触电意外。

小　结

1）大小和方向都随时间作周期性变化的电流、电压、电动势统称为交流电。

2）随时间按正弦规律变化的电流、电压、电动势统称为正弦交流电。

3）由交流发电机可以得到正弦交流电。正弦交流电的三要素是：最大值（I_m、U_m、E_m），角频率 ω（或周期 T、频率 f），初相位 φ。

4）正弦交流电的有效值是与其热效应相当的直流值。有效值与最大值的关系是：最大值 $= \sqrt{2} \times$ 有效值。各种交流电气设备的铭牌数据及交流测量仪表所测得的电压和电流，都是有效值。

5）两个同频率的正弦交流电的初相位之差称为相位差，相位差 $\varphi = \varphi_1 - \varphi_2$。相位差确定了两个正弦量之间的相位关系。一般的相位关系是超前、滞后；特殊的相位关系有同相、反相。

6）正弦交流电常见的表示方法有三种：解析法、波形图法和相量图法。用旋转相量表示正弦交流电以后，几个同频率的正弦交流电的和差运算就可以采用相量加减的法则进行。

7）在纯电阻交流电路中，电流与电压同相，即相位差 $\varphi = 0°$，电流与电压的有效值关系为：$I = U/R$；电流的大小与频率无关，电阻是消耗电能的元件。

8）在纯电感交流电路中，电流在相位上比电压滞后 90°。电流与电压的有效值关系为：$I_L = U_L/X_L$；其中 $X_L = 2\pi fL$，称为感抗。电流的大小与频率成反比；纯电感元件是不消耗电能的。

9）在纯电容交流电路中，电压在相位上比电流滞后 90°。电流与电压的有效值关系为：$I_C = U_C/X_C$；其中 $X_C = 1/2\pi fC$，称为容抗。电流的大小与频率成正比；纯电容元件是不消耗电能的。

10）在由电阻、电感组成的 RL 串联交流电路中，存在以下关系：

① 总阻抗与电阻和感抗的关系为：$Z = \sqrt{R^2 + X_L^2}$；Z、R、X_L 构成一个直角三角形，称为阻抗三角形。

② 电压与电流的相位关系为：总电压超前电流 φ，φ 取决于电路参数 R、L 和电源频率，而与总电压及电流的大小无关，即 $\tan\varphi = X_L/R$。

③ 各电压间的数量关系为：$U = \sqrt{U_R^2 + U_L^2}$，U、U_R、U_L 构成一个直角三角形，称为电压三角形。

④ 电源实际向负载提供的总功率为视在功率，它包含了电阻消耗的有功功率和电感"交换"的无功功率。

11）交流电路的功率分为有功功率、无功功率、视在功率三种，计算公式分别为有功功率 $P = UI\cos\varphi$，无功功率 $Q = UI\sin\varphi$，视在功率 $S = UI = \sqrt{P^2 + Q^2}$。$P$、$Q$、$S$ 构成的直角三角形称为功率三角形。

12）在同一个 RL 串联电路中，阻抗三角形、电压三角形、功率三角形是相似三角形，因此，$\cos\varphi = R/Z = U_R/U = P/S$，$\varphi$ 就是总电压与电流的相位差，电流滞后。

13）有功功率与视在功率的比值 $\cos\varphi$ 称为功率因数，提高功率因数，对充分发挥供电设备的能力、减少输电损耗等具有重要意义。对于感性负载来说，提高功率因数最简单的方法是在负载两端并联合适的电容。

14）由最大值相等、频率相同、相位互差 $120°$ 的三个对称电动势组成的电源称为三相对称交流电源。三相对称电动势到达最大值的先后顺序叫做相序。

15）由三根相线和一根中性线组成的供电系统称为三相四线制。当三相负载对称时，多采用三相三线制供电；当三相负载不对称时，采用三相四线制供电。

16）中性线的作用就在于它能保证三相负载成为三个互不影响的独立电路，当负载不对称时，也能使负载正常工作，电路发生故障时还可缩小故障的影响范围。规定在供电系统的中性线上不允许安装开关和熔断器。

17）根据需要与可能，可将三相对称负载接成星形联结或三角形联结。当负载每相额定电压等于电源的相电压(线电压的 $1/\sqrt{3}$ 倍)时，采用星形联结；当负载每相额定电压等于电源的线电压时，采用三角形联结。电流与电压的相位关系和数量关系、三相对称负载的各量关系见表3-6。

表3-6　三相对称负载两种接法的各量关系

接法	线、相电压关系	线、相电流关系	有功功率
星形联结	$U_{YP} = U_{YL}/\sqrt{3}$	$I_{YL} = I_{YP}$	$P_Y = \sqrt{3}U_L I_L \cos\varphi$
三角形联结	$U_{\triangle P} = U_{\triangle L}$	$I_{\triangle L} = \sqrt{3}I_{\triangle P}$	$P_\triangle = \sqrt{3}U_L I_L \cos\varphi$

18）在金属导体中产生的、形状如漩涡的感应电流叫做涡流；交流电流趋于导体表面流动的现象叫做趋肤效应，涡流和趋肤效应都各有利弊。

19）变压器是一种既能够改变交变电压大小，又能够保持电压频率不变的电气设备。变压器除能改变交流电压的大小外，还能改变交流电流、阻抗等。变压器一次电流随二次侧负载电流而改变。

20）变压器主要由铁心和绕组组成，铁心是磁路系统，绕组是电路系统。变压器的工作过程是一个能量传递过程，它是根据电磁感应原理工作的。根据电源相数不同，变压器可分为单相变压器和三相变压器。

21）无损耗的变压器称为理想变压器，理想变压器的两个基本公式为

$$\frac{U_1}{U_2} = \frac{N_1}{N_2} = n \qquad\qquad \frac{I_1}{I_2} = \frac{N_2}{N_1} = \frac{1}{n}$$

改变变压器的匝数比就可以改变二次电压 U_2。

22）居室照明中使用最广泛的照明灯具，按其发光原理又可分为白炽灯和荧光灯，但白炽灯属于淘汰产品。

23）安装白炽灯的关键是：灯座、开关要串联，相线进开关，零线进灯座。

24）电感式镇流器经济性能较差，属于应淘汰产品；在选择荧光灯时，应优先考虑节能型的电子镇流器。

25）触电事故通常是由于操作人员违反电气操作规程和电气设备绝缘损坏等原因造成的。触电危险性与通过人体电流的大小、通电途径、通电时间和电流频率等因素有关。

26）触电事故发生后，首先要使触电者脱离电源，并且要马上进行现场对症急救。常用的现场急救方法有口对口人工呼吸法和胸外心脏挤压法两种。

27）为防止触电事故或降低触电危害程度，必须加强安全用电意识和防护措施。

28）设备在正常情况下不导电的金属外壳与接地体连接叫做保护接地，它适用于中性点不接地的供电系统。

29）设备在正常情况下不导电的金属外壳与电源零线连接叫做保护接零，它适用于三相四线制中性点直接接地的供电系统。在同一供电系统中不能既采用保护接地，又采用保护接零的混合措施。

30）单相三孔插座的正确接法是：左零右相，中间接地（零）。

习　　题

1. 直流电、脉动直流电、交流电、正弦交流电的主要区别是什么？

2. 已知交流电动势 $e = 141\sin\left(314t + \dfrac{2}{3}\pi\right)$V。试求 E_m、E、ω、f、T 和 φ 各为多少？

3. 让 10A 的直流电流和最大值为 $10\sqrt{2}$A 的交流电流分别通过阻值相同的电阻。问在同一时间内，哪个电阻的发热量大？为什么？

4. 一个"220V/1600W"的电火锅接在 220V 的交流电源上，试求电流 I 和电火锅的电阻 R，用一只额定电流为 5A 的开关来控制是否安全？

5. 一个"220V/40W"的灯泡接在电压 $u = 220\sqrt{2}\sin\left(314t + \dfrac{\pi}{3}\right)$V 的电源上。试求流过灯泡的电流，写出电流的瞬时值表达式，画出电压和电流的相量图。

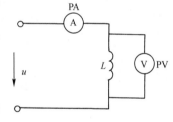

题图 3-1

6. 在纯电阻电路中，下列各式是否正确？为什么？

（1）$i = u/R$；（2）$I = U/R$；（3）$i = U_m/R$；（4）$i = U/R$

7. 在题图 3-1 所示电路中，已知：$L = 63.5$mH，$u = 310\sin\left(314t - \dfrac{\pi}{3}\right)$V。试求交流电流表和交流电压表的读数，写出电流的瞬时表达式，画出电流和电压的相量图。

8. 在纯电感电路中，下列各式是否正确？为什么？

（1）$i = u/X_L$；（2）$i = u/(\omega L)$；（3）$I = U/L$；（4）$I = U/(\omega L)$；（5）$I = \omega LU$

9. 把 $C = 20\mu$F 的电容接到 $u = 220\sqrt{2}\sin\left(314t - \dfrac{\pi}{6}\right)$V 的电源上。试求：

1）流过电容的电流并写出该电流的瞬时值表达式。

2）电压和电流的相量图。

3）无功功率。

10. 在纯电容电路中，下列各式是否正确？为什么？

（1）$i = u/X_C$；（2）$i = u/(\omega C)$；（3）$I = U/(\omega C)$；（4）$I = \omega CU$

11. 在题图 3-2 中，当电源频率为 f_1 时，$I_R = I_L = I_C = 2$A。若电源电压不变但频率变为 $f_2 = 2f_1$，计算此时各元件中的电流。

12. 把一个电阻为 20Ω、电感为 48mH 的线圈接到电压 $U = 220$V、角频率 $\omega = 314$rad/s 的交流电源上。

试求：

1）流过线圈的电流有效值。

2）以电流为参考量的电流和电压的相量图。

3）该线圈的有功、无功及视在功率。

4）若把线圈改接到220V直流电源上时，流过线圈的电流是多少？会出现什么后果？

13. 在 RL 串联电路中，已知：总电压 $u = 220\sqrt{2}\sin 314t\text{V}$，$i = 22\sqrt{2}\sin\left(314t - \dfrac{\pi}{6}\right)\text{A}$。求该电路的阻抗、电阻、电感及有功功率。

14. 在题图 3-3 中，已知三个相同负载电阻 $R_1 = R_2 = R_3 = 10\Omega$，作星形联结后，接到相电压为 220V 的三相对称电源上，试写出各电表的读数。

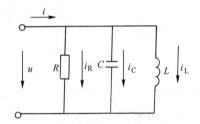

题图 3-2

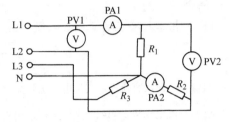

题图 3-3

15. 三相照明负载作星形联结时，是否必须要有中性线？中性线的作用是什么？

16. 三个额定电压和功率都相同的白炽灯，接线如题图 3-4 所示，开关 S 闭合和断开时，对 L1 相和 L2 相的白炽灯亮度有无影响？如果中性线断了，结果又如何？

17. 在题图 3-5 中，已知三相对称负载 $R_1 = R_2 = R_3 = 100\Omega$，作三角形联结后再接到线电压为 380V 的三相对称电源上。试写出各电表的读数。

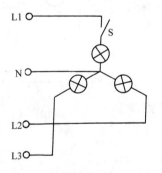

题图 3-4

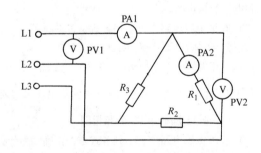

题图 3-5

18. 有一三相对称负载接在线电压为 380V 的三相对称电源上，每相负载的 $R = 8\Omega$，$X_L = 6\Omega$。试分别计算负载接成星形联结和三角形联结时相电流、线电流的大小及负载的有功功率 P。

19. 某三相对称感性负载以三角形联结，接到线电压 $U_L = 380\text{V}$ 的三相对称电源上，电源取用的总有功功率 $P = 5.28\text{kW}$，功率因数 $\cos\varphi = 0.8$，试求负载的相电流和电源的线电流。

20. 什么是变压器的电压比？确定电压比有哪几种方法？

21. 已知某单相变压器的一次电压 $U_1 = 10\text{kV}$，二次电流 $I_2 = 100\text{A}$，电压比 $n = 25$。求二次电压 U_2 和一次电流 I_1。

22. 某单相变压器的一次电压 $U_1 = 6000\text{V}$，二次电压 $U_2 = 220\text{V}$。若在二次侧中接入一额定电压为 220V、功率为 25kW 的电炉，则该变压器的一、二次电流各为多大？

23. 某单相变压器的容量是10kV·A，一次电压和二次电压分别为3300V和220V，要使变压器在额定状态下运行，在二次侧上可接几盏60W、220V的白炽灯？在二次侧上能接入60W、36V的白炽灯吗？

24. 某变压器一次侧额定电压为220V，二次侧额定电压为36V，把它接到220V直流电源上能正常工作吗？将会产生什么后果？

实验二　单相交流电路(RL 串联电路)

一、实验目的

1. 验证 RL 串联电路中总电压与各分电压之间的数值关系及相位关系。
2. 熟悉交流电压表、电流表的使用。

二、实验器材

1. 实验电路板	1 套
2. 白炽灯(220V、25W)	1 只
3. 线圈(40W 荧光灯电感式镇流器)	1 只
4. 交流电压表(1～500V)	1 只
5. 交流电流表(0～1A)	1 只
6. 开启式开关熔断器组(刀开关)	1 只

三、实验内容和步骤

1）在实验电路板上按实验图 3-1 连接好电路(图中 R 用白炽灯泡代替)，检查接线无误后接通电源。

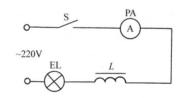

实验图 3-1

2）用交流电压表分别测量电源电压 U、白炽灯泡电压 U_R、线圈电压 U_L 并将测量数据记入实验表 3-1 中。

3）由电流表读出数据，记入实验表 3-1 中。

实验表 3-1　数据记录

电源电压 U/V		电阻电压 U_R/V	电感电压 U_L/V	电路电流 I/A
测量值	计算值			

四、实验报告

1）将表中记录的数据 U_R 和 U_L 代入公式 $U = \sqrt{U_R^2 + U_L^2}$ 中，计算出电源电压 U 的大小并与测量值比较。若有误差，试分析误差原因。

2）用测量数据作有效值电压相量图(设电流为参考相量)。

第四章

工作机械的基本电气控制电路

知识目标

1. 了解三相笼型异步电动机的结构，掌握其工作原理。
2. 了解常见低压电器的结构和图形符号，掌握其正确的使用方法。
3. 掌握电气控制电路图绘制的方法，能分析简单电气控制电路的工作原理。
4. 了解电气控制电路在机械工业中的应用场合。

技能目标

1. 学会正确使用三相四线制电路，能对电动机进行星形和三角形联结。
2. 学会常用低压电器的结构、工作原理和用途，并根据工作环境正确选用。
3. 能根据电路图正确安装、调试电气控制电路。
4. 会使用万用表检查电路，分析和排除电路故障。

在工业、农业和交通运输等部门中，大量地使用着各种各样的生产机械，如车床、磨床、刨床、铣床、运输机、造纸机、轧钢机等。生产机械中一些部件的运动，需要原动力来拖动。自19世纪有了电动机以后，由于电力在传输、分配、使用和控制方面的优越性，使电动机拖动获得了广泛应用。我们把用电动机来拖动工作机械运动的方式称为电力拖动。它通常由电动机、控制电器、保护电器及生产机械的传动机构和工作机构组成，如图4-1所示。

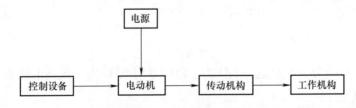

图 4-1　电力拖动设备组成框图

由于各行业的生产机械动作各不相同，因此对电动机的运转要求也有所不同，但不管怎样复杂，其电力拖动部分均由一些基本控制电路所组成。这些基本控制电路有起动、联锁、正反转、调速和制动等。

本章首先介绍三相笼型异步电动机，然后介绍常用低压电器和常用的电动机的基本控制电路及应用。

◇◇◇　第一节　三相笼型异步电动机

一、电动机的用途和分类

电动机是根据电磁感应原理，将电能转换成机械能，并输出机械转矩的动力设备。它的应用十分广泛,如按所需电源的不同可分为交流电动机和直流电动机两大类。其中交流电动机按工作原理的不同又可分为同步电动机和异步电动机。异步电动机具有结构简单、价格低廉、坚固耐用、使用维护方便等优点。异步电动机按使用电源的相数不同可分为单相异步电动机和三相异步电动机。单相异步电动机功率小,多用于小型机械设备和家用电器。三相异步电动机按转子的不同可分为笼型和绕线转子两种,它具有功率大的特点,多用于工矿企业中。本节重点介绍三相笼型异步电动机的基本结构和工作原理。

二、三相笼型异步电动机的基本结构

三相笼型异步电动机主要由定子和转子两大部分组成,如图4-2所示。

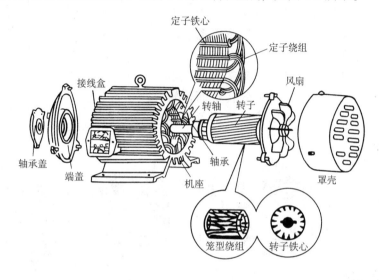

图 4-2　三相笼型异步电动机的组成

1. 定子

定子是电动机不旋转(静止)的部分,它主要由定子铁心、定子绕组和机座等部件组成。其中定子铁心是电动机磁路的一部分并能放置定子绕组,它所使用的材料是用厚度为0.35~0.5mm,表面涂有绝缘漆或氧化膜的硅钢片冲片叠装而成的;目的是为了减小定子铁心中的涡流损耗和磁滞损耗,提高导磁能力。铁心片的内圆冲有均匀分布的槽,以嵌放定子绕组,如图4-3所示。

定子绕组构成电动机的电路部分,由三相对称绕组组成。它的主要作用是通入三相对称交流电,产生旋转磁场。三相绕组的各相绕组匝数相等,几何尺寸相同,且彼此间相互独立,按空间互差120°的电角度嵌放在定子槽内,并与铁心绝缘。它所使用的材料是绝缘的铜线,其中小型异步电动机定子绕组用高强度漆包线绕制成线圈

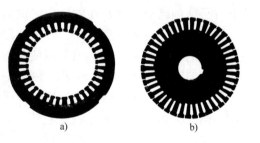

图 4-3　未装绕组的定子、转子冲片
a) 定子冲片　b) 转子冲片

再嵌放在定子铁心槽内,而大中型电动机则用经过绝缘处理后的铜条嵌放在定子铁心槽内。定子绕组在槽内嵌放完毕后,按规律接好线,把三相绕组的六个出线端引到电动机机座的接

线盒内，可按需要将三相绕组接成星形联结或三角形联结，如图4-4所示。图中以U1、V1、W1分别代表三个绕组的首端，而以U2、V2、W2分别代表三个绕组的末端。

2. 转子

转子是电动机的旋转部分，它主要由转子铁心、转子绕组和转轴等部分组成。

转子铁心也是构成电动机磁路的一部分，一般用0.5mm厚互相绝缘的硅钢片冲制叠压而成，硅钢片外圆冲有均匀分布的槽，用来安置转子绕组，转子铁心固定在转轴或转子支架上。为了改善电动机的起动及运行性能，笼型异步电动机转子铁心一般采用斜槽结构。

转子绕组的作用是产生感生电动势和感性电流，并在旋转磁场的作用下产生电磁转矩而使转子转动。笼型转子绕组一般采用铸铝或铜条焊接而成，如图4-5和图4-6所示。

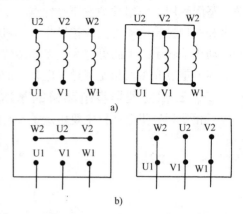

图4-4 定子三相绕组的接线方法

a）绕组接法 b）出线盒接法

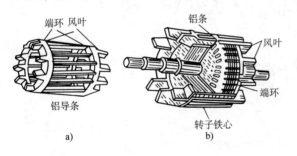

图4-5 笼型铸铝转子的结构

a）铸铝转子绕组 b）铸铝转子

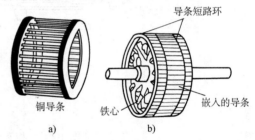

图4-6 笼型铜条转子的结构

a）铜条转子绕组 b）铜条转子

三、三相笼型异步电动机的工作原理

在分析三相笼型异步电动机的工作原理之前，让我们来做一个实验，如图4-7所示是一个装有手柄的蹄形磁铁，在磁极中间放置一个可以自由转动的导电的笼型转子，转子和磁极之间没有直接的机械联系。当摇动手柄使蹄形磁铁旋转时，笼型转子会跟着磁铁转动，手柄摇得越慢，转子也转得越慢；而手柄摇得越快，转子也转动越快。同时，如果改变蹄形磁铁的转向，笼型转子的转向也随之改变。由此不难看出，转子转动的必要条件是要有一个旋转的磁场。

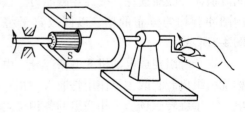

图4-7 旋转磁场带动笼型转子旋转

1. 定子旋转磁场的产生

我们已经知道，三相笼型异步电动机的定子绕组的结构是完全对称的，它们在空间位置上互差120°电角度。现以三相两极笼型异步电动机为例来分析定子绕组的旋转磁场的形成。

如图4-8a所示为最简单的（每相只有一个线圈）三相绕组分布剖面图，并标有三个绕组的首尾 U1—U2、V1—V2、W1—W2 端的位置。如图 4-8b 所示为三相绕组星形联结，绕组的首端接三相电源，并标出了电流的参考方向。如图 4-8c 所示为定子绕组流入的三相交流电的波形，各相电流的瞬时表达式为

$$i_U = I_m \sin\omega t$$

$$i_V = I_m \sin(\omega t - 120°)$$

$$i_W = I_m \sin(\omega t - 240°) = I_m \sin(\omega t + 120°)$$

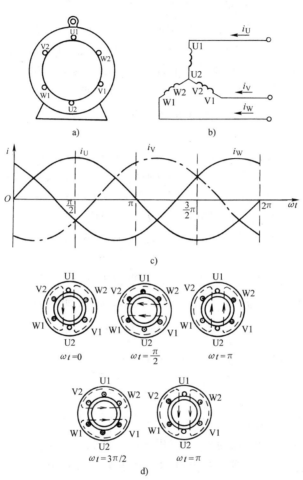

图 4-8 三相（两极）定子绕组的旋转磁场的形成

a）简化的三相绕组分布 b）星形联结的三相绕
组及三相电流参考方向 c）三相对称电流的波形
d）三相（两极）绕组旋转磁场的形成

为了方便讨论问题，这里规定：三相交流电为正半周时，电流由绕组的首端流进，用"⊕"表示，末端流出，用"⊙"；"⊕"表示向纸面流进，"⊙"表示从纸面流出。反之，电流从绕组的末端流进，首端流出。

由图 4-8 可以看出，当 $\omega t = 0$ 时，$i_U = 0$，U 相没有电流流过，不产生磁场，i_V 为负值，电流为末端 V2 流进"⊕"，首端 V1 流出"⊙"，i_W 为正值，电流为首端进，末端出。用安

培定则可以判定出，由 V2、W1 线圈有效边产生的磁力线为顺时针方向，V1、W2 线圈产生的磁力线方向为逆时针方向。V、W 两相电流产生的合成磁场如图 4-8d 中的 $\omega t = 0$ 所示，它们产生的磁力线穿过定子、转子的间隙部位时，磁场恰好合成一对磁极，上方是 N 极，下方是 S 极。

当 $\omega t = \pi/2$ 时，电流达到正最大值，i_V、i_W 电流为负值，实际电流方向从 U1 流入 U2 流出后，分别再由 W2、V2 流入，W1、V1 流出，电流合成磁场方向如图 4-8d 中的 $\omega t = \pi/2$ 所示，可见磁场方向已较 $\omega t = 0$ 时顺时针转过 $\pi/2$。

同理，我们用同样的方法，可以分别画出 $\omega t = \pi$、$\omega t = 3\pi/2$、$\omega t = 2\pi$ 时的合成磁场，如图 4-8d 所示。从这几个图中可以看出，随着交流电变化一周的结束，三相合成磁场刚好顺时针旋转了一周。因此，旋转磁场产生必须要具备以下两个条件：

1）三个绕组必须对称，在定子铁心的空间位置上互差 120°电角度。

2）通入三相对称定子绕组的电流也必须对称，大小、频率相同，相位互差 120°。

2. 旋转磁场的旋转速度

如图 4-8 所示为三相异步电动机的旋转磁场合成的只是一对磁极，该电动机称为两极电动机。当三相交流电变化一周时，磁场在空间旋转一周，若交流电的频率为 $f = 50$Hz 时，则旋转磁场的转速等于三相交流电的变化速度，即 $n_1 = 60f = 60 \times 50$r/min $= 3000$r/min。

对于四极（即两对磁极）旋转磁场来说，交流电变化一周，磁场只转过 $180°$（1/2 周），所以四极电动机的旋转磁场转速只有两极电动机旋转磁场转速的 1/2，即 $n_1 = 60 \times 50$r/min/2 $= 1500$r/min。

依此类推，当旋转磁场具有 p 对磁极时，每当交流电变化一周，旋转磁场就在空间转过 $1/p$ 周，即当交流电的频率为 f 时，具有 p 对磁极的旋转磁场的转速 n_1 为

$$n_1 = 60\frac{f}{p}$$

式中　　n_1——旋转磁场的转速，也称为同步转速，单位为 r/min；

　　　　f——三相交流电频率，单位为 Hz；

　　　　p——磁极对数。

3. 三相异步电动机的转动原理

以两极电动机为例，如图 4-9 所示为三相异步电动机的转动原理。图中转子上画的是转子线圈有效边的截面，转子线圈有效边也称为转子导体。假定旋转磁场以转速 n_1 作顺时针旋转，而转子开始时是静止的，所以转子导体将被旋转磁场切割而产生感应电动势和感生电流。感生电流的方向由右手定则判定为从上部流入，下部流出。

有感生电流的转子导体在旋转磁场中受电磁力的作用，力的方向用左手定则判定，如图 4-9 所示。转子导体受到电磁力 F 的作用，形成一个顺时针方向的电磁转矩，驱动转子顺时针旋转，与定子的旋转磁场方向相同。这就是三相笼型异步电动机的转动原理。

转子转速 n 必定小于同步转速 n_1。若 $n = n_1$，则转子和旋转磁场之间没有相对运动，转子不切割磁力线，转子中不会产生

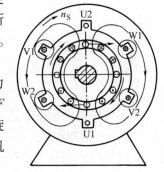

图 4-9　三相异步电动机的转动原理

感应电动势和感生电流，不能形成电磁转矩，转子也就不会转动。转子的转速小于同步转速，即 $n < n_1$，也就是说，转子转速与旋转磁场转速是异步的，所以称为**异步电动机**。

正常运行时转子的转速 n 称为额定转速，一般额定转速为同步转速的 95% ~ 98%。

四、旋转磁场的转向

在图4-8中，三相交流电按 L1 – L2 – L3 正序的方式接入电动机 U、V、W 三相绕组，三个电流相量的顺序是顺时针的，由此产生的旋转磁场的转向也是顺时针的，即由电流相位超前的绕组转向电流相位落后的绕组。如果任意调换图4-8中电动机两相绕组所接交流电的相序，如按 L1 – L3 – L2 相序接入三相绕组，画出 $\omega t = 0$，$\omega t = \pi/2$ 时的合成磁场如图4-10所示。可见三个电流相量的相序是逆时针的，由此产生的旋转磁场的转向也是逆时针的，即由电流相位超前的绕组转向电流相位落后的绕组。

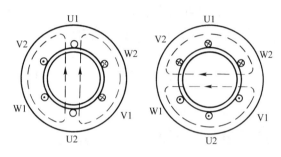

图4-10 旋转磁场转向的改变

由此可以知道，电动机的转向是由接入三相绕组的电流相序决定的，只要调换电动机任意两相绕组所接的电源接线（相序），旋转磁场即反向转动，电动机也随之反转。

综上所述，有关三相异步电动机转动的结论是：

1）三相对称定子绕组通入三相对称交流电即可使电动机转动起来（无机械卡阻时）。

2）调换电动机任意两相绕组所接的电源线，即可改变电动机的转向。

五、三相笼型异步电动机的铭牌

每台电动机上都有一块铭牌，铭牌上简要标出了一些主要技术数据，供正确选用电动机之用。如图4-11所示为 Y 系列三相异步电动机的铭牌，现分别说明如下：

（1）型号（Y – 112M – 4） Y 为电动机的系列代号，112 为基座至输出转轴的中心高度（mm），M 为机座类别（L 为长机座，M 为中机座，S 为短机座），4 为磁极数。

旧的电动机型号如 J02 – 52 – 4：J 为异步电动机，0 为封闭式，2 为设计序号，5 为机座号，2 为铁心长度序号，4 为磁极数。

（2）额定功率（4.0kW） 电动机在额定工作状态下，即额定电压、额定负载和规定冷却条件下运行时，转轴上输出的机械功率，单位为 W 或 kW。

三相异步电动机			
型号Y –112M–4		编号	
4.0kW		8.8A	
380V	1440r/min	LW82dB	
接法△	防护等级IP44	50Hz	45kg
标准编号	工作制S1	B级绝缘	年 月
××电机厂			

图4-11 三相异步电动机的铭牌

（3）额定电流（8.8A） 电动机在额定工作状况下运行时定子电路输入的线电流，单位为 A。

（4）额定电压（380V）　电动机正常运行时的电源线电压，单位为 V。

（5）额定转速（1440r/min）　电动机在额定状态下运行时的转速，单位为 r/min。

（6）接法（△）　电动机定子绕组与交流电源的连接方法，小型电动机（3kW 以下）多采用星形（Y）联结，大中型电动机（4kW 以上）多采用三角形（△）联结。

（7）防护等级（IP44）　电动机外壳防护的形式，IP44 属于封闭式。

（8）频率（50Hz）　电动机使用的交流电源的频率。

（9）噪声等级（LW82dB）　在规定安装条件下，电动机运行时噪声不得大于铭牌值。

（10）绝缘等级（B级）　它与电动机绝缘材料所能承受的温度有关。通常分为 7 个等级：Y 级绝缘为 90℃，A 级绝缘为 105℃，E 级绝缘为 120℃，B 级绝缘为 130℃，F 级绝缘为 155℃，H 级绝缘为 180℃，C 级绝缘为大于 180℃。

（11）工作制（S1）　指电动机的运转状态，通常分为连续、短时和断续三种。

【小知识】

三相异步电动机在接通电源后有"嗡嗡"声但不能转动，此时应立即停电检查，若时间长了，极易烧毁电动机。

◇◇◇ 第二节　常用低压电器

低压电器通常是指工作在交流电压 1200V 以下，直流电压小于 1500V 的电路中起通断、保护、控制或调节作用的电器设备。

一、低压电器的基本知识

低压电器的功能多，用途广，品种规格繁多，就其动作原理或用途可大体按如下方法进行分类。

1. 按动作原理分

（1）非自动切换电器　依靠人手操作发出动作指令的电器，如刀开关、按钮等。

（2）自动切换电器　依靠电器本身参数变化或外来信号（如电、磁、光、热等）而自动完成动作指令的电器，如接触器、继电器、电磁阀等。

2. 按用途分

（1）控制电器　用于各种控制电路和控制系统的电器，如接触器、继电器、电动机起动器等。

（2）配电电器　用于电能的输送和分配的电器，如断路器等。

（3）主令电器　用于自动控制系统中发送动作指令的电器，如按钮、转换开关等。

（4）保护电器　用于保护电路及用电设备的电器，如熔断器、热继电器等。

（5）执行电器　用于完成某种动作或传送功能的电器，如电磁铁、电磁离合器等。

二、低压开关

低压开关主要用作隔离、转换以及接通和分断电路。有时也可用来控制小功率电动机的起动、停止或正反转。

低压开关一般为非自动切换电器，常用的有刀开关、转换开关和低压断路器等。

1. 刀开关

普通的刀开关是一种结构最简单，应用最广泛的手动电器。它主要用作电源的引入开关和小功率电动机非频繁起动的操作开关，常用的刀开关有：

（1）开启式开关熔断器组　如图4-12所示为HK系列开启式开关熔断器组。

它主要由操作手柄、熔丝、触刀、触头座和底座等组成，安装时，手柄要向上，不得倒装或平装。倒装时，手柄有可能因自动下滑而引起误合闸，造成人身事故。接线时，应将电源线接在上端接线柱上，负载应接在熔丝下端。这样，拉闸后刀开关与电源隔离，便于更换熔丝。

胶盖的作用是使电弧不致飞出灼伤操作人员，防止极间电弧造成的电源短路；不要使用胶盖残缺的刀开关，以免在操作过程中发生弧光短路或触电意外；熔丝主要起短路保护用。

常用的刀开关有HK1系列、HK2系列，HK1系列为全国统一设计产品，常用的HK系列开启式开关熔断器组如图4-12所示。

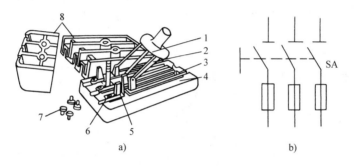

图4-12　HK系列开启式开关熔断器组

a）结构　b）符号

1—瓷质手柄　2—动触头　3—出线座　4—瓷底座　5—静触头

6—进线座　7—胶盖紧固螺钉　8—胶盖

这种开关没有灭弧装置，故不易分断有较大负载的电路，但由于其结构简单，价格便宜，故多用于一般照明电路的引入开关和功率小于5.5kW电动机的控制电路中。

【小知识】

操作刀开关时，操作人员应站在开关的侧面快速操作，不要站在正面操作，以避免因电弧飞溅造成人身伤害。

（2）封闭式开关熔断器组　它是在刀开关基础上改进设计的一种开关。它主要用于不频繁地接通和分断带负荷的电路，也可用于控制15kW以下电动机的不频繁起动和停止。它主要由刀开关、瓷插式熔断器、操作机构和钢板（或铸铁）外壳等组成，其结构及符号如图4-13所示。

封闭式开关熔断器组的操作机构具有两个特点：一是采用储能合闸方式，在手柄转

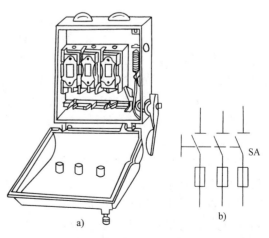

图4-13　封闭式开关熔断器组

a）结构　b）符号

轴与底座间装有速断弹簧，以执行合闸或分闸操作，在速断弹簧的作用下，动触刀和静触刀分离，使电弧迅速拉长而熄灭；二是具有机械联锁，当外壳打开时，刀开关被卡住，不能操作合闸。外壳合上后，操作手柄使开关合闸后，外壳不能打开。

【想一想】

刀开关是否带有熔断器？

2. 转换开关

转换开关又称为**组合开关**，实质上也是一种特殊的刀开关。它的特点是用动触片的左右旋转来代替触刀的推合和拉开，结构较为紧凑。它多用于机床电气控制电路中的电源隔离开关和控制5kW 以下电动机的直接起动、停止和正反转。

最常用的组合开关有两种形式。如图 4-14 所示为 HZ10 系列组合开关，图 4-15 所示为倒顺开关。

由于转换开关本身不带过载和短路保护装置。因此，在它所控制的电路中，必须另外加装保护

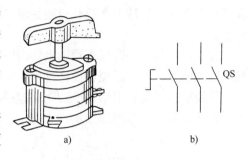

图 4-14　HZ10 系列组合开关
a）结构　b）符号

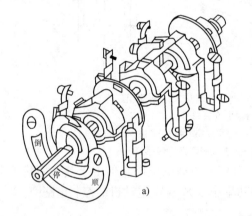

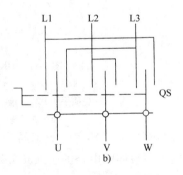

图 4-15　倒顺开关
a）结构　b）符号

设备，才能保证电路和用电设备的安全。另外，当它用于控制电动机的直接起动时，其开关容量应大于电动机额定电流的 1.5～2.5 倍，每小时切换开关的次数不宜超过 15～20 次。若采用倒顺开关控制电动机的正反转时，在正、反转切换过程中，都必须先将开关的手柄转向"停"的位置，待电动机停转后，方可切换到"顺"或"倒"的位置。

3. 低压断路器

低压断路器是具有一种或多种保护功能的保护电器，同时又具有开关的功能，它最大的特点是：当电路中发生短路、过载、欠电压等不正常现象时，能自动迅速地切断故障电路。若在低压断路器中加装有漏电保护装置，则称为"剩余电流断路器"，它除了具备低压断路器的功能外，还多了漏电保护（漏电自动跳闸）的功能。

低压断路器有 DZ5 系列和 DZ20 系列，其中 DZ5 系列为小电流系列，其额定电流为10～50A；DZ20 系列为大电流系列，其额定电流等级有 100A、225A 和 400A 三种。

低压断路器的主要保护装置是电磁脱扣器、欠电压脱扣器和热脱扣器。电磁脱扣器用作短路保护，欠电压脱扣器用作欠电压（零电压）保护，而热脱扣器主要用于过载保护。图 4-16 所示为 DZ5－20 型低压断路器。

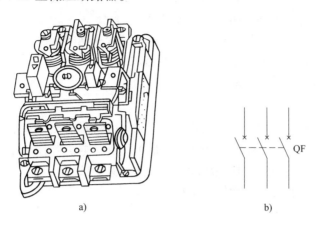

图 4-16　DZ5－20 型低压断路器

a）结构　b）符号

在选用低压断路器时，其额定电压和额定电流应不小于电路正常工作电压和电流；热脱扣器的整定电流应与所控制的电动机的额定电流或负载的额定电流一致；电磁脱扣器的瞬时脱扣整定电流应大于负载电路正常工作时的峰值电流。

【小知识】

低压断路器跳闸后，应查明原因后再合闸。较大容量的断路器在合闸时，应将操作手柄向上扳动到 2/3 的位置后再拉下来进行预合闸，然后才将开关推到底即可合上闸。剩余电流断路器跳闸后，还必须按下断路器的试验按钮后方可合上闸。

三、主令电器

主令电器是在自动控制系统中发出指令或信号的操纵电器，本文仅介绍常用的主令电器按钮。

按钮是一种结构简单，应用非常广泛的主令电器，一般情况下它不直接控制主电路的通断，而在控制电路中发出手动"指令"去控制接触器、继电器等电器，再由它们去控制主电路。

按钮由按钮帽、复位弹簧、桥式动触头和外壳等组成，其结构及符号如图 4-17 所示。

按钮按用途和多功能触头的结构不同，可分为起动按钮、停止按钮和复合按钮。其中起动按钮带有常开触头，手指按下按钮帽，常开

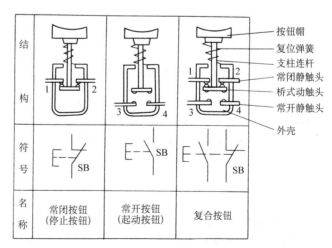

图 4-17　按钮结构及符号

触头闭合；手指松开，常开触头复位。起动按钮的按钮帽常采用绿色。停止按钮带有常闭触头，手指按下按钮帽，常闭触头断开；手指松开按钮帽，常闭触头复位。停止按钮的按钮帽常采用红色。复合按钮带有常开触头和常闭触头，手指按下按钮帽，先断开常闭触头再闭合常开触头；手指松开，常开和常闭触头先后复位。

目前使用较多的为 LA－18、LA－19、LA－20 三个系列的按钮。

按钮的触头允许通过的电流很小，一般不超过 5A，因此，它只能接在控制电路中，而不能直接用于控制大电流的主电路。

四、熔断器

熔断器在低压配电电路中主要起短路保护作用。熔断器主要由熔体和放置熔体的绝缘管或绝缘底座等组成。使用时，熔断器串接在被保护的电路中，当通过熔体的电流达到或超过了某一额定值，熔体自行熔断，切除故障电流，达到保护目的。

最常用的熔断器有瓷插式和螺旋式两种。

1. 瓷插式熔断器

这是一种最简单的熔断器，最为常见的为 RC1A 系列，它主要由瓷盖、底座、动触头、静触头及熔丝等组成，其中瓷座中部有一空腔，与瓷盖的凸出部分组成灭弧室，其结构及符号如图 4-18 所示。

2. 螺旋式熔断器

RL1 系列螺旋式熔断器的结构及符号如图 4-19 所示。

与瓷插式熔断器所不同的是，螺旋式熔断器主要由熔管及支持件（瓷质底座、带螺纹的瓷帽、瓷套）所组成，并且熔管内装满硅砂，目的是在熔丝熔断时起到迅速灭弧的作用，同时熔管上还有熔体熔断的指示信号装置，熔体熔断后，带色标的指示头弹出，便于及时发现

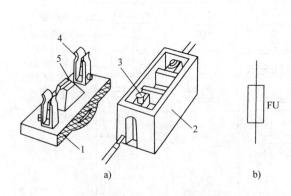

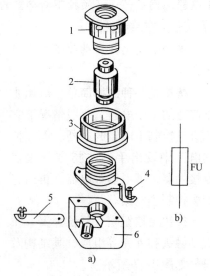

图 4-18　RC1A 系列瓷插式熔断器
a）结构　b）符号
1—瓷盖　2—底座　3—静触头　4—动触头　5—熔丝

图 4-19　RL1 系列螺旋式熔断器
a）结构　b）符号
1—瓷帽　2—熔断管　3—瓷套
4—上接线端　5—下接线端　6—底座

以便进行更换，因此，在安装熔管时，应将带有色标的指示头的一端朝向玻璃窗口。

目前全国统一设计的螺旋式熔断器有 RL6、RL7、RLS2 等系列。

一般电路中在选择熔断器熔体的额定电流时，应注意以下三点：

1）对于电炉、照明等电阻性负载的短路保护，熔体的额定电流应大于或等于负载额定电流。

2）对一台电动机负载的短路保护，熔体的额定电流 I_{RN} 应等于 1.5～2.5 倍的电动机额定电流。

3）对于多台电动机的短路保护，熔体的额定电流应满足：$I_{RN} = (1.5～2.5) I_{Nmax} + \sum I_N$，式中 $\sum I_N$ 是指电路中所有电动机的额定电流之和，I_{Nmax} 是功率最大的一台电动机额定电流。

【小知识】

当熔体熔断后，应判断其熔断原因是属于短路还是非短路所造成的，属短路状态不能立即更换熔体。简易判断方法是：观察已熔断的熔体，在断口处若有明显可见的凝结状态金属球（断口比熔体面积大），则属于短路故障；若断口处小于或等于熔体原截面积，一般为非短路故障。

五、接触器

1. 接触器的结构

接触器是一种自动的电磁式开关，它通过电磁力作用下的吸合和反作用弹簧作用下的释放，使触头闭合和分断，导致电路的接通和分断。它主要在机床电气自动控制中用于频繁地接通和分断大电流主电路，具有动作迅速、操作方便和便于远距离控制等优点。

接触器一般分为交流接触器和直流接触器。交流接触器有 CJ12、CJ20 等系列产品，其结构和工作原理基本相同，现以 CJ10-20 型交流接触器为例介绍交流接触器的结构和工作原理，如图 4-20 所示。

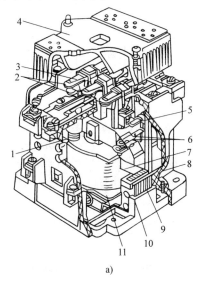
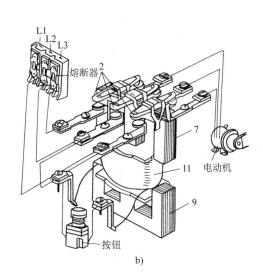

a)　　　　　　　　　　　　　b)

图 4-20　交流接触器的结构和工作原理

a）结构　b）工作原理

1—反作用弹簧　2—主触头　3—触头压力弹簧　4—灭弧罩　5—辅助常闭触头
6—辅助常开触头　7—动铁心　8—缓冲弹簧　9—静铁心　10—短路环　11—线圈

交流接触器一般由电磁系统、触头系统、灭弧装置及辅助部件等组成。

（1）电磁系统　交流接触器的电磁系统主要由线圈、铁心（静铁心）和衔铁（动铁心）三部分组成。其作用是利用电磁线圈的通电或断电，使衔铁和铁心吸合或释放，从而带动动触头与静触头闭合或断开，实现接通或断开电路的目的。

另外，交流电磁铁的铁心端面上嵌有短路环，主要目的是用以消除电磁系统在交流电过零点时产生的振动和噪声。

（2）触头系统　交流接触器的触头按接触情况划分，可分为点接触型、线接触型和面接触型三种，如图4-21所示。若按触头的结构形式划分，可分为桥式触头和指形触头两种，如图4-22所示。若按触头的通断能力划分，又可分为主触头和辅助触头，其中主触头用以通断电流较大的主电路，一般由三对接触面较大的常开触头组成。辅助触头用以通断电流较小的控制电路，一般由两对常开和两对常闭触头组成，其图形和文字符号如图4-23所示。

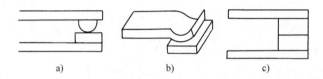

图4-21　触头的三种接触形式

a）点接触型　b）线接触型　c）面接触型

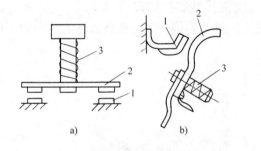

图4-22　触头的结构形式

a）双断点桥式触头　b）指形触头

1—静触头　2—动触头　3—触头压力弹簧

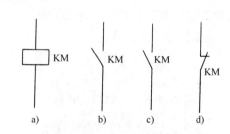

图4-23　接触器的图形和文字符号

a）线圈　b）主触头

c）辅助常开触头　d）辅助常闭触头

所谓触头的常开和常闭，是指电磁系统未通电动作时触头的状态，当线圈通电时，常闭触头先断开，随后常开触头才闭合；而线圈断电时，常开触头首先恢复断开，常闭触头随后才闭合。由此可见，常开触头和常闭触头是联动的，它们的工作状态永远都是相反的，两种触头在改变工作状态时，先后有个时间差，尽管这个时间差很短，但对分析电路的控制原理却很重要。

（3）灭弧装置　接触器在分断大电流电路时，在动、静触头之间会产生较大的电弧，它不仅会灼伤触头，缩短触头的使用寿命，延长电路的分断时间，而且严重时甚至会造成弧光短路或引起火灾事故。因而20A以上的接触器中主触头上均装有灭弧罩，以迅速切断触头分断时所产生的电弧。

2. 接触器的工作原理

交流接触器的工作原理如图 4-20b 所示。当接触器线圈通电后,线圈中流过的电流产生磁场,使铁心产生足够大的吸力,克服反作用弹簧的反作用力,将衔铁闭合,通过传动机构带动三对主触头和辅助常开触头闭合,辅助常闭触头断开。当接触器线圈断电后或电压显著下降时,由于电磁吸力消失或过小,衔铁在反作用弹簧力的作用下复位,带动各触头恢复到原始状态。

交流接触器起动时,由于铁心气隙大,磁阻大,所以通过线圈的起动电流往往为工作电流的十几倍,所以,衔铁如有卡阻现象将烧坏线圈,交流接触器的线圈电压为额定电压的85%~105%时,能可靠地工作,当线圈电压太低时,吸力不够,衔铁不能吸合,线圈可能烧毁,同时也不能把交流接触器线圈接到直流电源上。

另外,接触器铭牌上的额定电流是指主触头的额定电流,选用接触器时,主触头的额定电流应稍大于或等于电动机的额定电流。

【小知识】

接触器在正常使用中若出现噪声过大现象,则属于故障状态,应立即检修。其原因一般有电源电压过低,铁心短路环断裂,触头弹簧压力过大,触头表面不平整或铁心极面有油污等。

六、继电器

继电器是一种根据输入信号(电量或非电量)的变化,接通或断开小电流电路,实现自动控制和保护电力拖动装置的电器。一般情况下不直接控制电流较大的主电路,而是通过与接触器或其他电器配合对主电路进行控制。

由于继电器的种类繁多,在此仅就与后续内容有关的继电器进行介绍。

1. 热继电器

热继电器是利用电流的热效应而进行相应动作的保护电器,它一般作为电动机的过载保护。其工作原理及符号如图 4-24 所示。它主要由热元件、双金属片、动作机构、触头系统、整定电流调整装置和复位装置等组成。

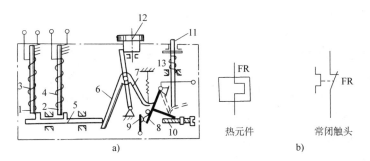

图 4-24 热继电器的工作原理和符号

a) 工作原理 b) 符号

1、2—主双金属片 3、4—热元件 5—导板 6—温度补偿片 7—推杆

8—动静头 9—静触头 10—螺钉 11—复位按钮 12—凸轮 13—弹簧

热继电器的工作原理是:热元件串联在主电路中,常闭触头串联在控制电路中,当电动机过载电流过大时,膨胀系数不同的双金属片受热弯曲带动相应的动作机构,将串联在控制

电路中的常闭触头断开，从而切断电动机的控制电路，使控制电路中的接触器或继电器线圈断电，达到断开主电路，对电动机进行过载保护的目的。热继电器分断电流后，双金属片散热冷却，恢复初态，使动作机构也恢复原始状态，常闭触头重新闭合，电路中的用电设备又可重新起动。另外，也可采用手动的方法，即按一下复位按钮即可。

热继电器热元件的整定电流一般情况下可选择为电动机额定电流的 0.95 ～ 1.05 倍；对于工作环境恶劣、起动频繁的情况，整定电流值可选择为电动机额定电流的 1.15 ～ 1.5 倍。另外，热继电器在电路中只能用作过载保护，而不能用作短路保护，原因是因为双金属片从升温到发生弯曲直至断开常闭触头，需要一个时间过程，不可能在短时瞬间迅速断开电路，达到保护的目的。

【小知识】

电动机起动时间过长，热继电器的整定电流调节偏小，电动机操作频率过高等原因，均可造成热继电器误动作。

2. 中间继电器

中间继电器是将一个输入信号变成一个或多个输出信号的继电器。如图 4-25 所示为 JZ7 型中间继电器的结构及符号。

中间继电器的工作原理与接触器完全相同，所不同的是中间继电器的触头对数较多、容量较小，并且无主辅触头之分，一般触头额定电流为 5A，而且各对触头所允许通过的电流大小是相同的。中间继电器主要适用于控制电路中把信号同时传送给几个有关的控制元件。

值得一提的是，在选用中间继电器时，其电磁线圈的额定电压必须符合供给控制电路的电压，其触头的选择可根据控制电路的需要选取触头对数。常见的 JZ7 系列中间继电器有 4 对常开、4 对常闭、6 对常开、2 对常闭和 8 对常开等多种规格。

3. 速度继电器

速度继电器又称为反接制动继电器，它是依靠速度的大小为信号与接触器配合，实现对电动机的反接制动。常用的速度继电器有 JY1 和 JFZ0 两种。

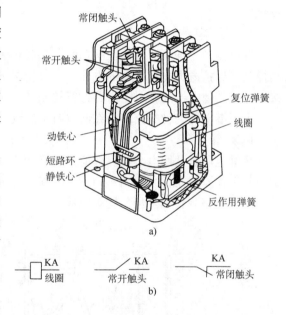

图 4-25　JZ7 型中间继电器的结构及符号
a) 结构　b) 符号

JY1 型速度继电器如图 4-26 所示。它主要由定子、转子、可动支架、触头系统及端盖等部分组成。

速度继电器的工作原理是：当电动机旋转时，速度继电器的转子随之同轴转动，在空间产生旋转磁场，这时在定子绕组上产生感应电动势及感应电流。感应电流在永久磁铁的作用下产生转矩，使转子随永久磁铁的转动方向旋转并带动杠杆，进而推动触头使触头动作。当转速小于一定数值时反作用弹簧通过杠杆返回复位。

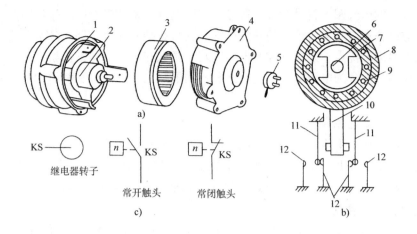

图 4-26 JY1 型速度继电器

a) 结构 b) 工作原理 c) 符号

1—可动支架 2、7—转子 3、8—定子 4—端盖 5—连接头 6—电动机轴

9—定子绕组 10—胶木摆杆 11—簧片(动触头) 12—静触头

速度继电器的触头动作转速一般不低于 $100\sim300r/min$，触头复位转速一般在 $100r/min$ 以下。使用速度继电器时，应将其转子与被控制电动机连轴安装，使之与电动机同轴转动，而将其常开触头串联在控制电路中，通过控制接触器就能实现反接制动，并对其金属外壳进行可靠的接地。

4. 制动电磁铁

制动电磁铁是操纵制动器作机械制动用的电磁铁，通常与闸瓦制动器配合使用，在电气传动装置中作电动机的机械制动，以达到准确和迅速停止的目的。现以短行程电磁铁为例，说明其工作情况。如图 4-27 所示为 MZD1 型制动电磁铁与制动器。

制动电磁铁由铁心、衔铁和线圈三部分组成。闸瓦制动器主要由闸瓦、闸轮、杠杆和弹簧等部分组成。其工作原理是：当线圈通电后，衔铁绕轴旋转而吸合，衔铁克服弹簧拉力，迫使制动杠杆向外移动，使闸瓦与闸轮脱离松开。当线圈断电后，衔铁释放，在弹簧的拉力作用下，使制动杆同时向里移动，带动闸瓦和闸轮紧紧抱住，完成刹车制动。

为了减小涡流与磁滞损耗，交流电磁铁的铁心和衔铁用硅钢片叠压铆接而成，并在铁心端部装有短路环。

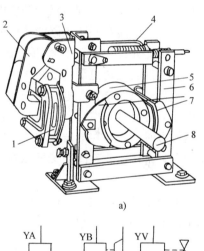

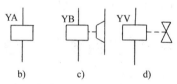

图 4-27 MZD1 型制动电磁铁与制动器

a) 结构 b) 电磁铁的一般符号

c) 电磁制动器符号 d) 电磁阀符号

1—线圈 2—衔铁 3—铁心 4—弹簧

5—闸轮 6—杠杆 7—闸瓦 8—轴

◇◇◇ 第三节 电气控制原理图的有关知识

生产机械电气控制的电气原理图是根据生产机械的运动形式对电气控制系统的要求，采

用国家统一规定的电气图形符号和文字符号，按照电气设备和电器的工作顺序，绘制出的一种不需要考虑设备和电器实际位置的一种简图。它具有结构简单、层次分明、便于研究和分析电路的工作原理等优点，是电气控制电路安装、调试和维修的理论依据。

电气原理图一般分为电源电路、主电路和辅助电路三部分。绘制和识读电气原理图时应遵循以下原则。

一、电源电路的绘制

电源电路应画成水平线，三相交流电源的相序分别按 L1、L2、L3 自上而下的顺序依次画出，中性线 N 和保护地线 PE 依次画在相线之下。直流电源的正极端用"＋"符号画在上边，而负极端则用"－"符号画在下边。另外，总电源开关也应水平画出。

二、主电路的绘制

主电路主要由主熔断器、接触器的主触头、热继电器的热元件以及电动机组成，是受电的动力装置及控制、保护电器的支路，是强电流通过的部分，应用粗实线画在电气原理图的左侧，并垂直于电源电路。

三、辅助电路的绘制

辅助电路一般由主令电器的触头、接触器线圈及辅助触头、继电器线圈及触头、指示灯和照明灯等组成，分别表示为控制电路、指示电路和局部照明电路。绘制时，一般按照控制电路、指示电路和照明电路的顺序依次垂直画在主电路图的右侧，而且电路中与下边电源线相连的耗能元件(如接触器线圈、指示灯、照明灯等)要画在电路图的下方，而电器触头要画在耗能元件与上边电源线之间。识读的原则一般按自左至右，自上而下的顺序。

值得注意的是，在电路图中各电器的触头位置都按电路未通电时的常态位置绘制；当同一电器的各元件不按它们的实际位置画在一起时，必须标注相同的文字符号；若图中相同的电器较多时，需要在电器文字符号后面加注不同的数字，以示区别(如 KM1、KM2)；对于电路图中有直接电联系的交叉导线连接点，要用小黑圆点表示，无直接电联系的交叉导线不用画小黑点。

下面将结合前面所学过的电机电器知识，对三相笼型异步电动机的典型基本控制电路和基本环节分别进行介绍。

◇◇◇◇　第四节　三相笼型异步电动机的直接起动控制电路

不同型号、不同功率和不同负载的电动机，往往有有不同的起动方法，因而控制电路也不同，三相笼型异步电动机的起动方法一般有直接起动(全压起动)和减压起动两种。

所谓电动机的直接起动又称为全压起动，起动时加在电动机定子绕组上的电压为额定电压，这种起动方式电路简单，成本低，但起动电流大，适用于小功率的电动机，对于功率较大的电动机，由于电动机起动时电流较大，一方面会引起电路上很大的压降而影响其他用电设备的正常运行；另一方面会使电动机绕组发热，加速绝缘老化，大大缩短电动机的使用寿命，故对功率较大的电动机应采取减压起动的方法。

一、手动正转控制电路

图 4-28 所示为采用刀开关控制电动机直接起动和停止的电气控制电路。

该电路的工作原理是：合上刀开关 SA，电动机 M 接通电源全电压直接起动，断开刀开关 SA 时，电动机 M 断电停转。

这种电路适用于小功率、起动不频繁的笼型异步电动机，例如小型台钻、冷却泵、砂轮机等。电路中的熔断器起到短路保护作用。

用刀开关直接控制电动机起动，电路虽然简单，但是它不安全、不方便，且操作劳动强度大，也不能实现自动控制。

二、点动正转控制电路

图 4-29 所示为点动正转控制电路。

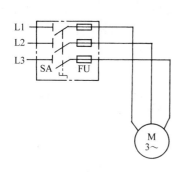

图 4-28　电动机手动正转控制电路

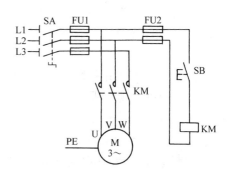

图 4-29　点动正转控制电路

该电路的工作原理是：首先合上电源开关 SA，引入电源。

（1）起动控制　按下起动控钮 SB，接触器 KM 线圈得电，KM 常开主触头闭合，电动机定子绕组接入电源，电动机起动运转。

（2）停止控制　松开按钮 SB，接触器线圈断电，其常开主触头断开，电动机失电而停转。

从电路可知，按下按钮，电动机转动，松开按钮，电动机停转，这种控制就叫做点动控制，它能实现电动机的短时转动，常用于机床的对刀调整和电动葫芦等。

由于该电路采用了接触器控制，因此控制过程安全、方便，且可进行远距离频繁控制。

三、接触器自锁控制电路

在实际生产中往往要求电动机实现长时间连续转动，即所谓**长动控制**，也称为**连续控制**。图 4-30 所示为接触器自锁控制电路，它的主电路由组合开关 QS、熔断器 FU1、接触器 KM 的主触头和笼型电动机 M 组成；控制电路由熔断器 FU2、停止按钮 SB1、起动按钮 SB2、接触器 KM 的辅助常开触头和线圈组成。

该电路的工作原理是：首先合上电源开关 QS，引入电源。

（1）起动控制　按下起动按钮 SB2，接触器 KM 线圈获电，其主触头闭合，辅助常开触头也同时闭合，电动机 M 的定子绕组接通电源，电动机运转，起动按钮被接触器辅助常开触头短接。

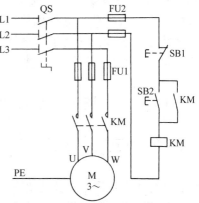

图 4-30　接触器自锁控制电路

当松开按钮 SB2 时，接触器 KM 的线圈通过其辅助常开触头仍继续保持通电状态，从而保证电动机的连续运行。这种依靠接触器自身辅助常开触头而使线圈保持通电的方式，称为自锁或自保。起自锁作用的辅助常开触头叫做**自锁触头**。

（2）停止控制　按下停止按钮 SB1，接触器 KM 线圈断电，其主触头和辅助常开触头断开复位，致使电动机 M 定子绕组脱离电源停转。

该电路不仅能使电动机连续运转，而且还具有短路保护及失电压、欠电压保护的功能。

所谓欠电压、失电压保护就是指当电源电压由于某种原因而严重欠电压（低于85%额定电压）或失电压（如停电）时，接触器因吸力太小或无吸力使衔铁无法吸合，接触器线圈释放，其常开触头为分断状态，电动机停止转动。当电源电压恢复正常时，接触器线圈不会自行通电，电动机也不会自行起动，只有在操作人员重新按下起动按钮后，电动机才能进行二次起动。

电动机的短路保护由熔断器 FU 实现。

由于电路中的电动机是连续运转的，如长期负载过大，操作频繁，三相电路易发生断相或引起电动机的定子绕组中流过比额定电流还大的电流（即过载电流），这将引起电动机定子绕组过热，严重时会烧毁电动机。

四、具有过载保护的自锁控制电路

上述电路中虽然设有短路保护、欠电压与失电压保护，但无法克服因负载过大而导致电动机长期过载运行而导致损坏的现象，因此，在实际生产中往往采用如图 4-31 所示的具有过载保护的自锁控制电路。

所谓过载保护就是指当电动机出现过载时能自动切断电动机电源，使电动机停转的一种保护措施。通常用热继电器来进行过载保护。

过载保护的工作原理是：在电路中将热继电器 FR 的热元件串接在主电路中，其常闭触头则串接在控制电路中，当电动机电流超过预定值时，热元件中的双金属片会因电流过大温度升高而受热弯曲，通过动作机构使其常闭触头断开，致使接触器 KM 线圈断电，使接触器主触头断开，电动机从电源上切除，避免了在过载状态下运转，达到了过载保护的目的。当电动机需要重新起动时，只需要将热继电器的复位按钮按下，使其常闭触头复位，否则将无法起动。

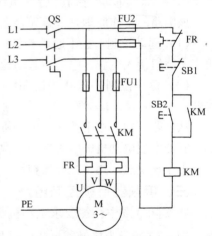

图 4-31　具有过载保护的自锁控制电路

该电路的工作原理与前述电路基本相同，读者可自行分析，在此不再赘述。

◇◇◇　第五节　三相笼型异步电动机的正反转控制电路

在实际生产应用中，往往要求生产机械能改变运动方向，如工作台的前进和后退；吊钩的上升和下降等，这就要求电动机能实现正转与反转。

在前述内容中，我们从三相异步电动机的工作原理分析中可以知道：若是改变通入电动机定子绕组中三相交流电的相序,具体的方法就是任意对调接入电动机三相电源进线中的两根相线,即可使电动机的旋转方向改变。正反转控制电路就是根据这个原理设计的。

一、倒顺开关正反转控制电路

如图 4-32 所示为倒顺开关正反转控制电路,该电路只适用于电动机功率小,正反转起动不频繁的场合。

该电路的工作原理是:扳动倒顺开关 QS,当手柄处于"停"位置时,开关的动、静触头不通,电动机处于停止状态。当手柄扳至"顺"的位置时,QS 的动触头和左边的静触头相接触,电路按 L1 – U、L2 – V、L3 – W 相接通,电动机正转;当手柄扳至"倒"的位置时,QS 的动触头与右边的静触头相接触,电路按 L1 – W、L2 – V、L3 – U 相接通,电动机反转。由图中可知,电动机在反转时的电源相源是:中间相(L2 相)不变,两边相(L1、L3 相)对调。

必须注意的是,电动机在进行正反转切换时,应先将倒顺开关的手柄扳至"停"的位置,否则电动机定子绕组会因为电源反接而产生很大的反接电流,容易使电动机定子绕组因过热而损坏。

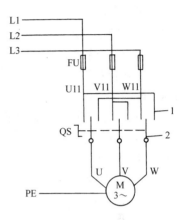

图 4-32 倒顺开关正反转控制电路
1—静触头 2—动触头

二、接触器联锁正反转控制电路

如图 4-33 所示为接触联锁正反转控制电路,该电路是通过两个接触器来改变三相异步电动机定子绕组的三相电源相序,从而实现电动机的正反转控制的。图中接触器 KM1 为正向接触器,控制电动机 M 正转;接触器 KM2 为反向接触器,控制电动机 M 的反转。

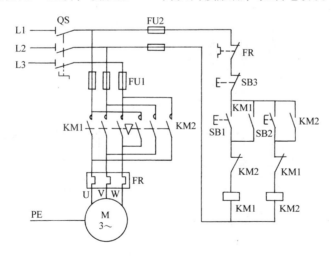

图 4-33 接触器联锁正反转控制电路

该电路的工作原理是:首先合上电源开关 QS,引入电源。

(1)正转控制 按下正转起动按钮 SB1,接触器 KM1 线圈通电,KM1 辅助常闭触头断开,切断反转回路,KM1 主触头闭合,KM1 辅助常开触头也同时闭合,此时电动机定子绕组接通电源,电源相序分别为 L1 – U、L2 – V、L3 – W,电动机 M 正转。

（2）反转控制　按下反转起动按钮 SB2，接触器 KM2 线圈通电，KM2 常闭触头断开，切断正转回路，KM2 主触头和辅助常开触头同时闭合，此时电动机定子绕组接通电源，电源相序为 L1 – W、L2 – V、L3 – U，电动机反转。

（3）停止控制　按下停止按钮 SB3，无论是正转还是反转的电动机都会因脱离电源而停转。

为了避免电动机正转和反转两个接触器同时动作造成电源相间短路，在电路中加上了电气联锁，即把控制正转的接触器 KM1 的常闭触头串接在控制反转的接触器 KM2 线圈的电路中，而把控制反转的接触器 KM2 的常闭触头串接在控制正转的接触器 KM1 线圈的电路中。两个接触器相互制约，不能同时通电。KM1、KM2 这两对辅助常闭触头在电路中所起的作用称为联锁（互锁），这类触头也叫作联锁触头。

此外，虽然该电路控制过程比较安全，不会因接触器主触头熔焊而造成电源短路，但由于该电路要进行电动机正反转切换控制时，必须先按下停止按钮后，才能反向起动，操作十分不方便。

三、按钮联锁正反转控制电路

将图 4-33 所示电路中接触器 KM1 与 KM2 的常闭触头去掉，用复合按钮 SB1 与 SB2 的常闭触头取而代之，如图 4-34 所示的电路就是采用复合按钮联锁控制的电动机正反转控制电路。该电路中，电动机若要进行正转起动时，只要按下正转起动按钮 SB1，其串接在反转控制电路中的常闭触头必先将反转控制电路断开后，才能接通正转控制电路。同理要进行反向起动时，按下反转起动按钮 SB2，其常闭触头也必将先断开正转控制电路后，再接通反转控制电路，从而实现正反转的直接切换。具体电路的工作原理读者可自行分析，不再赘述。

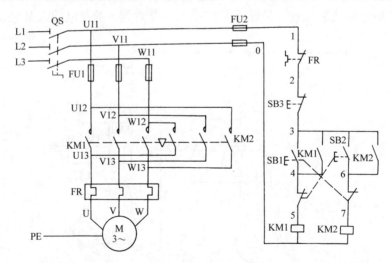

图 4-34　按钮联锁正反转控制电路

虽然复合按钮常闭触头的联锁作用，解决了直接进行正反转切换而不需要先按停止按钮的方便，但这种电路仍不能避免在运行中因接触器主触头熔焊（这时线圈虽然断电，但主触头仍闭合）而引起的两个接触器同时闭合，造成电源相间短路。

四、双重联锁正反转控制电路

将接触器联锁正反转控制电路与按钮联锁正反转控制电路复合组成的控制电路就叫作**双**

重联锁正反转控制电路，如图 4-35 所示。

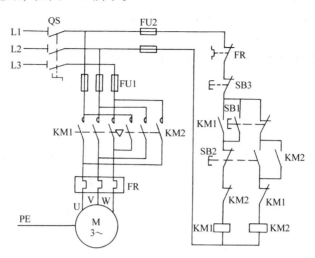

图 4-35 双重联锁正反转控制电路

该电路的工作原理请读者自行分析，在此不再赘述。

由于采用了双重联锁，该电路既能保证在起动和运行中两个接触器不会同时通电吸合，又可直接进行正反转切换，还可防止因主触头熔焊造成电源相间短路，具有操作方便、切换迅速、安全可靠的特点，在生产实际中广泛应用。

◇◇◇ 第六节 三相笼型异步电动机的制动控制电路

电动机断开电源后，由于电动机本身及带动的生产机械部分的惯性，致使电动机还会因惯性继续旋转一定时间后才完全停转下来。这对于某些要求定位准确和限制行程的生产机械是不适合的，为了能定位准确，缩短停车时间，提高生产效率，往往采用一些措施使电动机在切断电源后能迅速地停车，这种采取措施使电动机在切断电源后能迅速停车的控制方式称为制动。

三相笼型异步电动机常用的制动方法有两大类：机械制动和电力制动。

一、机械制动控制电路

机械制动就是指利用机械装置使电动机断开电源后迅速停止转动的方法。常用的方法有电磁抱闸制动和电磁离合器制动。其中电磁抱闸制动又分为断电型和通电型两种，本文仅简单介绍断电型电磁抱闸控制电路的工作原理。

如图 4-36 所示为电磁抱闸断电制动控制电路。卷扬机一般都采用该电路，它最大的优点是当重物起吊到一定的高度而断电时，电磁抱闸会立即制动，重物不致掉下。

该电路的工作原理是：首先合上电源开关 SA，引入电源。

（1）起动控制 按下起动按钮 SB1，使接触器 KM 线圈通电，其自锁触头和主触头闭合，电动机 M 接通电源，同时电磁抱闸线圈 YB 得电，衔铁吸合，从而使制动器的闸瓦与闸轮分开，电动机正常运转。

（2）制动控制 按下停止按钮 SB2，接触器 KM 线圈失电，KM 自锁触头及主触头分断，电动机失电，同时电磁抱闸线圈 YB 失电，衔铁与铁心分断。在弹簧力的作用下，闸瓦紧紧抱住闸轮，电动机因制动而立即停转。

电磁抱闸制动控制虽然能够准确定位，同时又能防止电动机突然断电时重物的自行坠落。但这种制动方法的缺点是不经济，因为电磁抱闸制动器的电磁线圈的耗电时间与电动机一样长。另外，切断电源后，由于电磁抱闸制动器的制动作用，使手动调整工件就很困难。因此，对要求电动机制动后能调整工件位置的机床设备不能采用这种制动方法。

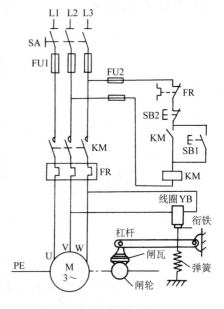

图 4-36　电磁抱闸断电制动控制电路

二、电力制动控制电路

电力制动就是使电动机在切断电源停转过程中，产生一个和电动机实际旋转方向相反的电磁转矩，迫使电动机迅速停转的方法。其方法有：反接制动、能耗制动、电容制动及再生发电制动。三相笼型异步电动机多采用反接制动和能耗制动两种制动方法。

1. 反接制动

反接制动就是通过改变电动机定子绕组中三相电源的相序，使定子绕组中的旋转磁场反向，从而产生与原有转向相反的电磁转矩，迫使电动机迅速停转。如图 4-37 所示是单向起动反接制动控制电路。

该电路的工作原理是：首先合上电源开关 SA，引入电源。

（1）单向起动控制　按下起动按钮 SB2，接触器 KM1 线圈得电，其联锁触头断开对接触器 KM2 联锁，其自锁触头和主触头闭合，电动机 M 起动运转，当电动机的转速上升到 120r/min 左右时，速度继电器 KS 常开触头闭合为反接制动做准备。

（2）反接制动控制　按下复合停止按钮 SB1，SB1 常闭触头先断，接触器 KM1 线圈失电，其自锁触头和主触头断开，电动机 M 暂时脱离电源慢性旋转，此时由于 SB1 常开触头和接触器 KM1 常闭触头都闭合接通，使接触器 KM2 线圈得电，其联锁触头断开对接触器 KM1 联锁，其自锁触头和主触头闭合，

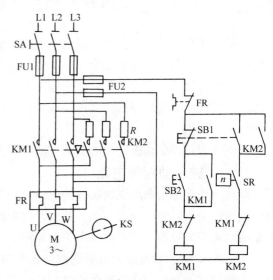

图 4-37　单向起动反接制动控制电路

电动机 M 串接限流电阻 R 进行反接制动，当电动机的转速低于 120r/min 时，速度继电器 KS 的常开触头打开，接触器 KM2 线圈断电，其所有的触头恢复原状，电动机 M 断电，制动结束。

反接制动控制电路的主电路和正反转控制电路的主电路基本相同，只是在反接制动时增

加了三个限流电阻 R。这是因为，由于旋转磁场与转子的相对转速(n_1+n)很高，故转子绕组中感生电流很大，致使定子绕组中的电流也很大，一般为电动机额定电流的 10 倍左右，必须采取限流措施。因此，反接制动只适用于 10kW 以下，小功率电动机的制动，并且对 4.5kW 以上的电动机进行反接制动时，需要在定子回路中串入限流电阻，以限制反接制动电流。

2. 能耗制动

能耗制动就是指当电动机切断交流电源后，立即在定子绕组的任意两相中通入直流电，以获得大小方向不变的恒定磁场，从而产生一个与电动机原转矩方向相反的电磁转矩来实现制动的方法。

能耗制动具有制动准确、平稳，且能量消耗小的优点，一般用于要求制动准确、平稳的场合，如磨床、立式铣床等的控制电路中，具体控制电路本文不再赘述，读者可参阅有关资料。

小　结

1）电动机是根据电磁感应原理，将电能转换成机械能并输出机械转矩的原动机。三相笼型异步电动机主要由定子和转子两部分组成，定子是电动机的静止部分，而转子是电动机的转动部分。定子和转子都有各自的铁心和绕组。

2）三相笼型异步电动机产生旋转磁场的条件是：在三相对称的定子绕组中（空间互差120°电角度），通入三相对称的交流电流。旋转磁场的转速也称为同步转速，其数学表达式为 $n_1=60f/p$。转子顺着磁场的旋转方向，以低于旋转磁场的转速旋转，即 $n<n_1$。

3）改变通入三相异步电动机定子绕组的三相电源的相序，便可改变旋转磁场的转向，从而也改变了电动机转子的转向。

4）低压电器一般分为配电电器和控制电器两大类。常见的低压配电电器有刀开关、转换开关、空气断路器等，而控制电器有接触器、继电器和主令电器等。主令电器又分为按钮、行程开关等。

5）刀开关一般作为电源的隔离开关，也可作为负荷开关控制小功率的电动机的直接起动、停止和正反转。

6）空气断路器具有过载保护、短路保护和欠电压保护等功能。

7）接触器是一种自动的电磁式开关，适用于远距离频繁地接通或断开交直流主电路及大容量控制电路，它具有欠电压保护功能。

8）熔断器和热继电器属于保护电器。熔断器起短路保护的功能，而热继电器起过载保护的功能。热继电器使用时，一般是将其热元件串联在主电路的电动机回路里，而将其常闭触头串接在控制电路中。

9）工作机械的电气控制电路一般由电源电路、主电路和辅助电路三大部分组成。在绘制电气原理图必须遵循绘制原则，采用国家标准所规定的图形符号和文字符号来绘制。

10）三相笼型异步电动机的基本控制电路是电力拖动的基本环节。主要有手动控制、点动控制、正反转控制及电动机的制动控制等基本电路。

习　题

1. 什么是低压电器？按其在电气控制电路中的地位和作用可分为哪两大类？

2. 在使用和安装 HK 系列刀开关时，应注意什么？

3. 转换开关的用途是什么？按操作机构不同，它可分为哪两类？

4. 电力拖动控制系统中常用的断路器为哪一种结构形式？一般它具有哪几种保护功能？

5. 请画出 HK、HZ10、HZ3 及 DZ5 等系列开关的图形符号，并标注其文字符号。

6. 位置开关的主要作用有哪些？什么是位置控制？

7. 熔断器的主要作用是什么？常用的类型有哪几种？如何选用？

8. 电动机的起动电流大，当电动机起动时，热继电器会不会动作？为什么？

9. 为什么在照明电路和电热电路中只装熔断器，而在电动机控制电路中既装熔断器，又装热继电器？

10. 中间继电器和交流接触器有何异同？在什么情况下可使用中间继电器来代替接触器起动电动机？

11. 什么是速度继电器？其主要作用是什么？

12. 什么叫做自锁？为什么说接触器自锁控制电路有欠电压保护和失电压保护？

13. 什么是点动控制？试分析题图 4-1 所示各图能否实现点动控制？若不能，试分析原因，并加以改正。

14. 在接触器联锁正反转控制电路中，为什么必须在控制电路中接入联锁触头？

15. 题图 4-2 所示为电动机正反转控制电路，检查图中哪些地方画错了？试加以改正。

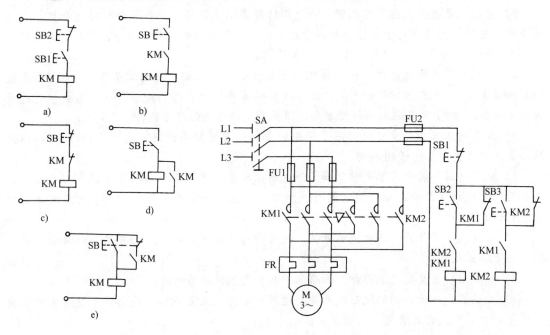

题图 4-1

题图 4-2

16. 制动的方法有哪两大类？简述反接制动的原理。

实验三 接触器联锁正反转控制电路

一、实验目的
学会安装接触器联锁正反转控制电路，并能排除简单故障。

二、实验器材
1. 万用表(MF－47 型)   1 块
2. 螺钉旋具、尖嘴钳、电工刀等   1 套
3. 起动按钮、停止按钮、接触器、熔断器、刀开关、热继电器、电动机及适量导线

4. 实验安装板   1 块

三、实验电路（见实验图 4-1）

实验图 4-1

四、实验内容和步骤

1）按实验图 4-1，清理并检测所需元器件，并将元器件的型号、规格、质量检查情况填入实验表 4-1 中。

实验表 4-1　接触器联锁正反转控制电路的元器件清单

元器件名称	型号	规格	数量	质量检查情况
接触器				
起动按钮				
停止按钮				
热继电器				
熔断器（主）				
熔断器（控制）				
刀开关				
电动机				

2）将所需的实验元器件放在实验安装板上，根据实验图 4-1 进行布置，并考虑各元器件所放的位置是否合理，接线是否简便。

3）用螺钉固定各元器件。

4）按实验图 4-1 接线。

5）经检查，各元器件的安装位置合理、接线正确无误后，通电运行。由于通电后的安装板上有电，一定要注意安全。

6）观察实验电路是否符合动作要求，能否控制电动机正反转运行。

五、实验报告

1）为什么主电路所用导线与控制电路所用导线的导线横截面积不同，导线颜色也不相同？

2）接触器联锁正反转控制电路中，为什么要用接触器的常闭触头进行互锁？

3）根据下面的故障点写出故障现象，填入实验表 4-2 中。

实验表 4-2 故障现象分析

故障点	故障现象
正转接触器常开自锁触头不通	
反转接触器主触头有一组不通	
热继电器动作后不复位	
正转接触器常闭联锁触头不通	
反转按钮常开触头不通	
控制电路熔断器熔丝断	

第五章

二极管及整流电路

知识目标

1. 理解半导体的导电特性，掌握 PN 结的单向导电性。
2. 熟悉二极管的结构、符号、伏安特性及主要参数。
3. 熟练掌握整流电路的组成及工作原理，能够正确选择整流二极管。
4. 掌握稳压电路的组成及工作原理，了解集成稳压电路的主要参数及应用。

技能目标

1. 进一步掌握如何正确使用万用表。
2. 学会使用万用表来区分二极管的引脚及判断二极管的好坏。
3. 能进行整流稳压电路的安装及调试。
4. 学会示波器的正确使用方法。

◇◇◇ 第一节 半导体基础知识

一、半导体材料

1. 什么是半导体

自然界的物质根据其导电能力的强弱，大体上可分为导体、半导体、绝缘体三大类。半导体是一种导电性能介于导体与绝缘体之间的一类物质，常用的半导体材料有**硅**和**锗**等。

2. 半导体的特性

半导体具有不同于导体和绝缘体的特性，见表 5-1。

表 5-1 半导体的特性

特性	特点	用途
导电特性	半导体的导电特性与金属导体不同。金属导体是由负电荷(自由电子)导电，而半导体是由负电荷(自由电子)和正电荷(空穴)同时参与导电	利用这些特性做成 PN 结，具有单向导向性
敏感特性	导电能力对环境变化很敏感。某些半导体分别对光照、气体、磁及机械力等十分敏感。这就是半导体的热敏性、光敏性、气敏性、磁敏性、压敏性、力敏性等	利用这些特性可以将半导体制成多种特殊半导体，如热敏电阻、光敏电阻、光敏二极管等
掺杂特性	纯净的半导体能力很弱，如果人为地掺入某种微量元素，导电能力会明显增强，电阻急剧减小	二极管、晶体管都是利用掺杂特性制成的

3. N 型半导体和 P 型半导体

在纯净的半导体(又称为**本征半导体**)中，虽然有自由电子和空穴两种载流子，但常温下其数量很少，导电性能很差，不能直接用来制造半导体器件。如果在纯净的半导体中掺入某些微量的有用杂质，可使半导体的导电性能显著增强。根据所掺入杂质元素的不同，可以得到两种导电特性不同的半导体。

在这两种半导体中，由于导电的正负电荷数不相等。我们把以负电荷（自由电子）导电为主的半导体称为**电子半导体**，简称 **N 型半导体**；以正电荷（空穴）导电为主的半导体称为**空穴半导体**，又称为 **P 型半导体**。

【想一想】

半导体硅和锗材料是否带电？

【小知识】

超导技术的应用

a)   b)

图 5-1　超导技术的应用

a）磁悬浮列车　b）超导发电机

超导是超导电性的简称，它是指金属、合金或其他材料在低温条件下电阻变为零，电流通过时不会有任何损失的性质。当温度升高时，原有的超导态会变成正常的状态。超导现象是荷兰物理学家翁纳斯（H. K. Onnes，1853—1926 年）于 1911 年首先发现的。

超导技术的应用十分广泛，如图 5-1 所示，涉及输电、电机、交通运输、微电子和电子计算机、生物工程、医疗、军事等领域。其中超导技术在交通运输方面上的应用，利用超导体产生的强磁场可以研制成磁悬浮列车，车辆不受地面阻力的影响，可高速运行，车速达 500km/h 以上，若让超导磁悬浮列车在真空中运行，车速可达 1600km/h。利用超导体可制成无摩擦轴承；另外，利用超导体用于发射火箭，可将发射速度提高 3 倍以上。

二、PN 结及其单向导电性

1. PN 结

当把 P 型半导体和 N 型半导体用一定的工艺结合在一起时，在它们交界面会形成一种特殊薄层，该薄层称为 **PN 结**，如图 5-2 所示。PN 结具有特殊的导电性能，它是制造各种半导体器件的基础。

2. PN 结的单向导电性

PN 结在没有外加电压作用时，其内部处于动态平衡状态，即 PN 结流过的电流为零。给 PN 结加上一定的电压，

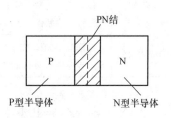

图 5-2　PN 结示意图

PN 结具有单向导电性，这是 PN 结的最基本特性。

（1）正向偏置时 PN 结导通   将 P 区接电源的正极，N 区接电源的负极，如图 5-3a 所示，这时，加在 PN 结上的电压叫作**正向电压或正向偏置**（简称**正偏**）。开关 S 闭合后指示灯 HL 亮，说明此时 PN 结电阻很小，像导体一样很容易导电，这种现象称为**正向导通**。

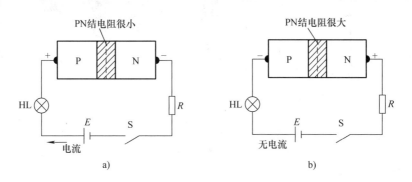

图 5-3   PN 结外加电压电路

a）PN 结加正向电压   b）PN 结加反向电压

（2）反向偏置时 PN 结截止   将 P 区接电源的负极，N 区接电源的正极，如图 5-3b 所示。这时，加在 PN 结上的电压叫作**反向电压或反向偏置**（简称**反偏**）。开关 S 闭合后指示灯 HL 不亮，说明此时 PN 结电阻很大，像绝缘体一样不导电，这种现象称为**反向截止**。

综上所述，当 PN 结正偏时，电阻很小，正向电流较大；当 PN 结反偏时，反向电阻很大，反向电流很小，可认为 PN 结是截止的。这就是 PN 结的一个重要特性——PN 结具有单向导电性，即正偏导通，反偏截止。

【想一想】

PN 结导通的条件是什么？

◇◇◇ 第二节   二极管

一、二极管的结构、符号和类型

1. 结构和符号

半导体二极管又称为晶体二极管，简称**二极管**，它的内部主要由一个 PN 结构成，从 P 区和 N 区各引出一条引线，然后再封装在一个管壳内，就制成一只晶体二极管，如图 5-4a 所示。P 区引出端叫作**正极**（又称为**阳极**），N 区引出端叫作**负极**（又称为**阴极**），其文字符号为 VD，图形符号，如图 5-4b 所示，箭头指向为二极管导通时电流的方向。

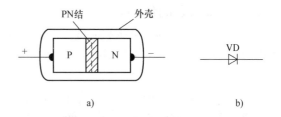

几种常见二极管的外形如图 5-5 所示。

2. 类型

二极管的类型很多，分类方法也有很多种，根据外形、结构、材料、功率和用途

图 5-4   二极管的结构及图形符号

a）结构   b）图形符号

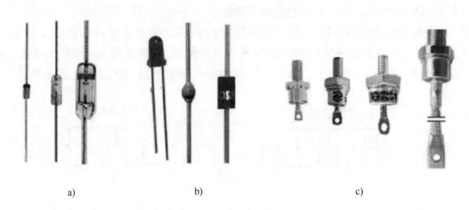

a)   b)   c)

图 5-5　几种常见二极管的外形

a）玻璃封装　b）塑料封装　c）金属封装

可分为多种类型，见表 5-2。

表 5-2　二极管的分类

分类标准	种类
按结构材料	硅二极管、锗二极管
按外包装材料	玻璃、塑料、金属
按制作工艺	面接触型、点接触型、平面型
按用途	开关、整流、检波、稳压、发光、光电、各类敏感类二极管

3. 命名

按国家相关标准规定，国产二极管的型号由五个部分组成，型号组成部分及其意义，详见书末附录 B。现举例说明如下：

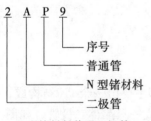

2　A　P　9
├─ 序号
├─ 普通管
├─ N 型锗材料
└─ 二极管

N 型锗材料普通二极管

2　C　Z　54　D
├─ 规格号
├─ 序号
├─ 整流管
├─ N 型硅材料
└─ 二极管

N 型硅材料整流二极管

二、二极管的伏安特性

加到二极管两端的电压和流过二极管的电流两者之间的关系，称为二极管的**伏安特性**，如图 5-6 所示，图中实线和虚线分别为硅二极管和锗二极管的伏安特性。

1. 正向导通特性

正向特性是指二极管两端加上正向电压(二极管正极接高电平,负极接负低电平)时的电压电流特性，对应图 5-6 中 $0B$ 段曲线。它的起始部分正向电压 U_F 较小时，正向电流 I_F 几乎为零，二极管不导通。当正向电压超过某一数值(此值称为**死区电压**,硅管约 0.5V(特性曲线的 $0A$ 段)，锗管约为 0.2V)时，二极管正向导通，电流增加很快(图中 AB 段)。导通后，正向电压的微小增加都会引起正向电流的急剧增大。在 AB 段曲线陡直,电压和电流关系近似正比(线性关系)。导通后二极管的正向电压称为**正向压降**(或**管压降**)。一般正常工作时,硅管的正向导通压降约为 0.7V,锗管的正向导通压降约为 0.3V。

2. 反向截止特性

反向特性是指二极管两端加上反向电压(二极管正极接低电位,负极接高电位)时的电压电流特性,对应图 5-6 中 $0D$ 段曲线。二极管两端加上反向电压 U_R 时,其反向电流 I_R 很小,并且几乎不随反向电压而变化,该反向电流称为**反向饱和电流**,简称**反向电流**(对应曲线 $0C$ 段),通常硅管的反向电流是几微安到几十微安,锗管则可达到几百微安。这个电流是衡量二极管质量优劣的主要参数。其值越小,二极管的热稳定性越好,质量越高。

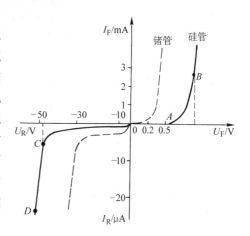

图 5-6　二极管的伏安特性

3. 反向击穿特性

当二极管的反向电压超过某一数值时(图 5-6 中 C 点),反向电流会急剧增加,这种现象叫作**反向击穿**(对应曲线 CD 段)。对应于电流突变的这一点(图中 C 点)的电压值,称为**二极管的反向击穿电压**,以 U_{BR} 表示。

二极管在发生反向击穿后,若反向电压和反向电流的乘积(即加于二极管的功耗)不超过它所允许的最大功耗,则击穿过程是可逆的,即当反向电压下降到击穿电压以下时,管子又会恢复到击穿前的状态而不导致损坏。如果不限制击穿电流,PN 结上的功耗过大,PN 结就会因温度过高而被烧毁。二极管在正常使用时应避免出现反向击穿,因此所加的反向电压应小于 U_{BR}。

【例 5-1】　计算图 5-7 所示电路中二极管的反向击穿电流。

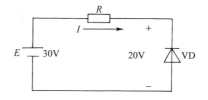

图 5-7　计算反向击穿电压的电流

【解】　在图 5-7 中,电源电压为 30V,二极管的反向击穿电压 $U_{BR}=20V$,电源电压反向加在二极管上并高于击穿电压,结果二极管被击穿。二极管击穿电压为 20V,其余 10V 降在 R 上,此时反向电流为 $I=\dfrac{(30-20)\,V}{R}=\dfrac{10V}{R}$。若 $R=10k\Omega$,$I=1mA$;若 $R=100k\Omega$,则 $I=0.1mA$。由此可见,如果选择适当的限流电阻 R,在二极管反向击穿后,能把电流限制在二极管能承受的范围内,二极管可以不被损坏。

【想一想】

根据硅二极管和锗二极管的结构不同,它们各应用于什么场合?

三、二极管的主要参数

二极管的参数是反映其性能和质量的一些数据,是选择二极管的依据,以保证其正常可靠地工作,其主要参数见表 5-3。

表 5-3　二极管的主要参数

名称	符号	定义	使用注意事项
最大整流电流	I_{FM}	二极管长时间正常工作时，允许通过的最大正向平均电流，常称为额定工作电流	二极管使用时的工作电流应小于 I_{FM}，若超过此值，将引起 PN 结过热而烧毁管子
最高反向工作电压	U_{RM}	二极管在正常工作时不被击穿，两端允许加的反向电压的峰值，常称为最高反向工作电压	一般规定最高反向工作电压约为反向击穿电压（U_{BR}）的 1/2，以确保二极管安全工作
最大反向电流	I_{RM}	二极管在规定的反向电压和环境温度下的反向电流	衡量二极管好坏的主要参数，其值越小，则二极管的单向导电性能越好
最高工作频率	f_m	二极管正常工作时的上限频率	超过此值时，二极管将不能很好地体现单向导电性。所以在高频电路中，必须选择结电容小的二极管

　　二极管的主要参数可查阅有关手册，不同类型的二极管的参数是不同的，查阅相关参数时还应注意它们的测试条件。常用半导体二极管的主要参数见附录 D，以供参考。

【小知识】

表 5-4　各种常用二极管

种类	外形	符号	用途	型号
开关二极管		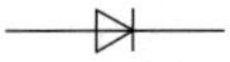	多用于逻辑电路中，起开关作用	国产型号为 2CK××。国外常见型号为 1N4148
整流二极管		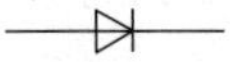	多用于整流电路中，将交流电变换成直流电	国产型号为 2CZ××，国外型号为 1N4001~1N4007
检波二极管	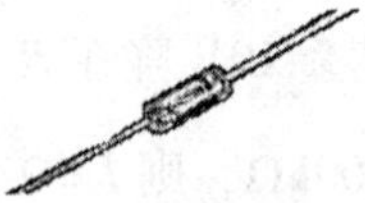	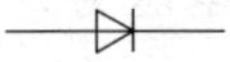	用于检波电路中	国产型号为 2AP××
稳压二极管		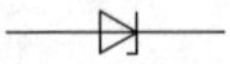	用于电路中需要稳定电压的部分	国产型号为 2CW××，国外型号为 2EF××
发光二极管		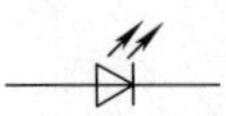	将电能转换成光能的半导体器件，用于电气设备指示灯	国产型号为 2EF××

（续）

种类	外形	符号	用途	型号
光敏二极管			它能将光信号转化为电信号，多用于遥控接收器和工业自动控制的检测器件	国产型号为2XU××
变容二极管			PN结电容随反向电压的变化而变化，多用于电调、自动频率调整、稳频电路中	国产型号为2CC××

【做一做】

查阅晶体管手册或上网查找整流二极管1N4001的I_{FM}、U_{RM}、I_{RM}参数。

四、二极管的检测

根据二极管正向电阻小、反向电阻大的特性，可用万用表的电阻挡大致判断出二极管的极性和好坏。

1. 选择万用表欧姆挡

置万用表于电阻挡，红表笔与表内电池负极相连，黑表笔是与表内电池正极相连，注意与万用表面板上的"＋"、"－"符号分清。

2. 挡位的选择

测量小功率二极管时，一般用$R×100$或$R×1k$这两挡，因$R×1$挡电流较大，$R×10k$挡电压较高，测量时可能会造成二极管损坏。对于大功率二极管，则可以选$R×1$挡。

3. 测量步骤

（1）调零 因为不同挡位所用的电池或内部电阻不同，所以流经电流表表头的电流也不尽相同，所以每次换挡之后必须先将两表笔短接进行调零，这样测得数据较准确，如图5-8所示。

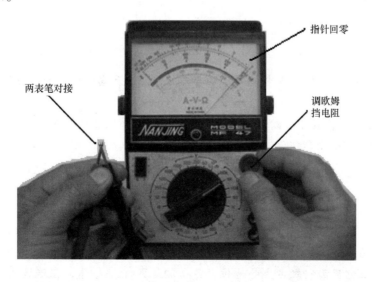

图5-8 万用表调零

（2）二极管的测试 二极管的简易测试方法见表5-5。

表5-5 二极管的简易测试方法

测试项目	测试方法	测试说明
正向电阻	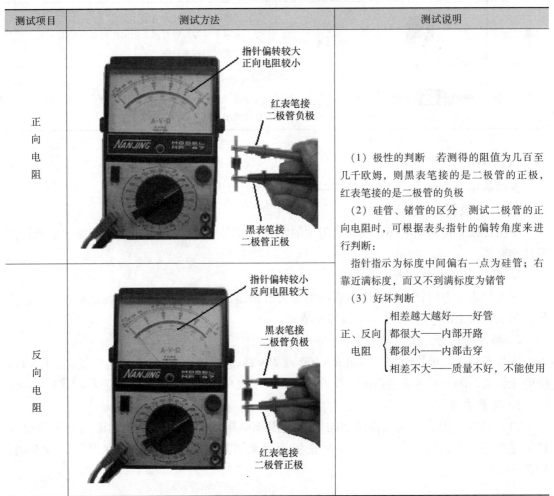	（1）极性的判断 若测得的阻值为几百至几千欧姆，则黑表笔接的是二极管的正极，红表笔接的是二极管的负极 （2）硅管、锗管的区分 测试二极管的正向电阻时，可根据表头指针的偏转角度来进行判断： 指针指示为标度中间偏右一点为硅管；右靠近满标度，而又不到满标度为锗管 （3）好坏判断 正、反向电阻{相差越大越好——好管 / 都很大——内部开路 / 都很小——内部击穿 / 相差不大——质量不好，不能使用
反向电阻		

【想一想】

用万用表$R \times 1$挡或$R \times 10k$挡测量小功率二极管正、反向电阻时会出现什么现象？

【做一做】

1）找一块万用表，置于各欧姆挡上分别进行调零，并观察指针偏移。

2）找一只1N4001型二极管，测量其正、反向电阻值。

【小知识】

发光二极管（LED）常识

发光二极管 LED（Light Emitting Diode），是一种固态的半导体器件，它可以直接把电能转化为光能。LED的心脏是一个半导体的晶片，晶片的一端附在一个支架上，一端是负极，另一端连接电源的正极，整个晶片被环氧树脂封装起来。半导体晶片由两部分组成，一部分是P型半导体，在它里面空穴占主导地位，另一端是N型半导体，在这边主要是电子。但这两种半导体连接起来的时候，它们之间就形成一个"PN结"。当电流通过导线作用于这个晶片的时候，电子就会被推向 P 区，在 P 区里电子跟空穴复合，然后就会以光子的形式发出能量，这就是 LED 发光的原理。

由于 LED 具有故障率低，寿命长，耐振动，体积小，安全性高，节能等优势。使用 LED 制成的照明灯已逐步取代传统的白炽灯和荧光灯，成为未来照明领域的节能、环保的首选产品，如图 5-9 所示。

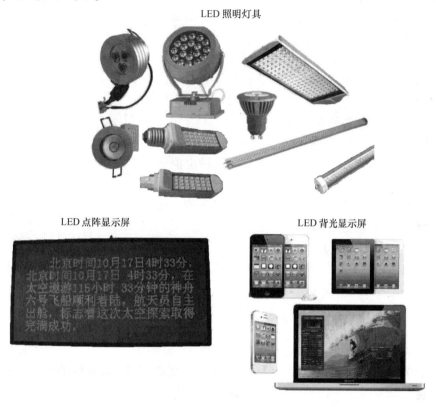

图 5-9　LED 的应用

◇◇◇◇ 第三节　单相整流电路

将交流电变为直流电的过程称为**整流**。能实现这一过程的电路称为**整流电路**，整流电路的作用是利用二极管的**单向导电性**，将交流电变换成单向脉动的直流电。整流电路有单相和三相两种，本节只介绍单相整流电路。

一、单相半波整流电路

1. 电路组成

图 5-10a 所示为一个单相半波整流电路。电路由电源变压器 T、二极管 VD 及负载电阻 R_L 组成。其中电源变压器 T 的功能是将电网的交流电压变换为适当数值的交流电压供整流电路用；整流二极管 VD 是整流器件，其作用是将交流电变成单向脉动直流电。

2. 工作原理

设变压器的二次电压为 $u_2 = \sqrt{2}U_2\sin\omega t$，波形如图 5-10b 所示，由于二极管的单向导电

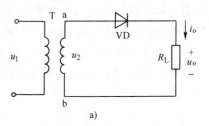

性，当 u_2 为正半周时，二极管两端因加上正向电压而导通，若忽略二极管的正向压降，可以近似认为二极管 VD 短路，故负载 R_L 的电压 u_o 波形与 u_2 相同；当 u_2 为负半周时，二极管两端因加反向电压而截止，可以近似认为二极管 VD 开路，故流过负载电阻 R_L 的电流 $i_o = 0$，$u_o = 0$。随着 u_2 周而复始的变化，负载 R_L 上的输出电压 u_o 的波形如图 5-10b 所示。

从图中可以看出，u_o 是大小随时间变化而极性不变的单向脉动电压，这种整流电路只利用了电源电压 u_2 的半个周期，u_2 每变化一周，在负载上可得到半个周期的单向脉动直流电，故称为**半波整流**。

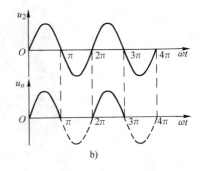

3. 负载上的直流电压和电流

负载中的电流方向不变，但大小波动，这种电流叫作**脉动直流电**，负载两端的直流电压是指在输入电压 u_2 的一个周期内，负载获得的脉动直流电压的平均值，用 U_o 表示。经计算可得两者之间的关系为

图 5-10 半波整流电路
a）电路 b）波形

$$U_o = 0.45 U_2 \tag{5-1}$$

式(5-1)表示半波整流电路输出的直流电压是变压器的二次电压有效值 U_2 的 0.45 倍。

流过负载 R_L 的直流电流为

$$I_o = \frac{U_o}{R_L} = 0.45\frac{U_2}{R_L} \tag{5-2}$$

4. 整流二极管的选择

从图 5-10a 可知，整流二极管与负载是串联的，所以流过二极管的平均电流为

$$I_F = I_o = 0.45\frac{U_2}{R_L} \tag{5-3}$$

在这种情况下，二极管承受的最大反向电压是发生在 u_2 达到负的最大值，即

$$U_{Rm} = \sqrt{2}U_2 \tag{5-4}$$

在选择整流二极管时，应满足其极限参数大于电路中承受的最大值，以避免二极管的烧毁或击穿，即

$$I_F > I_L = 0.45\frac{U_2}{R_L} \tag{5-5}$$

$$U_R > U_{Rm} = \sqrt{2}U_2 \tag{5-6}$$

【例 5-2】 若某一直流负载的电阻为 $1.5k\Omega$，要求工作电流为 $10mA$，如果采用半波整流电路，试求整流变压器二次电压的值，并选择适当的整流二极管。

【解】 因为 $U_o = R_L I_o = 1.5 \times 10^3 \times 10 \times 10^{-3} V = 15V$

所以 $U_2 = \frac{1}{0.45}U_o = \frac{15}{0.45}V = 33V$

流过二极管的平均电流为

$$I_F = I_o = 10mA$$

二极管承受的最大反向电压为

$$U_{RM} = \sqrt{2}U_2 = 1.41 \times 33V = 47V$$

根据以上参数，查阅二极管手册，可选用一只额定正向整流电流为 100mA，最高反向工作电压为 50V 的 2CZ82B 型整流二极管。

单相半波整流电路的特点是：电路简单，使用的器件数少，但是输出电压脉动大。由于这种整流方式只利用了电源波形的 1/2，理论上计算表明其整流效率仅有 40% 左右，因此它只能适用于小功率以及对输出电压波形和整流效率要求不高的设备。

二、单相桥式整流电路

1. 电路组成

单相桥式整流电路如图 5-11a 所示。它由电源变压器 T、四只整流二极管 VD1、VD2、VD3、VD4 及负载电阻 R_L 组成。该电路中四只整流二极管 VD1、VD2、VD3、VD4 被接成电桥形式，所以称为**桥式整流**。这种电路有时被画成图 5-11b 所示的形式。

2. 工作原理

设电源变压器 T 的二次电压为 u_2，其波形如图 5-12a 所示，在 u_2 的正半周，变压器二次侧 a 端为正，b 端为负，二极管 VD1 和 VD3 承受正向电压的作用而导通，而 VD2 和 VD4 因承受反向电压而截止；其电流流向为 a→VD1→R_L→VD3→b。这时，负载 R_L 上得到一个半波电压。

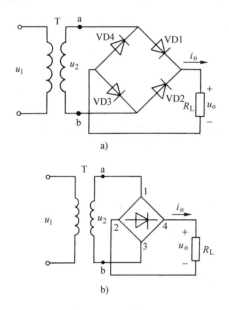

图 5-11 桥式整流电路
a）完整画法 b）简化画法

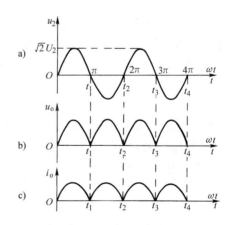

图 5-12 单相桥式整流波形
a）u_2 的波形 b）u_0 的波形
c）i_0 的波形

在 u_2 的负半周，电源变压器 T 二次侧的 a 端为负，b 端为正，此时 VD2 和 VD4 因承受正向电压的作用而导通，而 VD1 和 VD3 因承受反向电压的作用而截止，其电流流向为 b→VD2→R_L→VD4→a，如图 5-11b 所示。同样，在负载 R_L 上得到一个半波电压。从图 5-12b、c 可以看到，尽管 u_2 的方向发生了变化，但流过负载的电流方向却没改变。负

载 R_L 两端的电压和电流波形如图 5-12b、c 所示。在输入电压的正负半周，都有同一方向的电流流过 R_L，四只二极管中，其中两只管子轮流导通，在负载上得到全波脉动的直流电压和电流，如图 5-12b、c 所示。所以这种整流电路属于**全波整流**，也称为**单相桥式全波整流电路**。

全波整流和半波整流相比，它的脉动程度小，电源利用率高，因此，这种整流方式得到了广泛应用。

3. 负载的直流电压和电流的计算

从图 5-12b、c 可以看出，单相桥式整流电路负载上得到的直流电压和电流的平均值比单相半波整流提高了 1 倍，即

$$U_o = 0.9U_2 \tag{5-7}$$

整流变压器二次电压为

$$U_2 \approx \frac{U_o}{0.9} \approx 1.11U_o \tag{5-8}$$

负载的平均电流为

$$I_o = \frac{U_o}{R_L} = 0.9\frac{U_2}{R_L} \tag{5-9}$$

4. 整流二极管的选择

在桥式整流电路中，负载的直流电流是由二极管 VD1，VD3 和 VD2，VD4 轮流导通的，所以流过二极管的平均电流应是负载直流电流的 1/2，即

$$I_F = \frac{1}{2}I_o = 0.45\frac{U_2}{R_L} \tag{5-10}$$

从图 5-11a 可看出，在桥式整流电路中，当 VD1，VD3 导通时，VD2，VD4 截止，此时二极管 VD2，VD4 承受反向电压。同理可知，VD2，VD4 导通时，VD1，VD3 承受反向电压。由于二极管承受反向电压时是并接在变压器二次侧两端的，所以二极管承受反向电压的最大值仍等于变压器二次电压的最大值，即

$$U_{Rm} = \sqrt{2}U_2 = \frac{\sqrt{2}}{0.9}U_o \approx 1.57U_o \tag{5-11}$$

【例 5-3】 已知某单相桥式整流电路输出的直流电压和电流分别为 24V 和 4.5A，问变压器的二次电压的有效值应为多大？应选何种型号的整流二极管？

【解】 由式(5-7)可求得变压器的二次电压为

$$U_2 = \frac{U_o}{0.9} = \frac{24}{0.9}V \approx 26.7V$$

由式(5-10)和式(5-11)可分别求得二极管的平均电流和最高反向工作电压为

$$I_F = \frac{1}{2}I_o = \frac{4.5}{2}A = 2.25A$$

$$U_{Rm} = \sqrt{2}U_2 = \sqrt{2} \times 26.7V = 37.7V$$

根据上述数据，查二极管手册，可选择最大整流电流为 3A，最高反向工作电压为 100V 的整流二极管 2CZ56C 四只。

【小知识】

整流硅堆

由于桥式整流电路具有全波工作、电源利用率高、输出脉动小、二极管承受反向电压小等优点，所以得到广泛应用。为了使用方便，半导体器件厂专门将构成桥式电路的四只二极管封装成一个整体的整流硅堆(习惯上统称为硅堆)。其外形如图 5-13 所示，它有四个接线端，其中标志"～"或"AC"符号的，表示接电源变压器的二次侧两端；标志"＋"和"－"端，则表示整流输出电压的正极和负极，应接负载端。整流硅堆的参数主要是最大反向工作电压和输出直流电流，根据需要可以在相关手册中选择不同的型号。

图 5-13　硅堆的外形

◇◇◇ 第四节　滤波电路

整流电路利用二极管的单向导电性将交流电压变为脉动直流电压。这种大小变化的脉动直流电压，除了含有直流分量外，还含有不同频率的交流分量，称为**纹波电压**，因此远不能满足大多数电子设备对电源的要求。为了改善整流输出电压的脉动程度，提高其平滑性，在整流电路后，要加接滤波电路。把脉动直流电变成较为平稳的直流电的过程称为**滤波**，实现这一过程的电路称为**滤波电路**。通常的滤波电路主要由电容、电感等元件组成。下面介绍几种常用的滤波电路。

一、电容滤波电路

电容滤波是广泛应用的最简单的滤波电路。图 5-14 所示为带电容滤波的单相半波整流电路，滤波电容与负载并联，常采用容量较大的电解电容。

电容滤波的工作原理是通过电容器充放电的作用，来改善输出直流电压的脉动程度。在图 5-14 所示电路中，在 u_2 从零开始上升过程中，VD 导通，流经 VD 的电流分为两路，一路流经负载 R_L，一路给电容器 C 充电。忽略二极管的电阻，则充电速度很快，到达 u_2 的峰值时 $u_C = u_2$。此后 u_2 按正弦规律下降，而 u_C 瞬间不能突变，因此，VD 截止，电容器 C 通过 R_L 放电，使 U_C 逐渐下

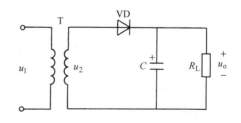

图 5-14　带有电容滤波的单相半波整流电路

降，直到下个周期 $u_2 > u_C$ 时，VD 再次导通，电容器 C 再次被充电。重复上述过程。输出电

压的波形如图 5-15 所示。图 5-15a 为无电容滤波整流电路波形，图 5-15b 为经电容波后的波形。显然，电容器 C 放电越缓慢，滤波效果越好。所以电容滤波只适合于滤波电容较大、负载电流较小的情况。

用同样的分析方法，可分析单相桥式整流电容滤波电路的工作过程，图 5-16a 所示为单相桥式整流电容滤波电路，图 5-16b 所示为桥式整流后接滤波电容的输出电压波形，由于在 u_2 的一个周期内电容器充放电两次，输出波形就更平滑了。

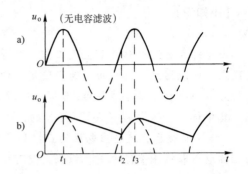

图 5-15　有无滤波电路输出电压的波形比较
a）无滤波电容输出波形　b）有滤波电容输出波形

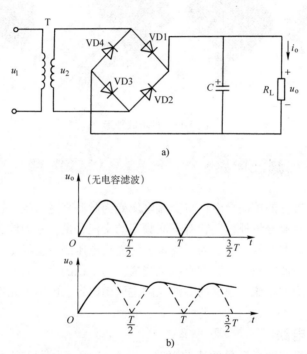

a）

b）

图 5-16　桥式整流电容滤波电路
a）单相桥式整流电容滤波电路　b）带滤波电容的输出电压波形

二、其他类型的滤波电路

除电容滤波以外，最常见的滤波电路还有电感滤波、复式滤波等。

1. 电感滤波电路

电感滤波的工作原理是由于铁心线圈的交流阻抗很大，直流电阻很小，所以直流容易通过铁心线圈，而交流却很难通过铁心线圈。因此，把铁心线圈接入整流电路的输出端，也可以起到滤波作用。

在整流电路后串接一个带有铁心的电感器 L，使滤波电感 L 与负载 R_L 串联，这样就构成**带电感滤波的单相桥式整流电路**，如图 5-17a 所示。整流电路输出的脉动直流电通过电感线圈时，将产生自感电动势，其将阻碍线圈中电流的变化。当通过电感线圈流向负载的脉动电

流随 u_2 上升而增加时，线圈的自感电动势就阻碍其增加；当该脉动电流随 u_2 下降而减小时，

线圈中的自感电动势又阻碍其减小。于是负载电流的脉动幅度大大减小，负载电压就比较平稳，其波形如图 5-17b 所示。

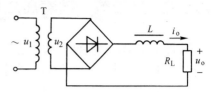

a)

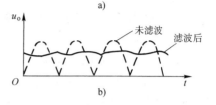

b)

图 5-17　带有电感滤波的单
相桥式整流电路

a）电感滤波电路　b）输出电压波形

　　负载电流和电感量越大，则自感现象越强，滤波效果就越好，所以电感滤波适用于负载电流较大的场合。但基于电路的体积、重量、损耗等因素考虑，电感器件不宜做得太大。

2. 复式滤波电路

复式滤波电路是用电容器、电感器和电阻器组成的滤波器，通常有 LC 型、$LC-\pi$ 型、$RC-\pi$ 型几种。它的滤波效果比单一电容或电感滤波要好得多，其应用较为广泛。

图 5-18 所示为 LC 型滤波电路，它由电感滤波电路和电容滤波电路共同组成。于是脉动电压经过双重滤波后，交流分量大部分首先被电感器阻止，即使有小部分通过电感器后，再经过电容滤波，这样负载上的交流分量也很小了，便可达到将交流成分过滤掉的目的。

图 5-19a 所示为 $LC-\pi$ 型滤波电路，其电路由电感器 L、电容器 C_1 和 C_2 组成，该电路可看成是由电容滤波和 LC 型滤波电路的组合，因此这种电路的滤波效果更好，在负载上得到的电压更平滑。由于 $LC-\pi$ 型滤波电路输入端接有电容，在通电瞬间因电容器充电会产生较大的充电电流，所以一般取 $C_1 < C_2$，以减小浪涌电流。

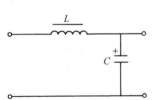

图 5-18　LC 型滤波电路

a)

b)

图 5-19　π 型滤波电路

a）$LC-\pi$ 型滤波电路　b）$RC-\pi$ 型滤波电路

　　图 5-19b 所示为 $RC-\pi$ 型滤波电路。在负载电流不大的情况下，为降低成本，缩小体积，减轻重量，选用电阻器 R 来代替电感器 L。一般 R 取几十欧到几百欧。

当使用一级复式滤波达不到对输出电压的平滑性要求时，可以增添级数，如图 5-20 所示。

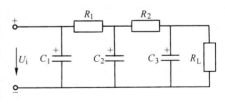

图 5-20　多级 RC 滤波电路

【想一想】

1. 电容滤波和电感滤波有什么区别？各用在什么场合？

2. 选择滤波电容时要注意哪些参数？

◇◇◇◇　**第五节　硅稳压二极管及其稳压电路**

实际工作中，经整流滤波后已经变得比较平稳的直流电压，常常受电网电压波动和负载变化的影响而变化，应采取必要的稳压措施，以保证负载两端的电压基本不变。我们把具有稳压功能的电路称为稳压电路。下面介绍一种最简单的硅稳压二极管稳压电路。

一、稳压二极管的工作特性和主要参数

1. 工作特性

硅稳压二极管简称**硅稳压管**，是一种用特殊工艺制造的面接触型二极管，它的外形与普通二极管相同，其外形如图5-21a所示，图形符号如图5-21b所示，文字符号是VZ。其伏安特性曲线如图5-21c所示。

由稳压二极管的伏安特性曲线可以看出：稳压二极管的正向特性与普通二极管相似，但两者的反向特性曲线不如普通二极管相对陡峭。在反向电压较小时，管子截止(有极弱的反向电流)。当反向电压达到某一数值 U_z 时，管子被反向击穿，此时电压稍有增加，电流就会有很大增加。即在反向击穿区，稳压二极管的电流在很大范围内变化，U_z 却基本不变(见曲线 AC 段)。稳压二极管正是利用这一特性来进行稳压的。只要控制反向击穿电流不要太大，稳压二极管就可长时间工作在反向击穿区。其 U_z 称为**稳压二极管的稳定电压**。

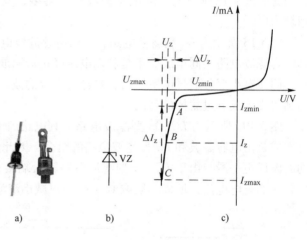

图5-21　硅稳压二极管的伏安特性曲线
a) 外形　b) 图形符号　c) 伏安特性曲线

2. 主要参数

稳压二极管的主要参数反映了它的性能及其使用极限，这是我们使用和选择稳压二极管的依据。稳压二极管的主要参数见表5-6。

表5-6　稳压二极管的主要参数

参数名称	符号	含义	说明
稳压电压	U_z	指稳压二极管正常工作时两端的反向电压	对于某一型号的稳压二极管，每个管子的稳定电压不完全相同，稍有差别。因此，通常情况下给出该型号管子的稳定电压值的一个范围，如2CW104型稳压二极管的稳压范围是5.5~6.5V
稳定电流	I_z	维持稳定电压 U_z 时的工作电流	即特性曲线上对应于 B 点的电流
最大稳定电流	I_{zmax}	稳压二极管的最大工作电流	若超过该电流，稳压二极管将会过热而损坏

（续）

参数名称	符号	含义	说明
最大耗散功率	P_{zm}	工作电流通过稳压二极管的 PN 结时产生的最大耗散功率允许值	近似认为是 U_z 与 I_{zm} 的乘积

此外，还有动态电阻 R_z 和温度系数等参数。动态电阻反映稳压二极管的稳压性能，动态电阻越小，稳压性能越好。温度系数反映稳压二极管的温度稳定性，在对温度稳定性要求较高的电路中，可用具有温度补偿的稳压管。常见的几种硅稳压二极管的参数见附录 D。

二、稳压电路

1. 电路组成

图 5-22 是利用稳压二极管组成的简单稳压电路。图中 R 为限流电阻，用来限制电流，使稳压二极管电流 I_z 不超过允许值，另外还利用它两端电压升降使输出电压 U_o 趋于稳定。稳压二极管 VZ 反向并联在负载 R_L 两端，所以又称为**并联稳压电路**。

由图 5-22 可以看出，经整流滤波后得到的直流电压 U_i，再经过 R 和 VZ 组成的稳压电路后送到负载上，其电压与电流之间的关系为

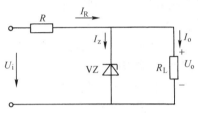

图 5-22　简单的稳压电路

$$U_i = I_R R + U_o$$
$$I_R = I_z + I_o$$

2. 工作原理

（1）负载电阻 R_L 不变而电网电压变化使 U_i 变化　若电网电压波动升高，则使整流滤波输出电压 U_i 上升，引起负载两端电压 U_o 增加。根据稳压二极管反向击穿特性，只要 U_o 有少许增大，则 I_z 显著增加，使流过 R 的电流 I_R 增加，R 上压降 $I_R R$ 增大，从而抵消 U_i 的增加，使 U_o 保持稳定。其工作过程可描述为（用"↑"表示增加，用"↓"表示减小）

$$U_i \uparrow \rightarrow U_o \uparrow \rightarrow I_z \uparrow \rightarrow I_R \uparrow \rightarrow U_R \uparrow \rightarrow U_o \downarrow$$

同理，如果电网电压波动使输出电压 U_i 减小，其工作过程与上述相反，U_o 仍保持稳定。

（2）假定电网电压不变而负载 R_L 变化　R_L 减小，引起 U_o 的下降，U_o 的下降又引起 I_z 的减小，从而减小了 R 上的电压降，使 U_o 上升而基本维持不变。其工作过程可描述为

$$R_L \downarrow \rightarrow U_o \downarrow \rightarrow I_z \downarrow \rightarrow I_R \downarrow \rightarrow U_R \downarrow \rightarrow U_o \uparrow$$

同理，当负载增大，稳压过程相反，同样使 U_o 基本维持不变。

从以上分析可知，限流电阻 R 不仅有限流作用，而且还起调节电压的作用，与稳压二极管配合共同稳定输出电压。这种电路的优点是电路简单，适用于负载较小的电路，缺点是输出电压不能调节。

◇◇◇　第六节　集成稳压器

20 世纪 60 年代以前，电子电路是由所需的各个单个元器件连接而成的，称为**分立元器件电路**。20 世纪 60 年代初，由于半导体技术的发展，人们打破了传统方式，把电子元器件

和电路连线等制作在同一块半导体芯片上，形成不可能分割的固体器件，这就是通常所说的**集成电路**。

集成电路就是把晶体管等元器件和连接导线集中制作在一块基片上而形成具有特定功能的电子器件。它和分立元器件电路相比，具有体积小、重量轻、功耗低、引线短、外部接线大为减小等优点，从而提高了电子设备的可靠性和灵活性，减少了组装和调整的工作量，并且降低了成本。

一、集成电路的概述

1. 集成电路中元器件的特点

1）集成电路中的元器件是用相同的工艺在同一块芯片上大批制造的，因此元器件的性能比较一致，对称性好，适用于差动放大电路。

2）集成电路中的电阻器用 P 型区（相当于 NPN 型晶体管的基区）的电阻构成，阻值范围一般在几十欧至几十千欧，阻值太高和太低的电阻均不易制造，大电阻多采用外接方式。由于制造晶体管比制造电阻器节省芯片，且工艺简单，故集成电路中晶体管用得多，电阻用得少。

3）集成电路中的电容是用 PN 结的结电容，一般小于 100pF，如必须用大电容时也可以采用外接的方法。

4）目前，利用集成电路工艺还不能制造出电感器。

2. 集成电路的分类

集成电路的分类方法很多，常见集成电路的分类见表 5-7。

表 5-7　常见集成电路的分类

分类方法	种类
按功能分	模拟集成电路（包括线性电路、非线性电路）
	数字集成电路
按导电类型分	单极型（包括 PMOS 型、NMOS 型、CMOS 型）
	双极型
	兼容型
按制造工艺分	半导体集成电路
	薄膜集成电路
	厚膜集成电路
按集成度分	小规模集成电路
	中规模集成电路
	大规模集成电路
	超大规模集成电路

3. 集成电路的型号命名和外形

（1）命名　我国国家标准规定，半导体集成电路的型号由五部分组成，见附录 G。现举例说明如下：

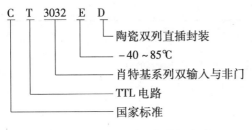

肖特基 TTL 双 4 输入与非门电路

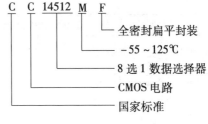

CMOS 8 选 1 数据选择器

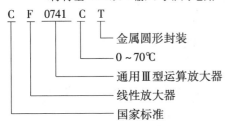

通用型运算放大器

（2）外形　集成电路的封装有陶瓷双列直插、塑料双列直插、陶瓷扁平、塑料扁平、金属圆形等多种，有的还带有散热器。部分集成电路的外形如图 5-23 所示。

图 5-23　部分集成电路的外形

a）金属圆管壳封装　b）双列直插封装

c）双列扁平封装　d）四列扁平封装　e）单列直插封装

【小知识】

表 5-8　集成电路引脚的排列规则

外形	引脚排列	排列方法	应用例子
管键标记　计数方向　6 7 8 1 2 3	圆周分布	从顶部往下看，自管键开始逆时针方向依次是第 1，2，3，…脚	5G1555、AN374 等

（续）

外形	引脚排列	排列方法	应用例子
弧形凹口 TA7614P 1 2 3 4 5 6 7 8 计数方向	弧形凹口标记	正视集成电路外壳上所标的型号，弧形凹下方左起第1脚为该集成电路的第1脚，以这个引脚开始沿逆时针方向依次是第2，3，4，…脚	TA7614AP、μPC1353C
NE555 圆形凹坑标记 1 2 3 4 计数方向 色条标记 NEC JAPAN UPC1031Hz 1 10 计数方向	圆形凹坑、小圆圈、色条标记	正视集成电路的型号，圆形凹坑（或小圆圈、色条）的下方左起第1脚为集成电路的第1脚。对于双列直插型的集成电路，从第1脚开始沿逆时针方向，依次是第2，3，4，…脚；对于单列直插型的集成电路，从第1脚开始其后依次是2，3，4，…脚	LA4422、NE555P、CD40178CN
斜切角标记 LA4140 1 9 计数方向	斜切标记	从斜切角的这一端开始，从左到右依次是第1，2，3，…脚	AN5710、LA4140

4. 集成电路的应用

使用集成电路时应注意了解其外部特性、外形、引脚、主要参数，以及外部电路的连接和测试资料等，对于其内部结构和制造工艺一般不必深究。

集成电路已广泛应用于通信、遥控与遥测、自动化控制、计算机、音频与视频等现代电子设备中，而且正在迅速发展之中。

二、三端集成稳压器

用集成电路的形式制成的稳压电路称为**集成稳压器**。由于它具有体积小、质量轻、使用方便，性能可靠等优点，因而得到了广泛应用，目前已基本取代了分立元器件稳压器。

1. 三端固定集成稳压器

三端固定集成稳压器的三端是指**电压输入、电压输出、公共接地**三端，所谓"固定"是指该稳压器有固定的电压输出，典型的产品有 CW78×× 正电压输出系列和 CW79×× 负电压输出系列。其中"××"表示集成稳压器输出电压的数值，以 V 为单位，如"7806"表示输出电压为 6V，"7909"表示输出电压为 −9V。三端集成稳压器有两种封装形式：一种是采用和大功率晶体管同样的金属封装，管壳是公共接地端，两个引脚分别是输入端和输出端；一种是塑料封装，体积较小，使用时一般要加散热片。不同型号、不同封装的集成稳压器，其引脚的排列不同，图 5-24 所示为塑料壳和金属壳封装的集成稳压器的外形及 CW78×× 系列和 CW79×× 系列的引脚排列与图形符号。

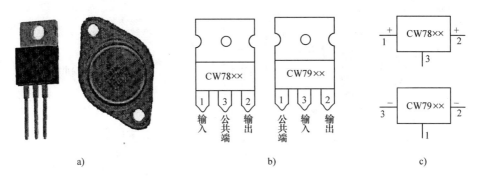

图 5-24 集成稳压器的外形及引脚排列

a) 外形 b) 引脚排列 c) 图形符号

【小知识】

集成稳压器引脚排列规律

引脚 1 为最高电位，引脚 3 为最低电位，引脚 2 居中。从图 5-24 中可以看出，不论正压还是负压，引脚 2 均为输出端。对于 78×× 正压系列，输入是最高电位，即引脚 1，地端为最低电位，即引脚 2；对于 79×× 负压系列，输入为最低电位，即引脚 3，而地端为最高电位，即引脚 1。

2. 三端集成稳压器命名

根据国家标准规定，其型号的意义如下：

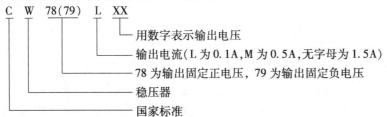

例如：CW7812 表示输出电压 +12V、输出电流 1.5A 的固定式稳压器。CW79L05 表示输出电压 -5V、输出电流 100mA 的固定式稳压器。

3. 三端可调式集成稳压器

三端可调集成稳压器的三端是指**电压输入、电压输出、电压调整**三端，其输出电压为可调，而且也有正负之分。比较典型的产品有输出正电压的 CW117/CW217/CW317 系列及输出负电压的 CW137/CW237/CW337 系列，它们的输出电压分别在 ±（1.2～37V）之间连续可调。其中，CW317 三端可调集成稳压器的外形和图形符号如图 5-25 所示。

根据国家标准规定，其型号的意义如下：

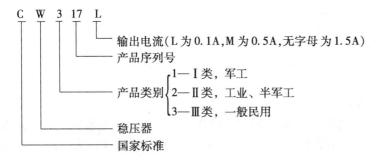

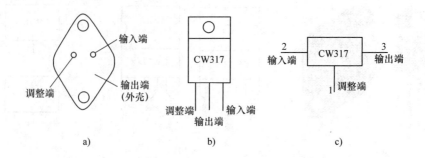

图 5-25　CW317 三端可调集成稳压器的外形和图形符号

a）金属壳封装　b）塑料壳封装　c）图形符号

4. 三端集成稳压器的主要参数

三端集成稳压器的主要参数见表 5-9。

表 5-9　三端集成稳压器的主要参数

参数名称	符号	定义	说明
最大输入电压	U_{imax}	指稳压器安全工作时，输入端允许外加的最大电压	它主要决定于稳压器中有关的晶体管的击穿电压
输出电压	U_o	指稳压器的参数符合规定指标时的输出电压	对于固定输出稳压器，它是常数；对于可调输出稳压器，表示用户通过选择取样电阻而获得的输出电压范围。其最小值受到参考电压 U_{REP} 的限制，最大电压则由最大输入电压与最小输入输出电压差决定
最小输入输出压差	$(U_i - U_o)_{min}$	此参数表示能保证稳压器正常工作所要求的输入电压与输出电压的最小差值	U_i 表示输入电压，U_o 表示输出电压，由此参数与输出电压之和决定稳压器所需最低输入电压。如果输入电压过低，使输入输出压差小于 $(U_i - U_o)_{min}$，则稳压器输出纹波变大，性能变差
输出电压范围	U_o	指稳压器参数符合指标要求时的输出电压范围	对三端固定输出稳压器，其电压偏差范围一般为 ±5%；对三端可调输出稳压器，应适当选择外接取样电阻分压网络，以建立所需的输出电压
最大输出电流	I_{omax}	指稳压器输出电压不变的最大输出电流值	使用中不允许超出此值

三、三端集成稳压器的应用

三端集成稳压器内部电路设计完善，辅助电路齐全，只需要连接很少的外围元器件，就能构成一个完整的电路，并可以实现提高输出电压、扩展输出电流以及输出电压可调等多种功能。下面介绍几种常见的应用电路。

1. 三端固定输出稳压器的应用

图 5-26a 所示为 CW78×× 系列集成稳压器组成的输出固定正电压的稳压电路。输入电压接 1、3 端，由 2、3 端输出稳定的直流电压。电容 C_1 用作滤波以减少输入电压 U_i 中的交

流分量，还有抑制输入电压作用。C_2 用来改善负载的瞬时特性，一般不需要大容量的电解电容器。CW79××系列输出固定负电压，其中组成部分和工作原理与 CW78×× 系列基本相同，应用于只需要负电压输出的场合，如图 5-26b 所示。

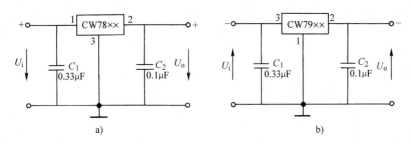

图 5-26 三端固定输出稳压器的应用

a）采用 CW78×× 系列正电压输出 b）采用 CW79×× 系列负电压输出

使用集成稳压器应注意以下几点：

1）在接入电路前，要弄清各引脚的排列及作用。

2）使用时，对要求加散热装置的，必须加符合条件的散热装置。

3）严禁超负荷使用。

4）安装焊接要牢固可靠，并避免有大的接触电阻而造成压降和过热。

2. 三端可调输出稳压器的应用

图 5-27a、b 分别是 CW317 和 CW337 系列稳压器的基本接线方法。图中 RP 和 R_1 组成取样电阻分压器，通常称为**取样电阻**，调节 RP 即可在允许范围内调节输出电压的值。其输出电压为

$$U_o \approx 1.25 \times \left(1 + \frac{RP}{R_1}\right) \tag{5-12}$$

在输入端并联电容 C_1 用于旁路输入高频干扰信号，输出端的电容 C_3 用来消除输出电压的波动，并具有消振作用。电容 C_2 可消除 RP 上的纹波电压，使取样电压稳定。使用中，R_1 要紧靠在稳压器的输出端和调整端接线，以免当输出电流大时附加压降影响输出精度；RP 的接地点应与负载电流返回接地点相同；R_1 和 RP 应选择同种材料制作的电阻，精度尽量高一点。电路中输出端电容 C_3 用 $1\mu F$ 钽电容或用 $25\mu F$ 的电解电容。

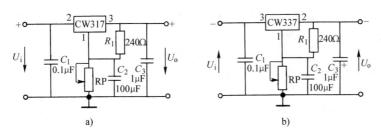

图 5-27 三端可调输出稳压器的应用

a）采用 CW317 系列正电压输出 b）采用 CW337 系列负电压输出

【想一想】

在集成稳压器上安装散热片的作用是什么？如何解决绝缘问题？

小　结

1) 在半导体中有自由电子和空穴两种载流子。P型半导体主要靠正电荷(空穴)导电,N型半导体主要靠负电荷(自由电子)导电。

2) PN结具有单向导电性。当承受正向电压(P区接电源正极,N区接电源负极)时导通;承受反向电压时截止。

3) 二极管主要由一个PN结构成,具有单向导电性。加正向电压时导通,正向电阻很小;加反向电压时截止,反向电阻很大。

4) 二极管的主要参数有最大整流电流和最高反向工作电压。

5) 直流稳压电源一般由电源变压器、整流电路、滤波电路和稳压电路等几部分组成。

6) 整流是利用二极管的单向导电性将交流电变成单向脉动直流电的过程。在单相整流电路中,有半波整流和全波整流。其中,单相桥式整流电路应用最多,它具有输出直流电压高、脉动小、效率高、整流器件承受反向电压低等优点。

7) 为了滤除直流输出电压中的纹波电压,在整流后接有滤波电路。滤波电路一般由L、C、R等元件组成,在小功率电路中,电容滤波电路应用广泛。

8) 集成电路按功能分类,有模拟集成电路和数字集成电路两大类。三端集成稳压器只有三个引脚:输入端、输出端和公共端(或调整端)。使用时要注意各引脚排列及电压、电流、耗散功率等参数。

习　题

一、判断题

1. 二极管是根据PN结单向导电的特性制成的,因此也具有单向导电性。(　　)

2. 流过桥式整流电路中的每只整流二极管的电流和负载电流相等。(　　)

3. 滤波电路作用是将交流电转换成直流电。(　　)

4. CW78××系列集成稳压器输出电压为正电压。(　　)

二、选择题

1. PN结外加反向电压是指电源正极接(　　)。

A. 正极　　　　　　B. 负极　　　　　　C. 正极或负极

2. PN结上加反向电压时,其PN结电阻会(　　)。

A. 很大　　　　　　B. 很小　　　　　　C. 不确定

3. 如果二极管的正、反电阻都很大,则该二极管(　　)。

A. 正常　　　　　　B. 已被击穿　　　　C. 内部断路

4. 若二极管正极电位为 -10V,负极电位为 -9.3V,则该二极管处于(　　)状态。

A. 正偏　　　　　　B. 反偏　　　　　　C. 零偏

5. 当用万用表欧姆挡测试二极管的电阻时,应使用欧姆挡中(　　)。

A. $R\times100$ 或 $R\times1\text{k}$　B. $R\times1$　　　　C. $R\times10\text{k}$

6. 如果二极管的正、反向电阻都很小或为零,则可以判断该二极管(　　)。

A. 正常　　　　　　B. 已被击穿　　　　C. 内部断路

7. 交流电通过整流电路后,所得到的输出电压是(　　)。

A. 交流电压　　　　B. 稳定的直流电压　C. 脉动的直流电压

8. CW79××系列集成稳压器输出(　　)。

A. 正电压　　　　　　B. 负电压　　　　　　C. 无法确定

三、填空题

1. 二极管按所用材料可分为_____和_____两类。

2. 二极管的单向导电性可简单理解为正向_____，反向_____。硅管管压降约为_____，锗管管压降约为_____。

3. 当加到二极管上的反向电压增大到一定数值时，反向电流会突然增大，此现象被叫做_____现象。

4. 理想二极管正向导通时，其管压降为_____V。反向截止时，其电流为_____A。

5. 三端固定集成稳压器有_____、_____和_____三端。

四、问答题

1. 半导体最主要的导电特性是什么？

2. PN 结的主要特性是什么？

3. 二极管的主要参数有哪些？

4. 什么是整流？为什么二极管可作为整流器件应用在整流电路中？

5. 什么叫做滤波？常用的滤波电路形式有哪些？

6. 一个直流稳压电源主要由哪几个部分构成？

五、计算题

1. 已知某单相半波整流电路(无滤波)的负载 $R_L = 25\Omega$，若要求负载电压 $U_L = 110V$，试选择整流二极管。

2. 在无滤波元件的单相桥式整流电路中，若要求在负载上得到50V，1A的直流电，试确定变压器的二次电压 U_2，并选择合适的二极管。

3. 试估算题图 5-1 中正向电流的数值(设二极管为硅管)。如将二极管反接，则二极管上的电压数值为多少(设二极管反向电流为0)？

4. 在题图 5-2 所示半波整流电路中，当 $U_2 = 100V$，$R_L = 1k\Omega$ 时，试求：

1) 负载上直流电压 U_o 及电流 I_o 是多少？

2) 流过二极管的平均电流 I_D 及二极管承受的反向电压 U_{RM} 是多少？

3) 如采用电容滤波，在负载上应并联多大的电容？U_o，I_o，I_D 及 U_{RM} 是多少？

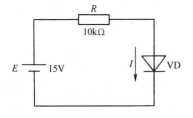

题图 5-1

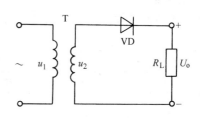

题图 5-2

5. 单相桥式整流电容滤波电路如题图 5-3 所示。若 $U_o = 18V$，$I_o = 100mA$，请选择滤波电容器和整流二极管。

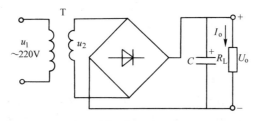

题图 5-3

6. 在题图5-4所示电路中，已知$U_2 = 18V$，$U_z = 5V$，$I_{Lmin} = 10mA$，$I_{Lmax} = 30mA$。若电网电压不变，要求稳压二极管最小电流$I_{zmin} = 5mA$。求限流电阻$R = ?$ 选定限流电阻后，稳压工作电流最大值可达多少？

7. 在题图5-5所示电路中，已知$I_a = 8mA$，$R_1 = 50\Omega$，$R_2 = 100\Omega$，求输出电压的变化范围。

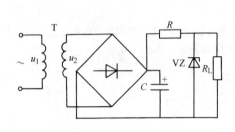

题图 5-4

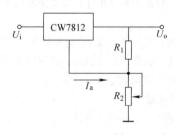

题图 5-5

实验四　整流稳压电路安装与调试

一、实验目的

1. 熟悉整流、滤波、稳压电路的组成及工作原理。
2. 掌握直流电源外特性的测试方法。
3. 观察直流稳压电路中各处的电压波形。
4. 掌握实验中仪器、仪表的正确使用。

二、实验器材

1. ST-16 型示波器　　　　　　　　　　　　　　　　　　　　　1 台
2. MF47 型万用表　　　　　　　　　　　　　　　　　　　　　1 块
3. 直流电压表　　　　　　　　　　　　　　　　　　　　　　　1 块
4. 直流电流表　　　　　　　　　　　　　　　　　　　　　　　1 块
5. 变压器　　　　　　　　　　　　　　　　　　　　　　　　　1 台

三、实验元器件（见实验表5-1）

实验表 5-1　元器件

序号	符号	元器件名称	型号及规格	序号	符号	元器件名称	型号及规格
1	IC	集成稳压器	CW7806	9	RP	可调电阻	$1k\Omega$
2～5	VD1～VD4	整流二极管	2CZ53A	10	R_L	电阻	51Ω
6	C_1	电解电容	$470\mu F/10V$	11	S1	单刀开关	
7	C_2	电容	$0.33\mu F$	12	S2	单刀开关	
8	C_3	电容	$0.1\mu F$	13	S3	双刀开关	

四、实验内容和步骤

1）按实验图5-1所示接好电路。

2）将电路连接成桥式整流电路，即开关S1闭合，开关S2断开，S3向上合。然后调节负载电位器RP，分别测出输出电流在20mA，40mA，60mA，80mA，100mA 时的输出电压，将测得数据记录在实验表5-2中，然后，观察100mA时变压器二次电压u_2的波形和桥式整流后的电压波形u_o，并把u_o的波形画在实验表5-3对应的位置上。

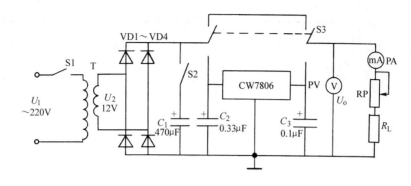

实验图 5-1

实验表 5-2 整流、滤波、稳压电路输出电压记录

输出电压 U_o/V ＼ 输出电流 I_o/mA ＼ 被测电路	20	40	60	80	100
桥式整流					
桥式整流、电容 C_1 滤波					
桥式整流、电容 C_1、CW7806 稳压					

3）将电路连接成桥式整流电容滤波电路，即开关 S2 闭合，接入滤波电容 C_1，调节 RP，测出在不同输出电流时（见实验表 5-2）对应的输出电压，并记录在实验表 5-2 中。然后，观察 100mA 时的电压波形 U_o，并将它画在实验表 5-3 对应的表格内。

调节 RP，观察比较在不同 I_o 时，输出电压波形 U_o 有何不同。

4）将开关 S3 向下合，接上集成稳压电路，调节 RP，测出在不同输出电流时（见实验表 5-2）对应的输出电压，并记录在实验表 5-2 中，然后，观察 100mA 时的电压波形 u_o，并把它画在实验表 5-3 对应的表格内。

实验表 5-3 $I_o = 100$mA 时，输出电压 u_o 的波形

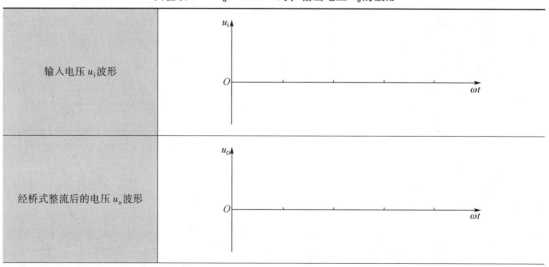

（续）

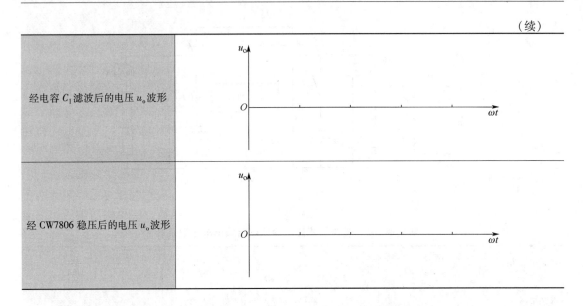

经电容 C_1 滤波后的电压 u_o 波形	
经 CW7806 稳压后的电压 u_o 波形	

5）根据实验表 5-4 中所记录的数据，在实验表 5-4 的对应表格中，绘出整流、滤波和稳压电路的外特性，即 $u_o = f(I_o)$ 曲线。

实验表 5-4　整流、滤波和稳压电路的外特性

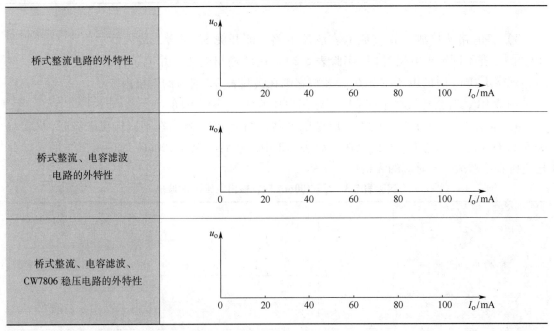

桥式整流电路的外特性	
桥式整流、电容滤波电路的外特性	
桥式整流、电容滤波、CW7806 稳压电路的外特性	

五、实验报告

1. 比较整流后和滤波后波形的区别。

2. 分析稳压电路的稳压特性。

第六章

晶体管及放大电路

知识目标

1. 熟悉晶体管的内部结构、特性及图形符号和类型。
2. 掌握晶体管放大电路的组成、工作原理。
3. 掌握晶体管放大电路静态工作点的分析及求解方法。
4. 掌握晶体管稳压电路的结成及工作原理。
5. 掌握功率放大电路的基本工作原理及克服交越失真的方法。
6. 了解集成运放的主要参数及应用。

技能目标

1. 会正确使用示波器和信号发生器等常用仪器。
2. 能使用万用表来正确检测晶体管的引脚、类型及好坏判断。
3. 学会晶体管放大电路的安装及调试。
4. 会安装和调试集成电路功放电路。
5. 学会查手册或上网查找常见晶体管及集成电路的主要参数。

◇◇◇ 第一节　晶体管

晶体管具有电流放大作用，同时还具有开关作用，它的应用比二极管更为广泛。

一、晶体管的结构、图形符号和类型

1. 结构和符号

在一块极薄的硅或锗基片上通过一定的工艺制作出两个 PN 结就构成了一个三层半导体，从三层半导体的每一层各引出一根引线就获得晶体管的**三个电极**，再将这个半导体封装在管壳里就制成了晶体管。

图 6-1 所示为晶体管的结构和图形符号。由图可见，晶体管具有两个 PN 结，即**发射结和集电结**。两个 PN 结将晶体管分成三个区：发射区、基区和集电区。由三个区分别引出三个电极为：**发射极**、**基极**和**集电极**，分别用符号 E、B、C 表示。发射区和基区交界的 PN 结称为**发射结**，集电区和基区交界的 PN 结称为**集电结**。

根据三个区半导体材料性质的不同，晶体管有 NPN 型和 PNP 型两种类型，其结构和图形符号如图 6-1 所示。文字符号用 V 表示，两种符号的区别在于发射极箭头的方向不同，箭头的方向就是发射结正向偏置时发射极电流的方向。箭头朝外的是 NPN 型晶体管，箭头朝内的是 PNP 型晶体管。

为了保证晶体管具有放大作用，晶体管的内部结构具有如下两个特点：

1）晶体管的基区做得非常薄(约几到几十微米)。

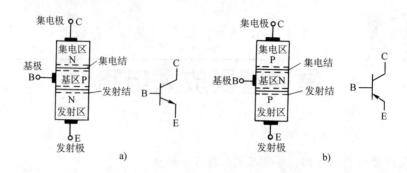

图 6-1 晶体管的结构和图形符号

a）NPN 型　b）PNP 型

2）发射区掺入杂质的浓度远大于基区掺入杂质的浓度。集电区掺杂浓度小，集电结的面积比发射结的面积大。

由于晶体管的内部结构具有上述特点，所以晶体管在一定的外部条件下就具有电流放大作用。晶体管的发射极和集电极不能互换使用。

晶体管的功率大小不同，它们的体积和封装形式也不一样，常见的晶体管外形如图 6-2 所示。

图 6-2 常见的晶体管外形

a）小功率管　b）中功率管　c）大功率管

2. 类型

1）按国家标准规定，国产晶体管的型号由五个部分组成，每部分的意义详见附录 B。现举例说明如下：

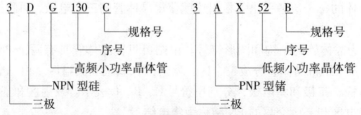

2）晶体管的种类很多，通常按以下几个方面进行分类，见表 6-1。

表 6-1　晶体管种类

分类方法	种类	应用
按材料分	硅管	热稳定性好，常用的晶体管
	锗管	反向电流大，受温度影响大，热稳定性差

（续）

分类方法	种类	应用
按极性分	NPN 型	常用的晶体管，电流从集电极流向发射极
	PNP 型	电流从发射极流向集电极
按功耗分	小功率管（$P_{CM} \leqslant 0.3\,\mathrm{W}$）	用于功率放大器前级
	中功率管（$0.3\,\mathrm{W} < P_{CM} < 1\,\mathrm{W}$）	用于功率放大器激励级（推动级）
	大功率管（$P_{CM} \geqslant 13\,\mathrm{W}$）	用于功率放大器末级（输出级）
按工作频率分	低频管（$f_Z < 3\,\mathrm{MHz}$）	用于直流放大、音频放大电路
	高频管（$f_Z \geqslant 3\,\mathrm{MHz}$）	用于高频放大电路中
按用途分	放大管	应用在模拟电子电路中
	开关管	应用在数字电子电路中

【想一想】

晶体管的发射极和集电极是否可以调换使用？

【小知识】

场效应晶体管

场效应晶体管是一种电压控制型的半导体器件，它具有输入电阻高，噪声低，受温度与辐射等外界条件的影响较小，耗电量小，便于集成等优点，因此得到广泛应用。

根据结构和工作原理不同，场效应晶体管可分为结型（JFET）和绝缘栅型（MOSFET）两大类，其中三个引脚分别为漏极 D、源极 S 和栅极 G，常见的几种场效应晶体管的实物图、特点及图形符号见表6-2。

表6-2　常见的几种场效应晶体管的实物图、特点及图形符号

名称	实物图	特点及应用	电路图形符号
结型场效应晶体管		结型场效应晶体管是电压控制器件，具有电压放大作用，在共源极电路中，漏极电流 I_D 受栅源电压 U_{GS} 的控制	N 沟道结型　　P 沟道结型
绝缘栅型场效应晶体管		绝缘栅型场效应晶体管是一种栅极与漏极完全绝缘的场效应晶体管，其输入电阻在 10^{12} Ω 以上。它也分为 N 沟道和 P 沟道两大类，每一类又分增强型和耗尽型两种	增强型 N 沟通　　增强型 P 沟通 耗尽型 N 沟通　　耗尽型 P 沟通

场效应晶体管和晶体管一样能实现信号的控制和放大，但由于它们的构造和工作原理截然不同，所以两者的差异很大。它们的区别见表6-3。

表 6-3　晶体管与场效应晶体管的区别

项目 ＼ 器件	晶体管	场效应晶体管
导电机构	即用多子，又用少子	只用多子
导电方式	载流子浓度扩散及电场漂移	电场漂移
控制方式	电流控制	电压控制
类型	PNP、NPN	P 沟道、N 沟道
放大参数	$\beta = 50 \sim 100$ 或更大	$G_m = 1 \sim 6\text{ms}$
抗辐射能力	$10^2 \sim 10^5\,\Omega$	$10^7 \sim 10^{15}\,\Omega$
噪声	较大	小
热稳定性	差	好
制造工艺	较复杂	简单，成本低，便于集成化
应用电路	C 极与 E 极一般不可倒置使用	有的型号 D、S 极可倒置使用

二、晶体管的电流放大作用

1. 晶体管的工作电压

要使晶体管具有电流放大作用，必须加上一定的偏置电压，即发射结加正向偏置电压，集电结加反向偏置电压。也就是说，晶体管放大的条件是发射结正偏，集电结反偏。由于晶体管有 NPN 型和 PNP 型的区别，所以外加电压的极性也不同，如图 6-3 所示。

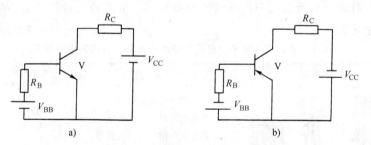

图 6-3　晶体管放大电路的工作电压及连接
a) NPN 型晶体管的连接　b) PNP 型晶体管的连接

由图 6-3 可见，对于 NPN 型晶体管，C、B、E 三个电极的电位必须符合 $U_C > U_B > U_E$；对于 PNP 型晶体管，电源的极性与 NPN 相反，C、B、E 三个电极的电位也应符合 $U_C < U_B < U_E$。

2. 晶体管各电极的电流分配关系

在图 6-4 所示的实验电路中，调节 RP 改变基极电流 I_B 的大小，每调整一次 I_B，就可相应地测得一组集电极电流 I_C 和发射极电流 I_E 的数值。表 6-4 列出了 7 组实验数据。

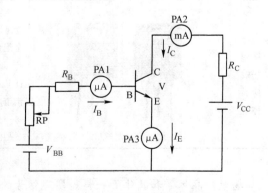

图 6-4　晶体管电流测量电路

表6-4　晶体管各极电流的测量数据

电流 \ 数值 \ 序号	1	2	3	4	5	6	7
$I_B/\mu A$	0	50	100	150	300	450	600
I_C/mA	<0.01	1.10	3.5	6.50	18.50	29.30	40.20
I_E/mA	<0.01	1.15	3.6	6.65	18.80	29.75	40.80

由表中实验数据可以看出，晶体管中电流的分配关系和电流放大作用。

（1）**直流电流分配关系**　发射极电流等于集电极电流与基极电流之和，即

$$I_E = I_B + I_C \tag{6-1}$$

由于 I_B 比 I_C 小得多，为了计算的方便，也可认为发射极电流近似等于集电极电流，即

$$I_E \approx I_C \tag{6-2}$$

（2）**电流放大作用**　分析表6-4中数据可以看出，当基极电流 I_B 从 $300\mu A$ 变化到 $450\mu A$ 时，集电极电流 I_C 从 18.5mA 变化到 29.3mA，这两个变化量之比为

$$\frac{\Delta I_C}{\Delta I_B} = \frac{(29.30 - 18.5)\,mA}{(450 - 300)\,\mu A} = \frac{10.80mA}{0.15mA} = 72$$

即 I_C 的变化量为 I_B 变化量的 72 倍。由此可知，当基极电流 I_B 有一微小变化时，就能够引起集电极电流 I_C 的较大变化，这就是晶体管的**电流放大作用**。

通常把上述比值称为**晶体管的共发射极交流电流放大系数**，用 β 表示，即

$$\beta = \frac{\Delta I_C}{\Delta I_B} \tag{6-3}$$

晶体管电流放大的实质是：以较小基极电流来控制较大的集电极电流，放大后的信号的能量是由电源提供的，而不是凭空增加的。

晶体管的集电极电流 I_C 和基极电流 I_B 的比值也可表明晶体管的电流放大能力，称为**晶体管的共发射极直流电流放大系数**，用 $\bar{\beta}$ 表示为

$$\bar{\beta} = \frac{I_C}{I_B} \tag{6-4}$$

对于性能良好的晶体管，$\bar{\beta} \approx \beta$，因 $\bar{\beta}$ 便于测量，常用 $\bar{\beta}$ 值取代 β 值。

三、晶体管的特性曲线

晶体管各电极间的电压和电流之间的关系称为**晶体管的伏安特性**，可用曲线直观地表示出来。晶体管的特性曲线主要有输入特性曲线和输出特性曲线两种。它可以用晶体管特性测试仪直接观察，也可以通过图6-5实验电路来测试。

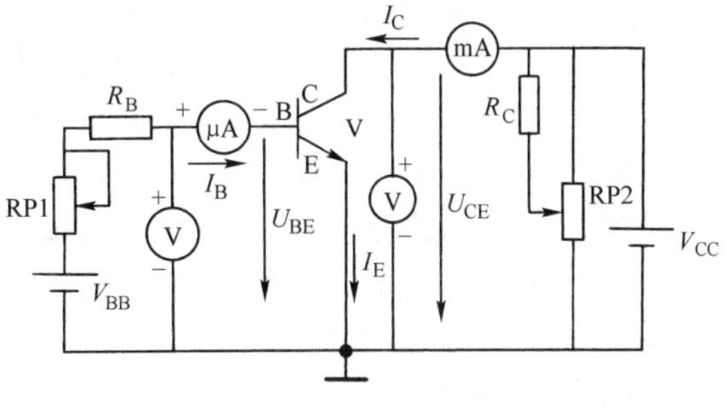

图6-5　晶体管特性测试电路

1. 输入特性曲线

当晶体管的集电极—发射极间的电压 U_{CE} 为定值时，基极电流 I_B 和发射结偏压 U_{BE} 之间

的关系曲线称为**晶体管的输入特性曲线**，如图 6-6 所示。

晶体管的输入特性曲线与二极管正向导通时的曲线很相似。当 U_{BE} 很小时，$I_B = 0$，晶体管截止，只有当 U_{BE} 大于某一数值(此值称为**死区电压**，硅管约为 0.5V，锗管约为 0.2V)后，晶体管才导通。导通后，I_B 在很大的范围内变化时，U_{BE} 几乎不变，此时的 U_{BE} 称为发射结的**正向压降**，硅管的 U_{BE} 约为 0.7V，锗管的 U_{BE} 约为 0.3V。

当 $U_{CE} \geqslant 1V$ 后，其输入特性曲线基本重合，所以一般都以 $U_{CE} = 1V$ 时的曲线作为晶体管的输入特性曲线。

2. 输出特性曲线

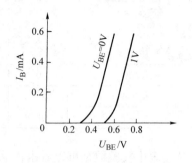

图 6-6　晶体管的输入特性曲线

指当晶体管的基极电流 I_B 为某一常数时，集电极电流 I_C 与集电极—发射极之间电压 U_{CE} 的关系曲线，如图 6-7b 所示。对应不同的 I_B 可得出不同的曲线，从而形成一个曲线族，这就是晶体管的输出特性曲线，如图 6-7a 所示。

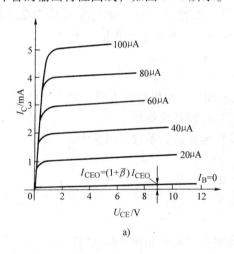

a)

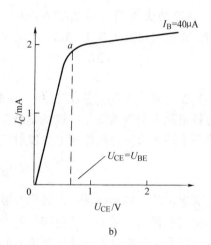

b)

图 6-7　晶体管的输出特性曲线

根据晶体管的输出特性曲线，可以把它分为三个区域，即**饱和区**、**截止区**和**放大区**。这三个区对应着晶体管的饱和工作状态、截止工作状态和放大工作状态，如图 6-8 所示。

（1）饱和区　即输出特性曲线起始部分左边的区域。此时 U_{CE} 接近 1V，不同的 I_B 对应的曲线上升部分很陡而且几乎重合，表明 I_C 随 U_{CE} 的增加而迅速增加，但不再受 I_B 控制，晶体管处于饱和状态，失去放大作用。饱和时，C、E 间的管压降称为**饱和压降**，用 U_{CES} 表示，饱和时的 U_{CES} 很小，相当于 C、E 间短路。

晶体管处于饱和状态的条件是：**发射结正偏，集电结正偏**。

（2）截止区　即 $I_B = 0$ 这条曲线以下的区域。当 $I_B = 0$ 时，此时的 I_C 叫做**穿透电流**，用 I_{CEO} 表示，$I_{CEO} \approx 0$，晶体管 C、E 之间的管压降 U_{CE} 约等于电源 V_{CC} 的电动势，晶体管处于截止状态，无放大作用。

晶体管处于截止状态的条件是：**发射结反偏（或零偏），集电结反偏**。

（3）放大区　即输出特性曲线中间的平坦区域。在放大区，$U_{CE} > U_{BE}$，晶体管的发射结处于正偏，集电结处于反偏。当 $U_{CE} > 1V$ 后，曲线趋于平坦，I_C 几乎不受 U_{CE} 影响，只受

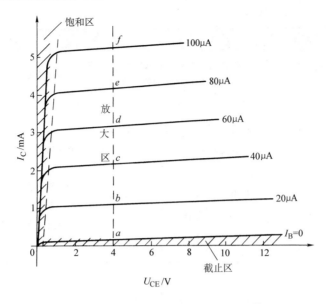

图 6-8　晶体管输出特性曲线的三个工作区

I_B 的控制，并且遵循 $I_C = \overline{\beta} I_B$ 的规律，这就是晶体管的电流放大作用。

在放大区，当 I_B 恒定时，I_C 基本不变，I_C 随 U_{CE} 的变化很小，这称为**晶体管的恒流特性**。

晶体管工作于放大状态的条件是：**发射结正偏，集电结反偏**。

晶体管三种工作状态及其特点见表 6-5。

表 6-5　晶体管三种工作状态及其特点

工作状态	截止	放大	饱和
偏置情况	发射结、集电结均反偏	发射结正偏，集电结反偏	发射结、集电结均正偏
集电极电流	$I_C \approx 0$	$I_C = I_B$	$I_C = V_{CC}/R_C$
C、E 间压降	$U_{CE} = V_{CC}$	$U_{CE} = E_C - I_C R_C$	$U_{CE} \approx 0.3\text{V}$（硅管） $U_{CE} \approx 0.1\text{V}$（锗管）
C、E 间等效电阻	很大，相当于断路	可变	很小，相当于短路
应用范围	数字电路	放大电路	数字电路

四、晶体管的主要参数

晶体管的特性除了可以用特性曲线表示外，还可以从它的有关参数中体现出来。这些表示晶体管性能及其适用范围的参数是选择和使用晶体管的重要依据，见表 6-6。

表 6-6　晶体管的主要参数

名称	符号	含义	注释
电流放大系数	β	集电极电流与基极电流的比值	对于性能良好的晶体管，$\overline{\beta}$ 和 β 近似相等，由于 $\overline{\beta}$ 易于测量，因此常用 $\overline{\beta}$ 代替 β，且都用 β 表示
穿透电流	I_{CEO}	基极开路（$I_B = 0$）时，集电极与发射极之间的反向电流	I_{CEO} 随温度升高而增大，由于硅管的 I_{CEO} 比锗管小得多，因此硅管的热稳定性比锗管好

（续）

名称	符号	含义	注释
集—射极反向击穿电压	$U_{(BR)CEO}$	晶体管基极开路时，加在集电极 C 与发射极 E 之间的最大允许电压	实际电压超过此电压时，会导致晶体管击穿而损坏
集电极最大允许电流	I_{CM}	晶体管正常工作时，集电极所允许的最大电流	如果 $I_C > I_{CM}$，不但 β 会明显下降，还有可能损坏晶体管
集电极最大允许耗散功率	P_{CM}	集电极电流 I_C 和集电极电压 U_{CE} 的乘积，晶体管正常工作时，所允许的最大耗散功率	$P_{CM} \leqslant 1W$ 的称为小功率管，$P_{CM} > 1W$ 的称为大功率管。P_{CM} 的大小与环境温度有密切关系，温度越高，则 P_{CM} 值越小。对于大功率管，常在管子上加散热器或散热片

例如低频小功率晶体管 3AX51A，其 β 值为 40～150，$I_{CM} = 100mA$，$U_{(BR)CEO} = 30V$，$P_{CM} = 100mW$。

不同型号的晶体管参数值不同，常见半导体晶体管的主要参数见附录 E。

【想一想】

1）晶体管工作在饱和区时，其电流放大系数是否与其工作在放大区时相同？

2）晶体管在饱和状态、放大状态、截止状态中各有什么特点？

【做一做】

查手册或上网写出 3DD15 和 2SC3280 的 β、U_{CEO}、I_{CM}、P_{CM} 等主要参数值。

五、晶体管的识别和简单测试

晶体管的特性和参数可以用晶体管特性测试仪和专门的测试仪表进行测试，它可以在接近实际工作的条件下直观地显示晶体管的特性曲线，从特性曲线上得到有关的参数。但在实际工作中不一定具备这样的条件，所以也经常使用万用表来测晶体管的极性、好坏和放大能力等。

1. 根据引脚排列识别

目前晶体管的种类较多，封装形式不一，引脚也有多种排列形式，表 6-7 列出了几种常见晶体管的引脚排列方式。

表 6-7　常见晶体管的引脚排列方式

外形示意图	封装	说明
E B C	S－1A S－1B	它们都有半圆形的底面。识别时将把引脚朝上，切口朝自己，从左向右依次为 E、B 和 C

（续）

外形示意图	封装	说明
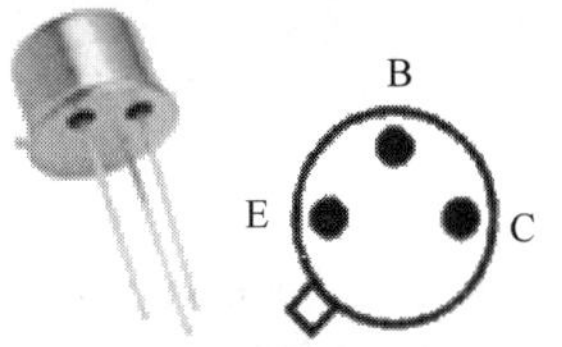	C型 D型	只有三根引脚（C型有一个定位销，D型无定位销），三根引脚呈等腰三角形分布，E、C脚为底边
	S-6A S-6B S-7 S-8	它们都有散热片，识别时，将印有型号的一面朝向自己，且将引脚朝下，从左向右依次为B、C和E
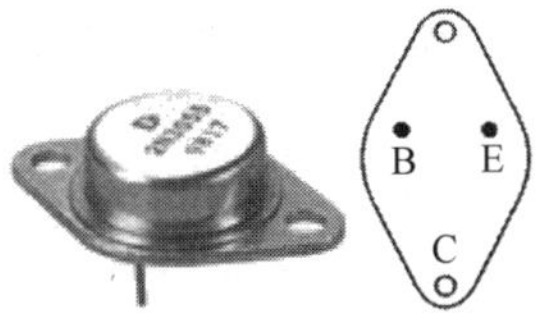	F型	只有两根引脚，识别时引脚朝上，且引脚靠近上安装孔，左面的一根是B极，右边的一根是E极，外壳为C极

2. 晶体管的测试

使用万用表测量小功率管时，一般选用$R \times 100$或$R \times 1k$档；测大功率管时，可选用$R \times 10$挡。

（1）使用万用表判别晶体管的极性 对不知道型号和引脚极性的晶体管，可利用万用表通过测试各极间的电阻来判断管型和引脚极性，具体测试方法见表6-8。

表6-8 用万用表判别晶体管的管型和引脚极性

项目	测试方法	测试说明
B极及管型的判断	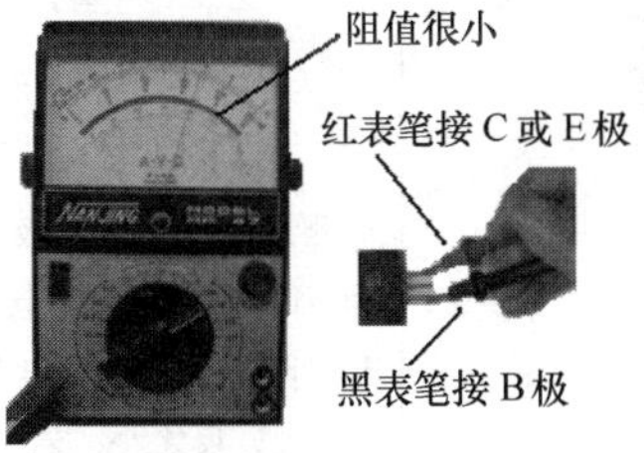 阻值很小 红表笔接C或E极 黑表笔接B极 NPN型管 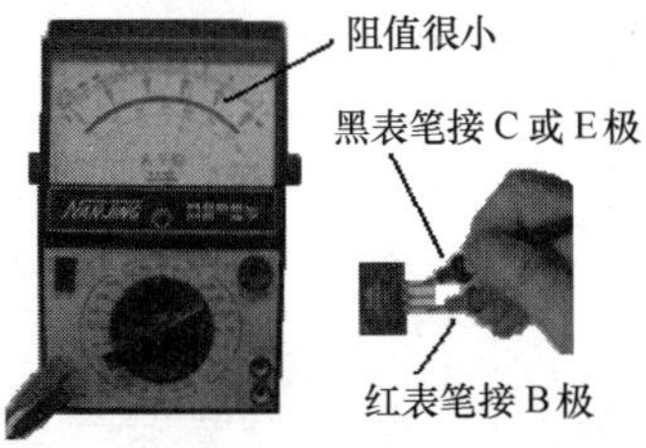 阻值很小 黑表笔接C或E极 红表笔接B极 PNP型管	（1）B极判断 用黑表笔接晶体管的任一引脚，用红表笔接触其余两个引脚，如果两次测得的电阻都很小（或很大），则黑表笔所接触的引脚为基极 （2）管型判断 两次测得的电阻都很小的是NPN型管，两次测得的电阻都很大的是PNP型管。应该注意的是，判断可能要反复几次，直到找出基极为止

（续）

项目	测试方法	测试说明
C 极 及 E 极 的 判 断	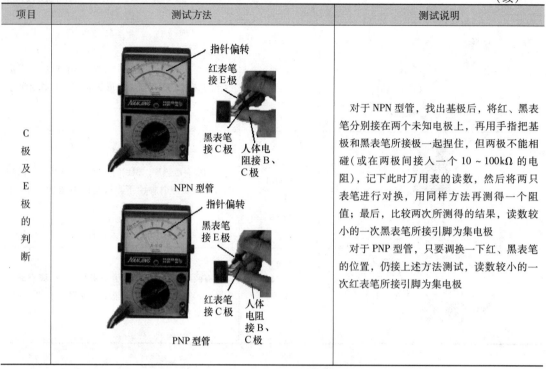 NPN 型管 / PNP 型管	对于 NPN 型管，找出基极后，将红、黑表笔分别接在两个未知电极上，再用手指把基极和黑表笔所接极一起捏住，但两极不能相碰（或在两极间接入一个 10 ~ 100kΩ 的电阻），记下此时万用表的读数，然后将两只表笔进行对换，用同样方法再测得一个阻值；最后，比较两次所测得的结果，读数较小的一次黑表笔所接引脚为集电极 对于 PNP 型管，只要调换一下红、黑表笔的位置，仍接上述方法测试，读数较小的一次红表笔所接引脚为集电极

（2）晶体管性能的测试　晶体管的 I_{CEO} 和 β 值的估测方法见表6-9。

表6-9　用万用表估测晶体管的 I_{CEO} 和 β 值

项目	测试方法	说明
I_{CEO} 的 估 测	NPN 型管（红表笔接 E 极，黑表笔接 C 极） PNP 型管（黑表笔接 E 极，红表笔接 C 极）	测量晶体管集电极、发射极间的电阻，若为 NPN 型管黑表笔接 C 极，红表笔接 E 极，若电阻太小（即指针偏转幅度较大），说明 I_{CEO} 大，反之小。若为 PNP 型管，将两表笔的极性反过来，即红表笔接 C 极，黑表笔接 E 极

（续）

项目	测试方法	说明
β 值的估测		先按估测 I_{CEO} 的方法测试，记下万用表指针的位置；然后在 C 极与 B 极间连接一只 100kΩ 的电阻（也可用人体电阻代替）按判断集电极的方法进行测试 接入 100kΩ 电阻后，若指针摆幅较大，说明这只管子的 β 值较大；若指针变化不大，说明管子的放大能力很差，β 值较小

（3）晶体管 PN 结好坏的判断　由于晶体管内部是由两个 PN 结组成的，所以可以通过用万用表测量极间电阻的方法检查 PN 结的好坏。

硅管的两个 PN 结正向电阻为几百欧到几千欧（表针指示在表盘中间或偏右一点），反向电阻应很大，在 500kΩ 以上（表针基本不动）。锗管的正、反向电阻值比硅管相应要小些。

若测出的 PN 结正、反向电阻相差不多，都很大或很小，则表明晶体管内部断路或短路，已经损坏。

【想一想】

温度对晶体管的特性有何影响？

【做一做】

1. 使用万用表测试晶体管 9014 或 9015 的好坏，并判断各引脚排列。

2. 使用万用表判别晶体管的类型和电极排列。

◇◇◇ 第二节　基本放大电路

晶体管一个最基本的用途是组成晶体管放大电路，简称**放大电路**。

一、放大电路的作用及分类

1. 放大电路的作用

放大电路的最基本功能是放大信号，即将微弱的电信号进行放大，转变成较强电信号的电子电路，它是组成其他各种电子电路的基础，应用十分广泛。对放大电路要求主要有：第一，要有一定的放大能力，放大后的输出信号电压（电压放大器）或输出信号功率（功率放大器）达到所需的要求；第二，失真要小，即放大后输出信号的波形应尽可能保持与输入信号波形一致。

2. 放大电路的分类

放大电路的种类很多，可按照不同的方法进行分类，见表 6-10。

表6-10 放大电路的分类

分类方法	种类	特点及应用
按信号频率分	直流放大电路	用于直流信号和变化缓慢信号放大，集成电路中采用直流放大器
	低频放大电路	用于低频信号放大
	中频放大电路	用于中频信号放大
	高频放大电路	用于高频信号放大
按信号大小分	小信号放大电路	位于多级放大电路前级，专门用于小信号放大
	大信号放大电路	位于多级放大电路后级，如功率放大器，专门用于大信号的放大
按晶体管连接方式分	共发射极放大电路	具有电流和电压放大能力，是唯一能够同时放大电流和电压的放大器
	共基极放大电路	只有电流放大能力，没有电压放大能力，又称为射极输出器，或称为射极跟随器
	共集电极放大电路	只有电压放大能力，没有电流放大能力，用于高频放大电路
按元器件集约化程度分	分立元器件放大电路	由单个分立元器件组成的电子电路
	集成电路放大电路	将电子元器件和连接导线按电子电路的连接方法，集中制作在一小块晶片上的电子器件

二、共发射极基本放大电路

1. 电路组成

图6-9所示为简单的单管共发射极放大电路，是最基本的交流放大电路。该电路以晶体管发射极作为输入和输出的公共端，属于**共发射极电路**。当输入端加入微弱的交流电压信号u_i时，输出端就得到一个放大的输出电路u_o。在电路中用"⊥"符号表示电路零参考点电位，也称为**接地点**。

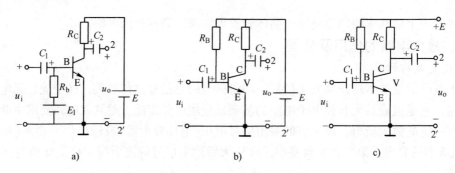

图6-9 共发射极放大电路

a）双电源供电 b）单电源供电 c）习惯画法

放大电路由晶体管、电阻、电容和直流电源等元器件组成，电路中各元器件的名称及作用见表6-11。

表6-11　放大电路中各元器件的名称及作用

元件	名称	作用
V	晶体管	放大电路的核心器件，起电流放大作用
R_B	基极偏置电路	又称为偏流电阻，电源E给晶体管提供一个合适基极电流I_B（又称为偏流），使晶体管有合适的工作状态，保证晶体管工作在放大状态，R_B一般取几十千欧到几百千欧
R_C	集电极电阻	又称为集电极负载电阻，把晶体管集电极电流i_C的变化转变为集电极电压U_{CE}的变化，实现电路的电压放大。R_C一般为几千欧到十几千欧
C_1、C_2	耦合电容	又称为隔直电容，分别接于放大电路的输入端和输出端，在电路中起隔直流、通交流的作用。它既可以将信号源与放大电路，放大电路与负载之间的直流通路隔开，又能让交流信号顺利通过。C_1、C_2一般为十几微法到几十微法的有极性电解电容，使用时应注意极性
V_{CC}	电源	放大电路的电源，为放大电路提供能源，并保证发射结处于正向偏、集电结处于反向偏置，使晶体管工作于放大区

2. 电压、电流符号和正方向的规定

放大电路工作时，晶体管各极电压和电流都是变化量，每一时刻电压、电流的数值称为瞬时值，这个瞬时值又包括**直流分量**和**交流分量**。为了清楚地表示瞬时值、直流分量和交流分量，可以通过电压、电流符号的大小写和下脚标的大小写加以区别，见表6-12。

表6-12　晶体管各极电压、电流符号的规定

物理量	表示方法	表示符号
直流量	用大写字母带大写下标	I_B、I_C、I_E、U_{BE}、U_{CE}
交流量	用小写字母带小写下标	i_b、i_c、i_e、u_{be}、u_{ce}、u_i、u_o
交直流叠加量	用小写字母带大写下标	i_B、i_C、i_E、u_{BE}、u_{CE}
交流分量有效值	用大写字母带小写下标	I_b、I_c、I_e、U_{be}、U_{ce}
交流分量最大值	用大写字母带小写下标	I_{bm}、I_{cm}、I_{em}、U_{bem}、U_{cem}

电压的正方向用"+"、"-"表示，电流的正方向用箭头表示。

【小知识】

零参考点

电压和电流的正方向是相对而言的，为了便于分析，一般规定：不论是电压的瞬时值、直流分量或交流分量，都以"地"为参考点（零电位）；电流不论是瞬时值、直流分量或交流分量，都以流入晶体管的基极和集电极的电流为规定的正方向。

3. 静态工作点设置

（1）静态工作点　在放大电路没有输入信号（$u_i = 0$）时，放大电路的工作状态称为**静态**。这时晶体管的基极电流I_B、集电极电流I_C，基极—发射结间电压U_{BE}和集电极—发射极间电压U_{CE}的值叫**静态值**。这些静态值分别在输入、输出特性曲线上对应着一点Q，称为**静态工作点**，简称为Q点，如图6-10所示。由于U_{CE}基本是恒定的，所以在讨论静态工作点时主要考虑I_B、I_C和U_{CE}三个量，并分别用I_{BQ}、I_{CQ}和U_{CEQ}表示。

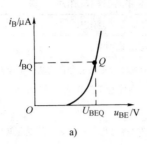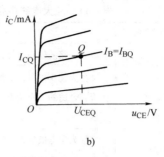

a)   b)

图 6-10 静态工作点的表示

a）输入特性曲线上的 Q 点 b）输出特性曲线上的 Q 点

（2）静态工作点的作用 设置放大电路静态工作点的目的是给晶体管的发射结预先加上一适当的正向电压，即预先给基极提供一定的偏流，以保证在输入信号的整个变化周期中，放大电路都工作在放大状态，避免信号在放大过程中产生失真。

4. 工作原理

下面分两种情况讨论电路的工作原理：一是无输入信号，电路处于静止状态（$u_i = 0$，**静态**）时的情况；二是加入输入交流信号 u_i，放大电路进入交流工作状态（**动态**）时的情况。

（1）静态工作情况 输入信号 $u_i = 0$ 时，输出信号 $u_o = 0$，这时在直流电源电压 V_{CC} 作用下通过 R_B 产生 I_{BQ}，经晶体管的电流放大，转换为 I_{CQ}，I_{CQ} 通过 R_C 在 C 极和 E 极间产生了 U_{CEQ}。I_{BQ}、I_{CQ}、U_{CEQ} 均为直流量，即静态工作点。

（2）动态工作情况 在图 6-9 所示电路中，动态时，输入信号 u_i 通过耦合电容 C_1 送到晶体管的基极和发射极之间，与直流电压 U_{BEQ} 叠加，这时基极总电压为

$$u_{BE} = U_{BEQ} + u_i$$

由于 u_i 为低频小信号，工作点在特性曲线线性区内，电压和电流近似线性关系。在 u_i 的作用下产生基极电流 i_b，这时基极总电流为 $i_B = I_{BQ} + i_b$，其波形如图 6-11a 所示，可以看出 i_B 是由两个电流合成的，一个是静态电流 I_{BQ}，另一个是输入交流信号 i_b。

由于晶体管的电流放大作用，在集电极上获得了等于 βi_b 的交流电流 i_c。它加到集电极静态电流 I_{CQ} 上，所以集电极电流总的瞬时值 $i_c = I_{CQ} + i_c$，波形如图 6-11d 所示，可以看出 i_c 比 i_B 大很多倍，这就是晶体管的交流放大作用。

集电极总电流 i_C 流过集电极电阻 R_C 时，将产生压降 $(I_{CQ} + i_c) R_C$。这样可以求出放大电路输出电压的总瞬时值 u_{CE}，即

$$u_{CE} = V_{CC} - (U_{CQ} + i_c R_C) = V_{CC} - I_{CQ} R_C - i_c R_C$$

而

$$U_{CEQ} = V_{CC} - I_{CQ} R_C$$

得

$$u_{CE} = U_{CEQ} - i_c R_C = U_{CEQ} + (-i_c R_C)$$

由此可见，集电极与发射极之间的总电压由两部分组成，其中 U_{CEQ} 为直流电压，$-i_c R_C$ 为交流电压，波形如图 6-11f 所示。由于电容 C_2 的隔直通交作用，所以放大电路的输出电压只有交流部分，即

$$u_o = u_{ce} = -i_c R_C \tag{6-5}$$

式中，负号表示输出电压 u_o 与输入电压 u_i 相位刚好相反，这种性质称为共发射极放大电路的**反相作用**。

放大器动态工作时，各电极电压和电流的工作波形，如图6-11所示。

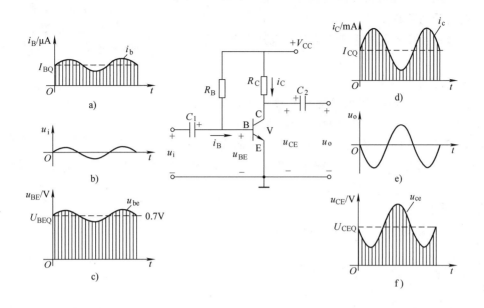

图6-11 放大电路的电压、电流波形

a）基极-发射极间电压 b）输入波形 c）基极极电流

d）集电极电流 e）输出波形 f）集电极-发射极间电压

【想一想】

1. 晶体管有三个极，除共发射极放大电路外，晶体管是否还有其他类型放大电路？

2. 放大电路中静态工作点的作用是什么？如何选取最理想的静态工作点？

3. 稳定静态工作点的方法有哪些？

【做一做】

试画出9014晶体管的输入特性曲线和输出特性曲线。

【小知识】

差分放大器

差分放大电路又称为差动放大电路，目前广泛应用于集成电路中。

一、零点漂移

直接耦合多级放大电路能放大直流信号和变化缓慢的信号，但是这种耦合方式也带来了一个突出的问题，即零点漂移。当电路输入端电压信号为零，输出电压值偏离稳定值，而发生缓慢的、无规则的变化，这种现象就叫做零点漂移，简称零漂。

产生零漂的主要原因是电源电压的波动，晶体管参数随环境温度变化等。其中温度变化是主要因素。目前解决零点漂移最有效的措施是采用差分放大电路。

二、差分放大电路

1. 差分放大电路的组成

图6-12所示为典型的差分放大电路。它由两个完全对称的单管放大器组成，电路结构对称：$R_{C1} = R_{C2}$，$R_1 = R_2$，晶体管V1和V2的参数对应相等；信号为双端输入、双端输

出方式。

双端输入：输入电压 u_i 经电阻 R 分压为相等的 u_{i1} 和 u_{i2}，分别加到两管的基极。

双端输出：输出电压等于两管输出电压之差，即

$$u_o = u_{o1} - u_{o2}$$

2. 抑制零漂的原理

设输入电压 $u_i = 0$，因电路完全对称，则 $i_{C1} = i_{C2}$、$u_{o1} = u_{o2}$，$u_o = u_{o1} - u_{o2} = 0$。当电源电压波动或环境温度变化时，对 V1 和 V2 产生相同的影响，两管输出电压的变化量相等，使 $u'_{o1} = u'_{o2}$，输出 $u'_{o1} - u'_{o2} = 0$。可见，两管的漂移在输出端相互抵消，从而有效地抑制了零点漂移。

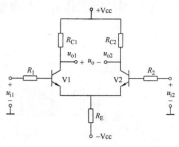

图 6-12 典型的差分放大电路

【想一想】

实际电路中能不能完全抑制零点漂移？

◇◇◇ 第三节　放大电路分析

为了进一步理解放大电路的性能，需要对放大电路进行必要的定量分析。

一、直流通路和交流通路

1. 直流通路

直流通路就是放大电路的直流等效电路，是在静态时放大电路的输入回路和输出回路的直流电流流通的路径。由于电容器对直流电来说具有阻断作用，因此画直流通路时，常把有**电容器的支路断开**，其他电路保持不变，如图 6-13b 所示。

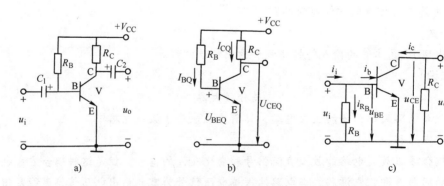

图 6-13　共发射极放大电路的直流通路和交流通路

a）放大电路　b）直流通路　c）交流通路

2. 交流通路

交流通路就是放大电路的交流等效电路，是动态时放大电路的输入回路和输出回路的交流电流流通的路径。由于电容器对交流电来说近似短路，因此画交流通路时，可将**电容器简化成一条直线**。另外，电源的内阻也很小，也可以视为对交流短路，因此画交流通路时，将电源也简化成为一条直线，如图 6-13c 所示。

二、近似估算法

1. 估算静态工作点

由于静态时无交流信号只研究直流，为了方便起见，可根据直流通路进行分析。因电容具有隔直流作用，所以画直流通路时，断开含有电容器的支路即可。由图6-14可得

$$I_{BQ} = \frac{V_{CC} - U_{BEQ}}{R_B} \qquad (6-6)$$

由于晶体管的 U_{BEQ} 很小（硅管约为0.7V，锗管约为0.3V），与 V_{CC} 相比，可忽略不计，所以式(6-6)也可写为

$$I_{BQ} = \frac{V_{CC}}{R_B} \qquad (6-7)$$

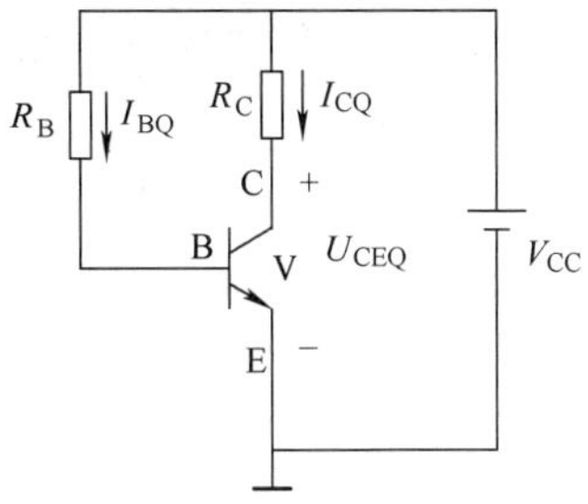

图6-14 静态工作点的估算

根据晶体管的电流放大原理，静态时的集电极电流为

$$I_{CQ} \approx \beta I_{BQ} \qquad (6-8)$$

用基尔霍夫第二定律可求得静态时集电极和发射极间的电压为

$$U_{CEQ} = V_{CC} - I_{CQ} R_C \qquad (6-9)$$

【例6-1】 在图6-14所示电路中，若 $V_{CC} = 12V$，$R_B = 200k\Omega$，$R_C = 2k\Omega$，$\beta = 50$。试求静态工作点。

【解】 由式(6-7)可求得基极电流为

$$I_{BQ} = \frac{V_{CC}}{R_B} = \frac{12}{200 \times 10^3}A = 0.06 \times 10^{-3}A = 0.06mA$$

由式(6-8)可求得集电极电流为

$$I_{CQ} \approx \beta I_{BQ} = 50 \times 0.06 \times 10^{-3}A = 3 \times 10^{-3}A = 3mA$$

由式(6-9)可求得集电极电压为

$$U_{CEQ} = V_{CC} - I_{CQ} R_C = (12 - 3 \times 10^{-3} \times 2 \times 10^3)V = 6V$$

2. 估算放大器的输入电阻、输出电阻和电压放大倍数

由于输入、输出电阻及电压放大倍数均只与放大电路的交流分量有关，为了方便计算，只画出交流通路来进行分析。在画交流通路时，因电容器具有通交流电的作用，而直流电源的内阻又很小，所以把电容器和电源都视为**交流短路**。

（1）晶体管的输入电阻 r_{be}　在晶体管的输入端(B，C端)接上输入电压 u_i 时，就会引起相应的电流变化。这就如同在一个电阻的两端加接一个交流电压，能产生电流变化一样。因此，晶体管的输入端可用一个等效电阻 r_{be} 来代替（见图6-15），即

$$r_{be} = \frac{u_i}{i_b} \qquad (6-10)$$

通常对于小功率晶体管的 r_{be} 可用下式进行估算

$$r_{be} \approx 300 + (1 + \beta)\frac{26mV}{I_{EQ}(mA)} \qquad (6-11)$$

式(6-11)反映了 r_{be} 与静态电流 I_{EQ} 有关。一般小功率晶体管在 I_{EQ} 为1mA时，其 r_{be} 约为1kΩ。

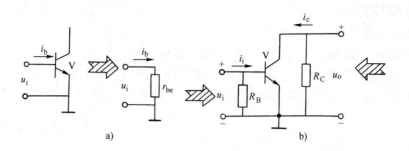

图 6-15 输入和输出电阻

a）输入电路等效 b）输出电路等效

（2）估算放大电路的输入电阻 从放大电路输入端看进去的交流等效电阻，称为**放大电路的输入电阻**，用 R_i 表示，由图 6-15 可得

$$R_i = R_B // r_{be} \approx r_{be} \tag{6-12}$$

（3）估算放大电路的输出电阻 从放大电路的输出端看进去（不包括外接负载电阻）的交流等效电阻，称为**放大电路的输出电阻**，用 R_o 表示。图 6-15b 所示电路的输出电阻为

$$R_o \approx R_C \tag{6-13}$$

对于一个放大电路来说，输入电阻大些好，输出电阻小些好。因为输入电阻越大，输入电流越小，信号源的负担越轻，而输出电阻越小，放大电路带负载的能力就越强。

（4）估算电压放大倍数 电压放大倍数是指放大器输出信号的电压与输入信号的电压的比值，用 A_u 表示，即

$$A_u = \frac{u_o}{u_i} \tag{6-14}$$

由图 6-13c 的交流通路可看出，放大电路的输出电压有两种情况：无负载时 $u_o = -i_C R_C$，有负载 R_L 时 $u_o' = i_C R_L'$，其中 $R_L' = R_C // R_L = \dfrac{R_C R_L}{(R_C + R_L)}$，所以放大器电压放大倍数的具体公式为

无负载时

$$A_u = \frac{u_o}{u_i} = \frac{i_C R_C}{i_B r_{be}} = -\beta \frac{R_C}{r_{be}} \tag{6-15}$$

有负载时

$$A_u' = \frac{u_o'}{u_i} = \frac{i_C R_L'}{i_B r_{be}} = -\beta \frac{R_L'}{r_{be}} \tag{6-16}$$

【例 6-2】 试求例 6-1 电路无负载和有负载时的电压放大倍数（设负载电阻 $R_L = 2\text{k}\Omega$）。

【解】 根据式（6-11）可求得晶体管的输入电阻为

$$r_{be} \approx 300 + (1 + \beta) \frac{26\text{mV}}{I_{EQ}(\text{mA})} = \left[300 + (1 + 50) \frac{26}{3.06} \right] \Omega \approx 733\ \Omega$$

$$R_L' = \frac{R_C R_L}{R_C + R_L} = \frac{2 \times 2}{2 + 2}\text{k}\Omega = 1\text{k}\Omega$$

由式（6-15）和式（6-16）可求得无负载和有负载时的电压放大倍数分别为

$$A_u = -\beta \frac{R_C}{r_{be}} = -50 \times \frac{2}{0.73} \approx -137$$

$$A'_u = -\beta \frac{R'_L}{r_{be}} = -50 \times \frac{1}{0.73} \approx -68$$

三、图解分析法

运用晶体管的特性曲线,通过作图来分析放大器电路的方法叫做**图解法**。图解法不但可以求出放大器的静态工作点,还可以比较直观地看出工作点对放大电路输入和输出波形的影响。为了简便起见,只讨论放大电路不带负载时的情况。

1. 作直流负载线求静态工作点

在图 6-16a 电路中,静态时晶体管的各极电流、电压是一些固定的值(即 I_{BQ}、I_{CQ}、U_{CEQ}),但动态(有交流信号输入)时,晶体管的 i_B、i_C、u_{CE} 的值都会随输入交流信号的变化而变化。放大器输出端 i_C 与 u_{CE} 的关系为

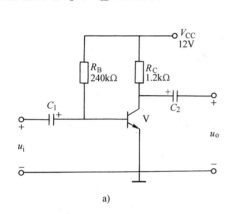
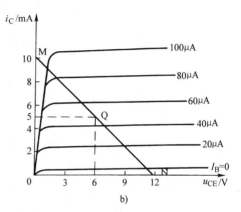

a)

b)

图 6-16 用图解法求静态工作点
a)放大电路 b)直流负载线

$$u_{CE} = V_{CC} - i_C R_C$$

当 V_{CC} 和 R_C 确定后,上式是关于 u_{CE} 和 i_C 的直线方程,其直线可在以 u_{CE} 为横坐标、i_C 为纵坐标的直角坐标系中描绘出来,因此我们就在晶体管的输出特性曲线上来作这条直线。首先找出该直线上的两个特殊点:

令 $i_C = 0$,则 $u_{CE} = V_{CC} = 12V$,在 u_{CE} 轴上找到 V_{CC} 的值,确定出 N 点。

令 $u_{CE} = 0$,则 $i_C = V_{CC}/R_C = 12V/1.2k\Omega = 10mA$,在 i_C 轴找到 V_{CC}/R_C 的值,确定出 M 点。

连接 M 和 N 两点成一条直线,这就是放大电路的直流负载线(见图 6-16b)。

根据 $I_{BQ} \approx V_{CC}/R_B$,估算出 $I_{BQ} \approx 50\mu A$ 后,就能在晶体管的输出特性曲线上找到与之对应的那条曲线,曲线与直流负载线的交点 Q 就是静态工作点。由 Q 点可方便地从图上得出的 $I_{CQ} \approx 5mA$,$U_{CEQ} \approx 6V$。

2. 动态分析

如图 6-17 所示,当在放大器的输入端加一正弦信号电压时,设其幅值为 $30\mu A$,则 i_B 加在 I_{BQ} 上并在 $20 \sim 80\mu A$ 之间变化,从而使放大器的工作点沿负载线 MN 沿 $Q \to A \to Q \to B \to Q$ 循环变化。因此,由图 6-17 所示的输出特性曲线可得到相应的集电极电流 i_C 和集电极与发射极间电压 u_{CE} 的关系曲线。

由图可见,当 i_B 在 $20 \sim 80\mu A$ 范围变化时,i_C 一般在 $2 \sim 8mA$ 范围变化,u_{CE} 一般在 $2.4 \sim 9.6V$ 范围变化。通过电容器后的电压就是放大电路的输出电压,因此,通过上述图解

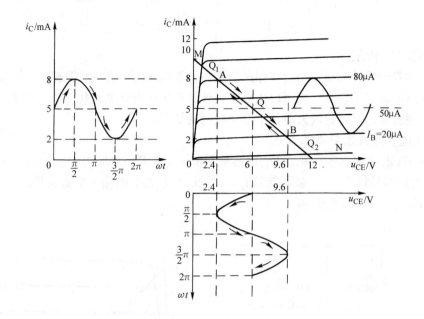

图 6-17 图解法分析 i_C 和 u_{CE} 的波形

分析，可求得放大电路输出电压的最大值约为 9.6V。

3. 工作点对输出波形的影响

由图 6-17 可以看出，工作点对放大电路输出波形的影响很大。当输入电流一定时，若静态工作点太高（如 Q_1 点），就会使晶体管进入饱和区工作，以致引起 i_C 波形正半周及 u_o 波形负半周失真，即饱和失真。当静态工作点太低（如 Q_2 点）时，又会使晶体管进入截止区工作而引起 i_C 波形负半周及 u_o 波形正半周失真，即截止失真。为使放大电路的输出波形不失真，通常调节时将静态工作点选在直流负载线的中点附近（实际应用时还必须考虑负载的影响）。当工作点偏高时，可适当增大 R_B 的数值；当工作点偏低时，就应减小 R_B 的数值。

四、静态工作点的稳定

放大电路在实际工作时常常要受到外界因素的影响，特别是当温度变化，很容易引起静态工作点的移动，严重时会使放大电路不能正常工作。因此，如何使设置好的静态工作点保持稳定，是一个很重要的问题。

1. 温度对静态工作点的影响

晶体管受温度的影响很大，温度每升高 10℃，晶体管的 I_{CBO} 将增大一倍，而 $I_{CEO} = (1 + \beta)I_{CBO}$，可见 I_{CEO} 受温度的影响更大。I_{CEO} 的增大将使整个特性曲线上移，Q 点的位置也随之上移，如图 6-18 所示。

图 6-18a 反映了 25℃ 时设定的基极偏置电流为 $I_{BQ} = 40\mu A$ 时的静态工作点 Q。当温度升到 50℃ 时，输出特性曲线簇上移，而且曲线之间的间隔也增大。若仍然保持 $I_{BQ} = 40\mu A$，则原来的工作点将上移到 Q_1 处，其位置已接近饱和区，这样放大电路将会出现饱和失真。

因此，为了使静态工作点稳定，应设法使在温度变化时，保持 I_{CQ} 稳定不变。通常采用分压式偏置电路来实现。

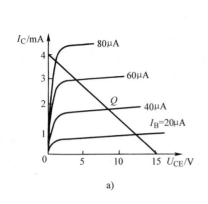

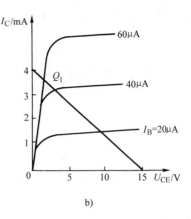

a)　　　　　　　　　　　　　b)

图 6-18　温度对静态工作点的影响

a) 25℃时静态工作点　b) 50℃时静态工作点上移

2. 分压式偏置电路

由于温度对晶体管的影响最终表现在集电极电流 I_{CQ} 的变化上，而 I_{CQ} 和基极偏置电流 I_{BQ} 的大小又有一定的关系（$I_{CQ} \approx \beta I_{BQ}$）。如果 I_{CQ} 因温度上升而增大时，设法减小 I_{BQ}，就可以抑制 I_{CQ} 的上升，自动维持 I_{CQ} 基本不变，便可达到稳定工作点的目的。图 6-19 就是根据这一原理构成的分压式偏置电路。

图中 R_{B1} 和 R_{B2} 组成分压电路，供给基极偏流，并固定晶体管的基极电压 U_{BQ}，若流过 R_{B1} 的电流为 I_1，流过 R_{B2} 的电流为 I_2，则 $I_1 = I_2 + I_{BQ}$，因为 $I_2 \gg I_{BQ}$，所以 $I_1 \approx I_2$。这样基极电压 U_{BQ} 就完全取决于 V_{CC} 和 R_{B1} 与 R_{B2} 的分压比例，即

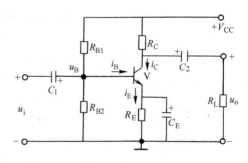

$$U_{BQ} \approx \frac{R_{B2}}{R_{B1} + R_{B2}} V_{CC} \qquad (6\text{-}17)$$

式（6-17）表明，在 $I_2 \gg I_{BQ}$ 的条件下，U_{BQ} 与晶体管的参数无关，不受温度的影响，仅由电源电压和 R_{B1}、R_{B2} 的分压决定。

图 6-19　分压式偏置电路

发射极电路中串接了电阻 R_E，通过它获得发射电压 U_{EQ} 来自动调节 I_{EQ} 和 I_{BQ}，达到使 I_{CQ} 保持不变的目的。由电压回路定律可得

$$U_{BEQ} = U_{BQ} - U_{EQ} \qquad (6\text{-}18)$$

式中　U_{BQ}——基极下偏置电阻 R_{B2} 上的电压；

U_{EQ}——发射极电阻 R_E 上的电压。

U_{EQ} 作用于输入偏置电路，能自动调节 I_{BQ} 且使 I_{CQ} 保持不变。它的工作原理如下：

如果温度 T 升高，I_{CQ} 增大，I_{EQ} 也增大，于是 R_E 上的电压降 $U_{EQ} = I_{EQ} R_E$ 也增大。因为 U_{BQ} 基本上是不变的，由式（6-18）可知，U_{BEQ} 就减小，从而导致 I_{BQ} 也减小。由 $I_{CQ} \approx \beta I_{BQ}$ 知道，I_{CQ} 也就减小，使工作点恢复到原来设定的位置。上述变化过程可表示为

温度 $T \uparrow \rightarrow I_{CQ} \uparrow \rightarrow I_{EQ} \uparrow \rightarrow U_{EQ} \uparrow \rightarrow U_{BEQ} \downarrow \rightarrow I_{BQ} \downarrow \rightarrow I_{CQ} \downarrow$

为了提高工作点稳定的效果，通常对硅管取 $U_{BQ} = 3 \sim 5\text{V}$，对锗管取 $U_{BQ} = 1 \sim 3\text{V}$，这

样 $U_{BQ} > U_{BEQ}$ ，故 $U_{BQ} \approx U_{EQ}$ ，于是有

$$I_{EQ} = \frac{U_{EQ}}{R_E} \approx \frac{U_{BQ}}{R_E}$$

由于 U_{BQ} 是固定的，如果 R_E 不变，则 I_{EQ} 也可以稳定不变。因 $I_{EQ} \approx I_{CQ}$ ，这也表明 I_{CQ} 只和 U_{BQ} 及 R_E 有关，与晶体管参数无关，从而不受温度影响，保持了静态工作点的稳定。

【小知识】

负 反 馈

反馈就是将放大电路的输出量中一部分或全部通过一定的方式，返送到放大电路的输入回路中去。如图 6-19 所示，图中将输出电流 $I_{CQ}(I_{EQ})$ 反馈回输入回路，改变 U_{BEQ} ，使 I_{CQ} 稳定。

反馈放大电路由基本放大电路 A 和反馈电路 F 两部分组成，如图 6-20 所示。图中"⊗"称为比较环节，表示信号在此叠加，箭头表示信号的传输方向。输出量 X_o 经反馈电路处理获得反馈量 X_f 送回到输入端，与输入量 X_i 叠加产生净输入量 X_i' 加到放大电路的输入端。引入反馈后，信号既有正向传输又有反向传输，电路形成一个闭合的环路，因此，反馈放大电路通常称为闭环放大器，而未引入反馈的放大电路则称为开环放大器。

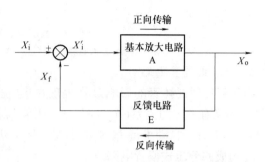

图 6-20 反馈放大电路结构框图

电路中常用的负反馈类型有四种组态，分别是电压串联负反馈，电压并联负反馈，电流串联负反馈，电流并联负反馈。在图 6-19 电路中发射极电阻 R_E 作为负反馈回路，属于电流串联负反馈。接入了发射极电阻 R_E 能抑制 I_{CQ} 的变化，它对交流信号也同样有抑制作用。为了达到既能稳定静态工作点，又不削弱交流信号的放大作用，常常在发射极电阻 R_E 两端并联一个大容量的电容器 C_E ，只要它的容量足够大，容抗将很小，从而让交流信号在 C_E 上顺利通过，而直流则不能通过，故 C_E 对静态工作点没有影响。通常称它为发射极旁路电容。

五、多级放大电路

1. 多级放大电路的组成

在实际应用中，要把一个微弱的信号放大到能够推动负载(电动机转动、扬声器发声等)，单靠一级放大电路是不够的。通常需要把若干级放大电路连接起来，将信号进行逐级放大，多级放大电路就是把几个单级放大电路适当连接起来构成的放大器。多级放大电路组成框图如图 6-21 所示。它主要由输入级、中间级、推动级和输出级四部分组成。

多级放大电路的第一级称为**输入级**，其作用是把微弱的信号加以放大(一般是电压放大)，对输入级的要求往往与输入信号有关。**中间级**的用途是进行信号放大，以提供足够大的放大倍数，常由几级放大电路组成。多级放大电路的末级即为**输出级**，它的任务是输出足够的信号功率去推动负载，因此对输出级的要求考虑负载的性质。

2. 级间耦合方式

多级放大电路中，级与级之间的连接方式称为**级间耦合**。对级间耦合电路的基本要求如下：

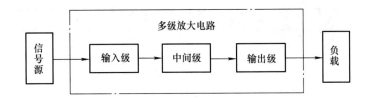

图 6-21 多级放大电路组成框图

1）必须保证放大电路各级有合适的静态工作点。

2）必须保证被放大的信号顺利地由前级传送到后级。

电子技术应用中，最常用的级间耦合方式有：阻容耦合、变压器耦合、直接耦合和光耦合四种，见表 6-13。

表 6-13　各种耦合方式电路及特点

耦合方式	电路结构	特点
阻容耦合	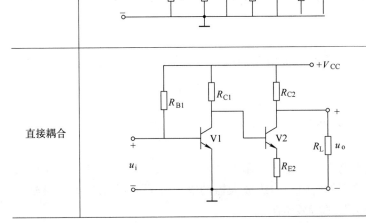	1）静态工作点相互独立 2）在分立元器件电路中使用 3）无零点漂移 4）无法制造大容量电容，不便于集成化 5）低频特性差，不能放大缓慢变化的信号
变压器耦合		1）静态工作点相互独立 2）在分立元器件电路中使用 3）无零点漂移 4）笨重，不便于集成化 5）低频特性差，不能放大缓慢变化的信号
直接耦合		1）可以放大交流和缓慢变化及直流信号 2）便于集成化 3）各级静态工作点互相影响；基极和集电极电位会随着级数增加而上升 4）零点漂移

（续）

耦合方式	电路结构	特点
光耦合	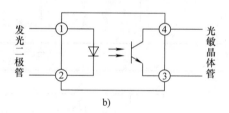	1）抑制电干扰 2）放大性能稍差

【小知识】

光 耦 合 器

光耦合器简称光耦，如图6-22所示。它是以光为媒介来传输电信号的器件，通常把发光器（红外线发光二极管 LED）与受光器（光敏晶体管）封装在同一管壳内。当输入端加电信号时发光器发出光线，受光器接受光线之后就产生光电流，从输出端流出，从而实现了"电—光—电"转换，即以光为媒介把输入端信号耦合到输出端。

图6-22 光耦合器

a）外形 b）电路

光耦合器一般由三部分组成：光的发射、光的接收及信号放大。光耦合器具有体积小、寿命长、无触点、抗干扰能力强、输出和输入之间绝缘、单向传输信号等优点，在数字电路上获得了广泛的应用。

3. 多级放大电路的估算

（1）估算多级电压放大倍数 A_u 多级放大电路的电压放大倍数为各级放大器电压放大倍数的乘积，即

$$A_u = A_{u1} A_{u2} \cdots A_{un} \tag{6-19}$$

式中，A_{u1}、A_{u2} 和 A_{un} 分别为第一级电压放大倍数、第二级电压放大倍数和第 n 级电压放大倍数。

（2）估算多级放大电路的输入电阻 R_i 和输出电阻 R_o 多级放大器的输入电阻 R_i 为从第一级放大器的输入端"看进去"的等效电阻。多级放大器的输出电阻 R_o 为从最后一级放大器的负载两端（不含负载）"看进去"的等效电阻。

多级放大器的输入电阻 R_i 等于第一级放大器的输入电阻 R_{i1}，即

$$R_i = R_{i1}$$

多级放大器的输出电阻 R_o 等于最后一级放大器的输出电阻 R_{on}，即

$$R_o = R_{on}$$

【想一想】

温度对放大电路有何影响？如何稳定静态工作点？

【做一做】

利用输出特性曲线作图确定静态工作点 Q 的值。

◇◇◇ 第四节　其他电路分析

一、晶体管串联稳压电路

1. 电路组成

图 6-23 所示为晶体管串联稳压电路，电路主要由四个部分组成。

（1）取样电路　取样电路由 R_1、R_2 和 RP 连接成的电阻分压电路组成。取样电路和负载 R_L 并联，通过取样电路可以反映 U_L 的变化，因为取样电压 U_{B2} 与输出电压 U_L 有关，当满足电流 I_1 远远大于晶体管 V2 的基极电流 I_{B2} 时，有

$$U_{B2} = \frac{R_2 + RP2}{R_1 + RP + R_2} U_L = N U_L \qquad (6\text{-}20)$$

式中 $N = \dfrac{R_2 + RP2}{R_1 + RP + R_2}$，称为**取样电路的分压比**。

取样电路将输出电压 U_L 的变化量取出，经分压后送至晶体管 V2 的基极。改变电位器 RP 的滑动端子，可以调节输出电压 U_L 的高低。

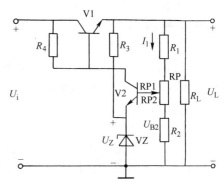

图 6-23　晶体管串联稳压电路

（2）基准电压电路　限流电阻 R_3 与稳压二极管 VZ 组成基准电压电路。VZ 两端电压 U_Z 为稳压电路中 V2 的 E 极提供一个稳定不变的基准电压。

（3）比较放大电路　晶体管 V2 组成比较放大电路，R_4 是它的集电极负载电阻。取样电压 U_{B2} 和基准电压 U_Z 比较后，其差值经 V2 放大后用来控制调整管 V1 基极的电位 U_{B1}。

（4）调整管　V1 是调整管，其工作于线性放大区。调整管根据比较放大电路输出的信号进行调整，使输出电压保持稳定。稳压电路输出的最大电流也取决于调整管。

2. 稳压原理

电路的稳压过程大致如下：

假定电源电压波动或负载的变化使输出电压 U_L 有增大的趋势，则取样电路电压 U_{B2} 增大。由图 6-23 所示电路可知，$U_{BE2} = U_{B2} - U_Z$，在 U_Z 不变的情况下，U_{B2} 增大会引起 U_{BE2} 随之增大，使 V2 基极电流 I_{B2} 增大，引起集电极电流 I_{C2} 增大，V2 压降 U_{CE2} 减小。由于 V1 基极电位 $U_{B1} = U_{CE2} + U_Z$，所以 U_{CE2} 的减小将引起 U_{B1} 随之减小，使 V1 基极电流 I_{B1} 减小，I_{C1} 减小，压降 U_{CE1} 增加，从而使输出电压 U_L 有下降的趋势。上述稳压过程可表示为

$$U_L \uparrow \rightarrow U_{B2} \uparrow \rightarrow U_{BE2} \uparrow \rightarrow I_{B2} \uparrow \rightarrow I_{C2} \uparrow \rightarrow U_{CE2} \downarrow \rightarrow U_{B1} \downarrow \rightarrow I_{B1} \downarrow \rightarrow I_{C1} \downarrow \rightarrow U_{CE1} \uparrow \rightarrow U_L \downarrow$$

当电网电压波动或负载变化使 U_L 下降时，其自动稳压过程与上述过程相反。晶体管串联稳压电路的负载电流不通过稳压二极管，而通过调整管，因此，这种稳压电路比硅稳压二极管稳压电路提供较大的输出电流，稳压效果也较好。

【小知识】

开关型稳压电源

开关型稳压电路通过调整开关器件的开关时间来实现稳压。这种电路具有功耗小、效率高、体积小、重量轻、功耗小、稳压范围宽等特点，目前在家用电器、计算机、通信及其他设备中得到了广泛的应用，图6-24所示为计算机中使用的电源。

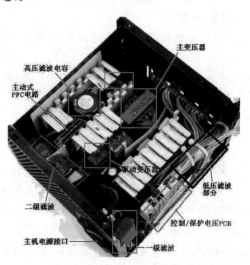

开关型稳压电源的组成框图如图6-25所示。它主要由以下几个部分组成。

1）主电路：包括输入滤波、整流滤波、逆变、输出整流滤波。

2）控制与保护电路。

3）检测与显示电路：除了提供保护电路所需要的各种参数外，还提供显示数据。

4）辅助电源。

图6-24 计算机电源

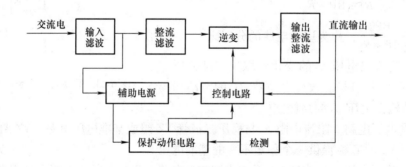

图6-25 开关型稳压电源的组成框图

【想一想】

图6-23所示电路为什么称为串联稳压电路？你能不能设计出一个并联稳压电路？

【做一做】

参考图6-23所示电路自己组装一个串联稳压电路。

二、功率放大电路

前面讨论的低频电压放大电路的主要任务是把微弱的输入电压信号尽可能不失真地放大成幅值较大的输出电压，它的输出电流较小。而在实际应用中，经常要求多级放大电路的末级能输出一定的功率去推动负载工作。例如电动机的转动、仪表的指示、继电器的动作与扬声器的工作等。因此，多级放大电路的末级通常要采用功率放大器。

功率放大电路又称为**功率放大器**，简称"**功放**"。功放中使用晶体管为主要器件，通常称为**功率放大管**，简称"**功放管**"。

1. 对功率放大器的基本要求

1）具有足够大的输出功率。

2）转换效率要高。

3）非线性失真要小。

4）功放管要有良好的散热装置，且加保护电路。

2. 功率放大器的分类

1）按功放管工作点的位置不同，功率放大电路有甲类、乙类和甲乙类三种功率放大器，其特性、输出波形及应用见表 6-14。

表 6-14　功率放大器的特性、输出波形及应用

类型	特性	输出波形	应用
甲类功率放大器	甲类工作状态是指功率放大器的静态工作点设置在特性曲线的放大区，位于负载线中点的状态。功放管在整个信号周期内都有电流通过，输出波形是完整的正弦波		作为功率放大器的激励级或用在小功率放大器中
乙类功率放大器	若静态工作点 Q 设在横轴上（$I_{BQ}=0,I_{CQ}=0$），功放管仅在信号的半个周期内有电流通过，其输出波形被削掉 1/2		一般应用在一些功率要求不高，而音质要求不高的功放电路中
甲乙类功率放大器	若将静态工作点 Q 设在甲类和乙类之间且靠近乙类外，功放管在半个周期多一点内有信号电流通过，输出波形被削掉一部分		广泛应用在音频放大器中作为功放

2）按功率放大器输出端的特点不同，可分为变压器耦合功率放大器、无输出变压器功率放大器（OTL 电路）和无输出电容功率放大器（OCL 电路）。

变压器耦合功率放大器可通过变压器的阻抗变换特性，使负载获得最大输出功率，但是由于变压器体积大、笨重、频率特性较差，且不便于集成化，目前已很少使用。OTL 和 OCL 电路都不用输出变压器，且都有集成电路，所以应用广泛。

3. 互补对称功率放大电路

所谓"**互补**"是指利用 NPN 型和 PNP 型晶体管的导电极性相反，让它们在电路中交替工作的一种方式。应注意的是，NPN 型和 PNP 型晶体管的特性参数要相同。

（1）单电源互补对称功率放大电路（OTL 电路）　图 6-26 所示为典型的 OTL 功率放大电路，V1 和 V2 的导电极性相反，但它们的特性参数相同。从电路的连接方式看，两管上下对称，都接成射极输出器。

在静态时，选择好合适的 R_1 和 R_2，使晶体管 V1、V2 的基极电流为零，V1 和 V2 中只有很小的穿透电流，由于两管特性一致，所以晶体管 V1 发射极的电位是电源电压的 1/2，即 $U_E = V_{CC}/2$。

当输入信号 u_i 为正半周时，V1 处于正偏导通，V2 处于反偏而截止。输出电流 i_{C1} 如图中实线所示；此时电源通过 V1 导通，对 C 充电。

当输入信号 u_i 负半周时，V2 处于正偏而导通，V1 处于反偏而截止，输出电流 i_{C2} 如图中虚线所示，这时电容器 C 通过导通的 V2 放电。因为电容量足够大（大于 $200\mu F$），所以电容器 C 两端的电压基本不变（$V_{CC}/2$），此时电容器 C 代替电源对 V2 供电。

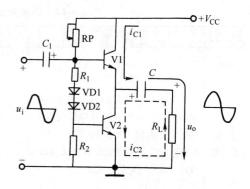

图 6-26　典型的 OTL 功率放大电路

由于 V1、V2 工作在乙类状态，也存在着失真，这种失真称为**交越失真**。为了克服交越失真，可在 V1 和 V2 两个基极之间设置一定的电压，即 V1 和 V2 的基极提供一定的偏置电压，使 V1、V2 处于弱导通状态。

（2）双电源互补对称功率放大电路（OCL 电路）　图 6-27 所示为典型的 OCL 功率放大电路。V1 和 V2 这两个晶体管均不设置基极偏置电路，所以静态工作电流为零，静态时两管均处在截止状态，无输出。

静态时，输入信号 u_i 为 0，两管无偏置电流而截止。

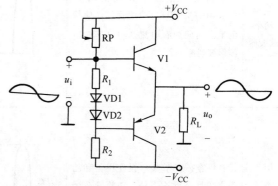

图 6-27　典型的 OCL 功率放大电路

动态时，当输入信号 u_i 为正半周，即 $u_i > 0$ 时，晶体管 V1 的发射结正偏，V1 导通，输出电压跟随 u_i 变化。u_i 负半周，即 $u_i < 0$ 时，晶体管 V2 发射结正偏，V2 导通，输出电阻跟随 u_i 而变化。这样在输入信号 u_i 的整个周期内，每个晶体管都只有半个周期内导通，输出的 u_o 只有半个波形。由于 V1 和 V2 交替导通，这样就可以在负载 R_L 上可以得到一个完整的输

出信号波形，实现了对输入信号的功率放大。

由于该电路采用正负双电源供电，两个晶体管轮流工作，互补对方不足，工作性能对称，故称为**双电源互补对称功率放大电路**。由于这种电路输出端没有耦合电容，因此也称为**无输出电容功率放大电路**，简称 **OCL 电路**。

由射极输出器的特性知道，上述电路的电压放大倍数虽然近似为 1，但它具有电流放大作用和功率放大作用，射极输出器输出电阻低，带负载能力强，所以可将低阻负载（例如扬声器）直接接入电路作为负载。但是 OCL 电路也存在缺点：一是要利用双电源供电，二是存在着所谓交越失真。下面分析交越失真的问题。

上述电路在静态时因不设置基极偏置电压，而晶体管的输入特性曲线的起始段存在着"死区"和非线性，所以在输入信号 u_i 较小，不足以克服"死区"电压时，基极电流依旧为零。这样在基极电流 i_b 的波形和 u_i 的波形不一致，从而也使输出波形和 u_i 不一致。在两管交替工作时，由于上述因素发生了波形的失真，这种失真是发生在两管交替导通的衔接处，故称为**交越失真**，如图 6-28 所示。

要克服交越失真，实质上就是克服"死区"电压的影响。只要在静态时给 V1 和 V2 设置一个很小的正向偏置电压，使两管处在弱导通状态，即让放大器工作在甲乙类状态，图 6-27 所为甲乙类互补对称功率放大电路。

图 6-27 中，V1 和 V2 分别为 NPN 型和 PNP 型晶体管，它们的特性相同，导电特性相反，称为互补管。通过调节 RP，利用 R_1 和 VD1、VD2 向 V1 和 V2 提供一定的正向偏

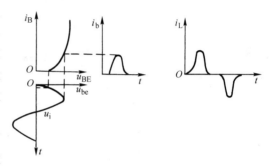

图 6-28 交越失真

压，使 V1 和 V2 处在弱导通状态。当输入信号 u_i 的正半周到来时，V1 的基极电位上升，V1 进一步导通，V2 的基极电位也上升，V2 随之截止。u_i 在负半周时，V2 导通，V1 截止。也就是说，当 V1 和 V2 静态时都处在弱导通状态，输入信号从零开始变化时，相应的晶体管的集电极电流立即随之变化，从而使负载 R_L 上电流的波形与输入信号的波形变化一致，这样克服了交越失真。

【想一想】

1. 功放电路为什么会产生交越失真？如何消除？

2. OTL 电路和 OCL 电路的主要区别在哪里？

【做一做】

上网查找有关资料自己组装一台双声道 OCL 功放机。

4. 集成功率放大器

集成功率放大器的种类很多，其中应用最多的是音频功率放大器，它广泛应用于收音机、录音机、扩音机等音响设备中，主要特点是可以大大地缩小音响设备的体积，提高了各项性能指标，增加了其可靠性，简化了安装和调试过程，便于大批量生产和日常维修。目前，95% 以上音频功率放大器都采用了集成电路。

（1）集成功放 LM386 的结构和符号　LM386 的外形为双列直插塑封结构，是一种通用

型宽带集成功率放大器，属于OTL功放，适用的电源电压为4~10V，常温下功耗在660mW左右。其外形及引脚排列如图6-29所示。

（2）集成功放LM386的典型应用
LM386的一种典型应用电路如图6-30所示。图中输入信号从3脚输入，则输出电压与输入同相。在1、8脚之间接入电阻 $R = 1.2\text{k}\Omega$ 与电容 $C = 10\mu\text{F}$ 串联，则有 $A_u = 50$。

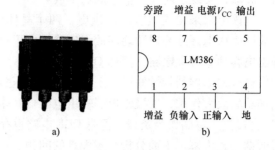

图6-29　LM386功放电路
a）外形　b）引脚排列

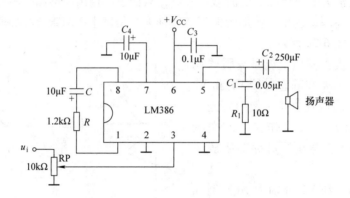

图6-30　LM386典型应用电路

【想一想】

能从LM386应用电路中知道其属于OTL还是OCL功放电路？

【做一做】

根据图6-30所示电路自己组装一台集成电路功率放大器。

◇◇◇ 第五节　集成运算放大器

集成运算放大器（简称**集成运放**）相当于一个高性能的直接耦合多级直流放大器。由于其在发展初期主要用于计算机的数学运算，所以它又被称为**运算放大器**，实际它的应用早已远远超出数学运算的范畴。

目前集成运放的应用已经渗透到电子技术的各个领域，它已成为组成电子系统的基本功能单元，配以不同的外电路就可以实现信号放大、模拟运算、滤波、波形发生、稳压等应用。

一、集成运算放大器的组成和符号

1. 组成框图

集成运算放大器内部电路组成框图如图6-31所示。其内部电路一般由差分输入级、中间放大级、输出级和偏置电路4个部分组成。

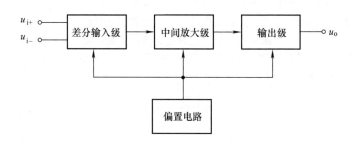

图 6-31 集成运算放大器内部组成框图

集成运放内部电路的作用见表 6-15。

表 6-15 集成运放内部电路的作用

序号	名称	作用
1	差分输入级	通常由差动放大电路构成，目的是为了减小放大电路的零点漂移和提高输入阻抗
2	中间放大级	通常由共发射极放大电路构成，目的是为了获得较高的电压放大倍数
3	输出级	通常由互补对称电路构成，目的是为了减小输出电阻，提高电路的带负载能力
4	偏置电路	一般由各种恒流源电路构成，目的是为上述各级提供稳定的、合适的偏置电流，并决定各级的静态工作点

2. 电路符号

集成运放对外是一个整体，它的图形符号如图 6-32 所示。图中"▷"表示放大器，三角形所指方向为信号的传输方向，后面所跟为放大倍数，这里标出的放大倍数是"∞"，表示理想运算放大器。它有两个输入端和一个输出端，一般左边为输入端，右边为输出端。其中，同相输入端标"＋"（或 P），表示输出信号与输入信号同相。反相输入端标"－"（或 N），表示输出端信号与该端输入信号反相。输出端的"＋"表示输出电压为正极性，为输出电压。几种常见集成运放的外形，如图 6-33 所示。

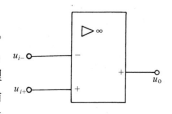

图 6-32 集成运放的图形符号

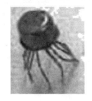   

图 6-33 几种常见集成运放的外形

3. 集成运算放大器的主要参数

为了表征集成运放各方面的性能，制造厂家曾制定出 20 多种技术指标，作为合理选择和正确使用集成运放的依据。集成运算放大器的参数分为极限参数（见表 6-16）和电气参数

（见表6-17），极限参数是器件生产厂家规定的最大允许使用条件，电气参数是集成运算放大器在典型工作条件（温度、电源电压及负载等）下的性能指标。

表 6-16　集成运算放大器的极限参数

参数名称	符号	参数说明
供电电压范围	V_{CC}、V_{EE}	最小和最大的安全工作电源电压，称为运放的供电电压范围
工作温度范围		能保证集成运放在额定的参数范围内工作的间温度称为它的工作温度范围
最大差模输入电压	U_{udmax}	在集成运放的两个输入端之间能够加入的最大电压值
最大共模输入电压	U_{icmax}	集成运放能承受的最大共模输入电压，若共模输入电压超过 U_{icmax}，输入级将进入非线性区工作，其工作性能变差
功耗	P_c	在规定的温度范围内工作时，可以安全耗散的功率

表 6-17　集成电路电气参数

参数名称	符号	参数说明
开环差模增益	A_{ud}	指集成运放在无外加反馈时的差模放大倍数，A_{ud} 通常在 10^5 左右，即 100dB 左右
共模抑制比	K_{CMR}	指运放的差模电压增益与共模电压增益之比，常用对数表示。即 $K_{CMR} = 20\lg A_{ud}/A_{uc}$，$K_{CMR}$ 越大越好
输入失调电压	U_{IO}	集成运算放大器中，当输入为零时，输出电压不为零，若将此时的输出电压折算到输入端就是输入失调电压，输入失调电压越小越好
输入失调电流	I_{IO}	实际的集成运放，输出电压为零时，流入两个输入端的基极电流不相等，这两个静态电流之差称为输入失调电流。I_{IO} 越小越好
输入偏置电流	I_{IB}	当输入信号为零时，集成运放两个输入端的基极偏置电流的平均值为 I_{IB}。I_{IB} 越小，输入失调电流也越小，同时运放的输入电阻愈高
输出电阻	r_o	在开环条件下，运算放大器等效为电压源时的等效动态内阻称为运算放大器的输出电阻。r_o 越小越好，理想集成运放的 r_o 为零
最大输出电压	U_{omax}	集成运放在标称电源电压情况下，其输出端所能提供的最大不失真峰值电压。其值一般不低于电源电压 2V
最大输出电流	I_{omax}	在标称电源电压和最大输出电压的情况下，集成运放所能提供的正向或负向峰值电流
开环带宽	f_H	指当 A_{ud} 下降到 A_{ud} 的 0.707 倍时所对应的频率范围
差模输入电阻	r_{id}	指集成运放对差模信号呈现的电阻。r_{id} 一般在 MΩ 级，r_{id} 越大越好，理想运算放大器的 r_{id} 为无穷大
静态功耗	P_D	电路输入端短路，输出端开路时所消耗的功率

此外，还有差模输入电阻、输出电阻、温度漂移、转换速率及静态功耗等，必要时可查阅产品说明书，这里不详细介绍。

集成运放典型产品的主要技术指标见附录 H。

4. 集成运算放大器的传输特性

表示集成运算放大器输出和输入电压之间关系的曲线称为**传输特性**，如图 6-34 所示。

集成运工作在输出电压 U_O 小于最大输出电压 U_{omax} 的范围时，输出电压 U_O 与差模输入电压 U_{id} 是线性关系，且满足 $U_O = A_{UD} U_{id}$，这一范围称为**线性区**。由于集成运放有极高的开环电压放大倍数，即使只有毫伏级以下的输入电压加在输入端，也足以使输出超出线性范围。例如，$A_{UD} = 10^5$，U_{omax} 为 $\pm 12V$，则差模输入电压 U_{id} 的峰-峰值约为 $\pm 0.12mV$，输出电压恒为 $\pm 12V$，不再随 U_{id} 的变化而变化，此时集成运放进入非线性工作状态。

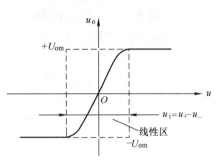

图 6-34　集成运放的传输特性

用集成运算放大器组成功能电路时，要使集成运放工作在线性区，必须引入深度负反馈，让运算放大器在闭环状态下工作，得以对 U_{id} 的净输入电压加以限制。

显然，实际的集成运放是不可能达到上述理想条件的。不过集成运放开环电压放大倍数确实可以做得很大，达到几万甚至几十万倍；输入电阻也可以做得较大，一般为几百千欧到几兆欧以内。在实际应用和分析集成运放电路时近似地把它理想化，可大大简化分析过程。

（1）集成运放的理想特性　图 6-35 所示为集成运放的等效电路，图中 r_i 为集成运放的输入电阻，r_o 为输出电阻。输出电压 u_o 和输入电压 u_i 的比值，用 A_{UD} 表示，称为**开环电压放大倍数**，即

$$A_{UD} = \frac{u_o}{u_i} = \frac{u_o}{u_N - u_P} \tag{6-21}$$

在分析集成运放的电路时，常把集成运放看成理想器件，其具备以下特性：

1）开环差模电压放大倍数 $A_{UD} \to \infty$。

2）输入电阻 $r_i \to \infty$。

3）输出电阻 $r_o \to 0$。

4）共模抑制比 $K_{CMR} \to \infty$。

5）输入失调电压 U_{io} 和输入失调节电流 I_{io} 均为零，两者随温度变化的值也为零。

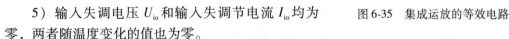

图 6-35　集成运放的等效电路

（2）分析电路的两个重要根据　根据上述理想化条件，如果集成运放工作在传输特性的线性区，可以导出简化电路分析的两个重要根据：

1）集成运放两输入端之间的电压为零，即

$$u_- = u_+ \tag{6-22}$$

因为在线性区内 U_o 是有限值，而 A_{UD} 趋于无穷大，若使式 $A_{UD} = U_o / U_{id} \to \infty$，只有 $U_{id} \to 0$ 才能满足这一条件。

2）集成运放两输入端电流为零，即

$$I_{id} = 0 \tag{6-23}$$

这是因为 $U_{id} = 0$，而 $r_i \to \infty$ 的缘故。

二、集成运算放大器的应用

1. 基本比例运算放大电路

（1）反相比例运算放大电路

1）电路结构。如图 6-36 所示，输入信号 u_i 通过 R_1 接到反相输入端，同相输入端通过电阻 R' 接地。因为集成运放要求两端输入端向外电路看去的对地静态电阻相等，所以 $R' = R_1 /\!/ R_f$。输出信号通过电阻 R_f 接到反相输入端，引入深度负反馈。

2）闭环电路电压放大倍数 A_{uf}。根据理想化条件，集成运放两输入端可被看作"虚短"、"虚断"、"虚地"来分析。因为同相端经 R' 接地，而集成运放输入电流流过 R'，故 $U_P = 0$。根据"虚短"的概念，$U_P = U_N$，N 点为"虚地"，则 $U_N = U_P = 0$。又因为集成运放输入阻抗 $r_i \rightarrow \infty$，根据"虚断"概念，$I'_i \approx 0$。因此通过 R_1 的电流全部流过 R_f，则有 $I_i = I_f$，因此可得出

在信号输入支路上，有

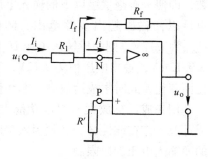

图 6-36　反相比例运算放大电路

$$I_i = \frac{u_i - u_N}{R_1} = \frac{u_i}{R_1}$$

在反馈支路上，有

$$I_f = \frac{u_N - u_o}{R_f} = \frac{-u_o}{R_f}$$

因为 $I_i = I_f$，则

$$\frac{u_i}{R_1} = \frac{-u_o}{R_f}$$

$$u_o = \frac{-R_f}{R_1} u_i \tag{6-24}$$

闭环电压放大倍数为

$$A_{uf} = \frac{u_o}{u_i} = -\frac{R_f}{R_1} \tag{6-25}$$

从式（6-25）可看出，该电路的闭环电压放大倍数 A_{uf} 只取决于 R_f 和 R_1 的比值，与集成运放本身的参数无关，只要选用精密优质的 R_f 和 R_1，就可以保证放大电路的精确和稳定，这是引入了电压并联负反馈的结果。同时，输出电压 u_o 与输入电压 u_i 存在着反相比例关系，其比例系数为 $-R_f/R_1$，负号表示 u_o 与 u_i 反相，即该电路实现了对反相端输入信号的反相比例运算功能，故称为**反相比例运算放大电路**。

【例 6-3】　在图 6-36 中，若 $u_o = -1\text{V}$，$R_f = 100\text{k}\Omega$，$u_i = 0.2\text{V}$，求 R_1 的值；另外，若 $R_1 = 1\text{k}\Omega$，$R_f = 27\text{k}\Omega$，$u_i = 0.1\text{V}$，则 u_o 等于多少？

【解】　1）由式（6-25）可得

$$R_1 = -\frac{u_i}{u_o} R_f = -\frac{0.2}{-1} \times 100 \times 10^3 \Omega = 20 \times 10^3 \Omega = 20\text{k}\Omega$$

2）由式（6-25）可得

$$u_o = -\frac{R_f}{R_1} u_i = -\frac{27}{1} \times 0.1\text{V} = -2.7\text{V}$$

式中负号表示输出电压和输入电压的相位相反。

在图6-36中，当$R_1 = R_f$时，由式（6-24）可知，$u_o = -u_i$，它无电压放大作用，仅把输入信号倒了一次相位。有时为了方便，可用图6-37所示符号表示反相器，图中"▷1"表示放大倍数为1。

（2）同相比例运算放大电路及电压跟随器

1）电路结构。同相比例运算放大电路如图6-38所示。从图中来看，它的电路形式和反相比例运算放大十分相似，所不同的只是输入信号u_i通过平衡电阻R_2加到集成运放的同相输入端，这里平衡电阻的大小仍为$R_2 = R_1 /\!/ R_f$。输出电压u_o通过R_1和反馈电阻R_f反馈到反相输入端，以确保反馈的负极性。平衡电阻R_2的作用仍然是求得平衡的偏置电流，使集成运放工作在理想状态。

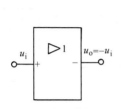

图6-37　反相器

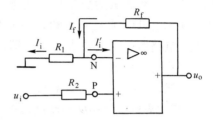

图6-38　同相比例运算放大电路

2）闭环电路电压放大倍数A_{uf}。根据理想化条件以及集成运放两输入端的"虚短"、"虚断"特性，有$U_N = U_P$。由于同相端$U_P \neq 0$，故不存在"虚地"，这一点要特别注意。又由于集成运放输入电流近似为零，所以也无电流流过R_2，$I_i \approx 0$，因此有$U_P = U_i$，$I_f = I_i$。因此

在信号输入支路上，有
$$U_P = U_i = U_N$$

在反馈支路上，有
$$I_i = \frac{U_N}{R_1}$$

$$I_f = \frac{u_o - u_i}{R_f}$$

因为$I_i = I_f$，$U_P = U_N = U_i$，则
$$\frac{u_i}{R_1} = \frac{u_o - u_i}{R_f}$$

整理得
$$u_o = \left(1 + \frac{R_f}{R_1}\right) u_i \tag{6-26}$$

闭环电压放大倍数为
$$A_{uf} = \frac{u_o}{u_i} = 1 + \frac{R_f}{R_1} \tag{6-27}$$

【例6-4】　在图6-38中，当$R_f = 100\text{k}\Omega$，$A_{uf} = 30$时，求R_1的值；当$R_1 = 5.1\text{k}\Omega$，$R_f = 100\text{k}\Omega$，$u_o = 2\text{V}$，求u_i的值。

【解】 1）由式（6-27）可得

$$R_1 = \frac{R_f}{A_{uf} - 1} = \frac{100}{30 - 1}k\Omega = \frac{100}{29}k\Omega \approx 3.5k\Omega$$

2）由式（6-26）可得

$$u_i = \frac{R_1}{R_1 + R_f}u_o = \frac{5.1}{5.1 + 100} \times 2V = 0.097V$$

在图6-38中，当 R_1 为无穷大（相当于去掉 R_1）和 R_f 为0（相当于短路）时，由式（6-27）可知，$A_{uf} = 1$，则成为电压跟随器，如图6-39所示。此时输出电压与输入电压大小和相位均相同，但输入阻抗极高，输出阻抗很低，它的性能类似于上面讨论过的射极输出器，故常作测量电路的输入级和中间隔离级使用。

综上所述，当集成运放工作在线性区时，大多数工作在闭环状态，可依据 $A_{uo} \to \infty$ 和 $r_{id} \to \infty$ 两个条件来进行分析，此时电路的性能主要取决于反馈电路，与集成运算放大器本身的参数无关。

综上所述，可归纳为如下两点：

1）集成运算放大器作反相比例运算时输出电压与输入电压之间的关系为 $u_o = -\frac{R_f}{R_1}u_i$。当比例系数 $-\frac{R_f}{R_1}$ 等于 -1 时，集成运算放大器成为反相器。

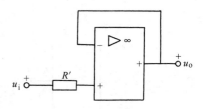

图6-39 电压跟随器

2）集成运算放大器作同相比例运算时输出电压与输入电压之间的关系为 $u_o = \left(1 + \frac{R_f}{R_1}\right)u_i$，当比例系数 $1 + \frac{R_f}{R_1}$ 等于1时，集成运算放大器成为电压跟随器。

2. 信号运算电路

（1）加法运算电路 图6-40所示为加法运算电路。输入信号 u_{i1} 和 u_{i2} 由反相输入端输入，同相输入端经电阻 R' 接地。$R' = R_1 // R_2 // R_f$。

由于 N 点为虚地，$u_N = 0$，$I_{id} = 0$，所以有

$$I_1 + I_2 = I_f$$

或

$$\frac{u_{i1}}{R_1} + \frac{u_{i2}}{R_2} = \frac{0 - u_o}{R_f}$$

由此得出

$$u_o = -\left(\frac{R_f}{R_1}u_{i1} + \frac{R_f}{R_2}u_{i2}\right) \qquad (6-28)$$

若 $R_1 = R_2 = R_f$，则有

$$u_o = -(u_{i1} + u_{i2}) \qquad (6-29)$$

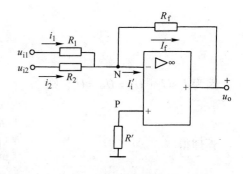

图6-40 加法运算电路

式（6-29）表明，输出电压 u_o 等于两输入电压之和，故称为**加法运算电路**，负号表示输出与输入电压反相。

【例6-5】 在图6-41所示加法运算电路中，已知 $u_{i1} = 0.2V$，$u_{i2} = -0.3V$，$u_{i3} = 0.4V$，$R_1 = 200k\Omega$，$R_2 = 10k\Omega$，$R_3 = 5k\Omega$，$R_f = 20k\Omega$。试求输出电压 u_o 和电阻 R' 之值。

【解】 由式(6-28)可得

$$u_o = -\left(\frac{R_f}{R_1}u_{i1} + \frac{R_f}{R_2}u_{i2} + \frac{R_f}{R_3}u_{i3}\right)$$

$$= -\left(\frac{20}{20} \times 0.2 - \frac{20}{10} \times 0.3 + \frac{20}{5} \times 0.4\right)V$$

$$= -(0.2 - 0.6 + 1.6)V$$

$$= -1.2V$$

$$R' = R_1 /\!/ R_2 /\!/ R_3 /\!/ R_f = \frac{1}{\frac{1}{20} + \frac{1}{20} + \frac{1}{5} + \frac{1}{20}}k\Omega = 2.5k\Omega$$

（2）减法运算电路 在图 6-42 所示电路中，输入信号 u_{i1} 和 u_{i2} 分别从反相输入端和同相输入端加入，这种输入方式称为**差动输入**。

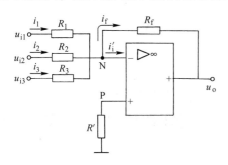

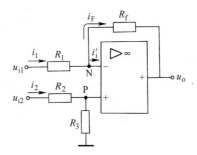

图 6-41 加法运算电路   图 6-42 减法运算电路

因为集成运放工作于**线性区**，所以可以利用叠加原理求出输出电压 u_o 与各输入电压的关系式。所谓叠加原理是指在线性电路中，任一支路的电流是每一个电源单独作用时在该支路所产生的电流的代数和。

假设 $u_{i2} = 0$ 时，可求出 u_{i1} 作用时的输出电压 u_{o1} 为

$$u_{o1} = -\frac{R_f}{R_1}u_{i1}$$

假设 $u_{i1} = 0$ 时，可求出 u_{i2} 作用时的输出电压 u_{o2} 为

$$u_{o2} = \frac{R_3}{(R_2 + R_3)\left(1 + \frac{R_f}{R_1}\right)}u_{i2}$$

由叠加原理可得

$$u_o = u_{o1} + u_{o2} = -\frac{R_f}{R_1}u_{i1} + \frac{R_3}{R_2 + R_3}\left(1 + \frac{R_f}{R_1}\right)u_{i2}$$

若 $R_1 = R_2$，$R_f = R_3$，可得

$$u_o = -\frac{R_f}{R_1}(u_{i1} - u_{i2}) \tag{6-30}$$

式(6-30)表明，输出电压与两个输入电压的差值成比例，即可完成两个信号的减法运算，故称为**减法运算电路**。

【例 6-6】 如图 6-43 所示，已知 $u_{i1} = 0.1V$，$u_{i2} = 0.3V$，$R_1 = R_2 = R_3 = 10k\Omega$，$R_{f1} =$

$51\text{k}\Omega$，$R_{f2} = 100\text{k}\Omega$，求 u_{o1} 和 u_o。

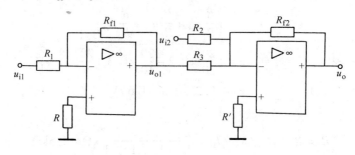

图 6-43

【解】 本电路是由两级集成运放组成，第一级为反相运算放大电路，因此根据式（6-24）得

$$u_{o1} = -\frac{R_{f1}}{R_1}u_{i1} = -\frac{51}{10} \times 0.1\text{V} = -0.51\text{V}$$

第二级为加法运算电路，根据式（6-30）得

$$u_o = -\frac{R_{f2}}{R}(u_{o1} + u_{i2}) = -\frac{100}{10} \times (-0.51 + 0.3)\text{V} = 2.1\text{V}$$

从上述电路的运算可见，将一个信号先反相，再利用求和的方法也可实现减法运算。

小　　结

1）晶体管有两个 PN 结（发射结和集电结）、3 个区（发射区、基区和集电区）及三个电极（C、E、B）。

2）晶体管有 NPN 型和 PNP 型两种，在电路中电源的极性和电流方向相反。

3）晶体管最主要的功能是放大电流，其实质是实现基极电流对集电极电流的控制。晶体管各电极的电流分配关系是 $I_E = I_C + I_B$，电流放大倍数为 $\beta = \dfrac{\Delta I_C}{\Delta I_B}$。

4）晶体管三种工作状态比较：

工作状态	条　件	特　　点
放大	发射结正偏 集电结反偏	I_C 受 I_B 控制，有放大作用 $I_E = I_B + I_C$，$I_C \approx \beta I_B$，$U_{CE} = V_{CC} - I_C R_C$
截止	发射极反偏（或零偏） 集电结反偏	$I_B = 0$，$I_C \approx I_{CEO} \approx 0$ $U_{CE} \approx V_{CC}$
饱和	发射结正偏 集电结正偏（或零偏）	I_C 不受 I_B 控制，由外电路决定 $I_{CES} \approx \dfrac{V_{CC}}{R_C}$，$U_{CES} \approx 0$ C、E 间相当于短路

5）晶体管的主要参数有电流放大系数 β、穿透电流 I_{CEO}、集电极与发射极间反向击穿电压 $U_{(BR)CEO}$、集电极最大允许电流 I_{CM}、集电极最大耗散功率 P_{CM}。

6）利用晶体管的电流放大作用可构成各种放大电路，其中共发射极放大电路是最基本的放大电路。

7）放大电路无交流信号输入时，晶体管的基极电流 I_{BQ}、集电极电流 I_{CQ}、集电极与发射极间的电压 U_{CEQ} 的值，称为放大电路的静态工作点。放大电路设置合适静态工作点的目的是为了避免输入信号在放大过程中出现波形失真。

8）放大电路的分析方法有估算法和图解法两种。估算法的特点是简便，图解法的特点是直观。

9）多级放大电路是多个单级放大电路连接起来的放大电路，其耦合方式有阻容耦合、变压器耦合、直接耦合和光耦合。无论哪种耦合，总电压放大倍数为 $A_U = A_{U1}A_{U2}A_{U3}\cdots A_{un}$。

10）功率放大器要求输出足够的功率，有较高的效率和较小的失真，OCL功放采用互补对称式放大电路，有两组电源供电，两管轮流导通，分别放大信号的正、负半周。

11）集成运算放大器是一种集成化的高放大倍数的放大电路。理想运放具有很大的开环电压放大倍数和很高的输入电阻，很小的输出电阻。

习　题

一、判断题

1. 晶体管由两个PN结组成，所以能用两个二极管反向连接起来充当晶体管使用。（　）
2. 发射结处于正向偏置的晶体管，一定是工作在放大状态。（　）
3. 既然晶体管的发射区和集电区是由同一种类型的半导体(N型或P型)构成，故E极和C极可以互换使用。（　）
4. 晶体管是电压放大器件。（　）
5. 设置静态工作点的目的是为了使输入信号在整个周期内不发生非线性失真。（　）
6. 多级阻容耦合放大电路，各级的静态工作点彼此独立，不互相影响。（　）
7. 阻容耦合放大电路只能放大交流信号，不能放大直流信号。（　）
8. 直接耦合各级间干扰小，常用于集成电路中。（　）
9. OCL功率放大电路使用双电源供电，无输出电容耦合。（　）
10. 集成运放在信号运算应用电路中，一般工作在非线性工作区。（　）

二、选择题

1. 当晶体管的发射结正偏，集电结反偏时，晶体管处于（　）。
A. 饱和状态　　　　B. 放大状态　　　　C. 截止状态

2. 在共发射极放大电路中，若静态工作点设置过低，在输入信号增大时，放大器首先会产生（　）。
A. 交越失真　　　　B. 饱和失真　　　　C. 截止失真

3. 晶体管处于饱和状态时，它的集电极电流将（　）。
A. 随基极电流的增加而增加　　　　B. 随基极电流的增加而减少
C. 与基极电流变化无关，只取决于 V_{CC} 和 R_C

4. 单管共发射极放大电路的 u_o 与 u_i 相位差（　）。
A. 0°　　　　B. 90°　　　　C. 180°

5. 温度升高时，晶体管的 β 值将（　）。
A. 增大　　　　B. 减少　　　　C. 不变

6. 具有放大环节的晶体管串联稳压电路在正常工作时，调整管处于（　）工作状态。
A. 开关　　　　B. 放大　　　　C. 饱和

7. 与甲类功率放大方式相比较，乙类推挽方式的主要优点是(　　)。

A. 不用输出变压器　　B. 无交越失真　　　C. 效率高

8. 集成运算放大器输入级通常采用(　　)电路。

A. 共射放大　　　　B. OCL 互补对称　　C. 差分放大

9. 集成运放电路实质是一个(　　)方式的多级放大电路。

A. 阻容耦合　　　　B. 直接耦合　　　　C. 变压器耦合

三、填空题

1. 晶体管有三个电极，分别为_____极、_____极和_____极，用字母_____、_____和_____来表示。

2. 晶体管有两个 PN 结，分别为_____和_____。

3. 表征电压放大器中晶体管静态工作点参数为_____、_____和_____。

4. 按晶体管在电路中的不同的连接方式，可组成_____、_____和_____三种基本放大电路。

5. 多级放大器常用的级间耦合方式有_____耦合、_____耦合、_____耦合和_____耦合四种。

6. 常用的功率放大器按其工作状态分为_____、_____和_____三类。

7. 乙类推挽放大器的主要失真是_____，要消除此失真，应改用_____类推挽放大器。

8. 集成运放内部主要由_____、_____、_____和_____四个部分组成。

9. 理想集成运放两输入端电位_____，输入电流_____。

四、问答题

1. 晶体管有哪些主要参数？

2. 放大电路的基本功能是什么？对放大电路有哪些基本要求？

3. 一个单管共发射极放大电路由哪些基本元器件组成？各元器件的作用是什么？

4. 放大电路为什么要设置静态工作点？

5. 静态工作点过高容易出现什么失真？过低又会出现什么失真？通常是通过调整什么来调整静态工作点？

6. 影响静态工作点稳定的主要因素是什么？画出分压式射极偏置放大电路图，并简述其稳定工作点的过程。

7. 放大电路交越失真是怎样形成的？如何消除它？

8. OCL 互补对称电路和 OTL 互补对称电路有何异同？

9. 什么叫做"虚短"、"虚断"？在什么情况下存在"虚地"？

五、计算题

1. 在晶体管放大电路中，测得 $I_C = 2\text{mA}$，$I_E = 2.02\text{mA}$，求 I_B 和 β 各为多少？

2. 已知某晶体管的发射极电流 $I_E = 3.24\text{mA}$，基极电流 $I_B = 40\mu\text{A}$。求集电极电流 I_C 的大小。

3. 已知某晶体管，当 $I_B = 20\mu\text{A}$ 时，$I_C = 1.4\text{mA}$；当 $I_B = 40\mu\text{A}$ 时，$I_C = 3.2\text{mA}$。求 β 值。

4. 题图 6-1 所示为共发射极放大电路，若晶体管的 $\beta = 50$，试求其静态工作点。

5. 在题图 6-2 中，$V_{CC} = 12\text{V}$，$R_C = 3\text{k}\Omega$，$R_B = 240\text{k}\Omega$，$R_L = 6\text{k}\Omega$。试求：（1）作直流负载线；（2）确定静态工作点 Q；（3）作交流负载线，确定该放大器在输出信号电压不失真的条件下，能获得的最大输出电压的幅值 U_{OM} 是多少？

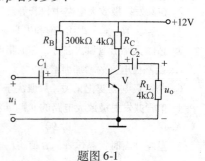

题图 6-1

6. 在题图 6-3 中，$R_{B1} = 60\text{k}\Omega$，$R_{B2} = 20\text{k}\Omega$，$R_C = 3\text{k}\Omega$，$R_E = 2\text{k}\Omega$，$R_L = 6\text{k}\Omega$，$V_{CC} = 16\text{V}$，$\beta = 60$。试

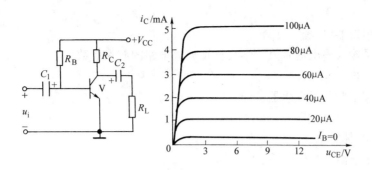

题图 6-2

求：（1）确定静态工作点 Q；（2）画出直流通路和交流通路；（3）输入电阻 r_i 和输出电阻 r_o；（4）电压放大倍数 A_u。

7. 如题图 6-4 所示为晶体管串联稳压电路，试说明它的稳压过程。若稳压二极管的稳压电压 $U_Z = 6V$，$U_{BE2} = 0.7V$，取样电路的 $RP = 620\Omega$，$R_1 = 1.2k\Omega$，$R_2 = 1.5k\Omega$，求输出电压 U_o 的调节范围。

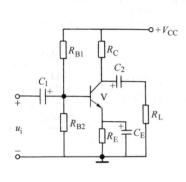

题图 6-3

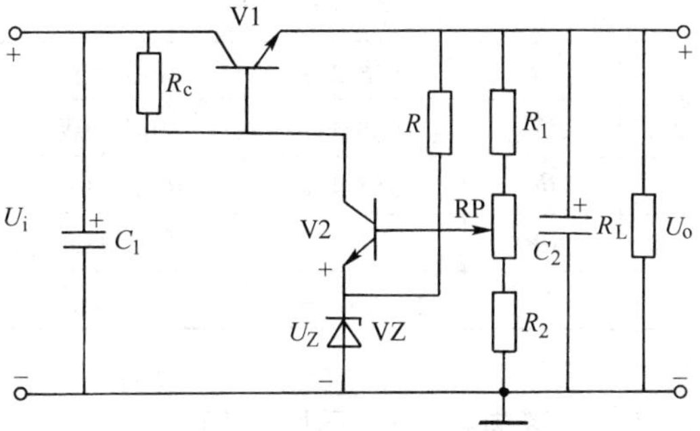

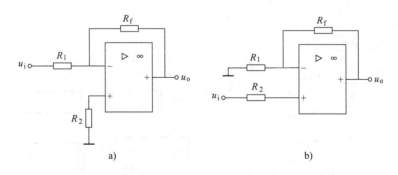

题图 6-4

8. 由理想运放构成的电路如题图 6-5 所示，已知 $u_i = 400mV$，$R_1 = 50k\Omega$，$R_2 = 25k\Omega$，$R_f = 50k\Omega$，试求输出电压 u_o 的值。

a)

b)

题图 6-5

实验五　晶体管放大电路

一、实验目的

1. 了解共发射极低频电压放大电路的组成及工作原理。

2. 掌握放大电路静态工作点的测量及调试方法，通过示波器观察工作点对放大电路工作状态的影响。

3. 正确使用仪器仪表。

4. 通过测量输入输出信号值，学会计算放大电路的放大倍数。

二、实验器材

1. XD－1 型低频信号发生器	1 台
2. ST－16 型通用示波器	1 台
3. DA－16 晶体管毫伏表	1 台
4. 直流稳压电源	1 台
5. 实验电路板	1 块
6. 连接导线	若干

三、实验元器件（见实验表 6-1）

实验表 6-1 元器件

序号	符号	元件名称	型号及规格	序号	符号	元件名称	型号及规格
1	V	晶体管	3DG6	7	R_{B2}	电阻	10kΩ
2	C_1	电解电容	10μF/10V	8	R_{C2}	电阻	10kΩ
3	C_2	电解电容	10μF/10V	9	R_{C1}	电阻	3.3kΩ
4	C_3	电解电容	100μF/10V	10	R_E	电阻	1kΩ
5	RP	电位器	47kΩ	11	R_{L1}	负载电阻	2.7kΩ
6	R_{B1}	电阻	5kΩ	12	R_{L2}	负载电阻	5.6kΩ

四、实验电路（见实验图 6-1）

五、实验内容和步骤

1）检查实验电路及仪表连接（见实验图 6-2）是否正确。

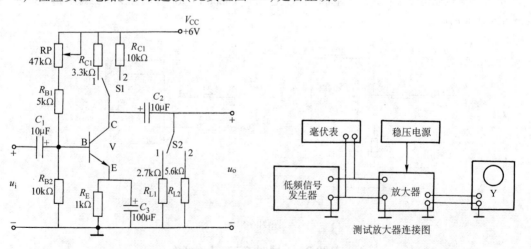

实验图 6-1　低频电压放大电路　　　实验图 6-2　测试放大器的连接

2）待仪器预热（约 15min）后，将稳压电源调至 6V，信号发生器输出频率为 1kHz，电压为 10mV，S1 和 S2 置"1"位置。

3）调整静态工作点。将低频信号发生器的输出信号送到放大电路的输入端，放大器的输出信号送到示波器的 Y 输入端。观察输出信号的波形，增大 U_i（由毫伏表监测），若出现波形失真，则调整 RP 的大小，使波形恢复正弦波形。然后再增大 U_i，重复上述步骤，直到输出波形最大而又保持正弦波形为止，这时放大器的静态工作点最合适。

4）测量静态工作点。断开信号源，将放大器输入端对地短路，用万用表测出 U_{CE}、U_{BE} 及 I_C 并填写入实验表 6-2 中。

实验表 6-2　U_{CE}、U_{BE} 及 I_C 的静态值

U_{CE}	U_{BE}	I_C

5）测算放大电路的电压放大倍数。重新将信号输入放大电路，保持波形不失真，用毫伏表测得输入与输出电压大小，由 $A_u = U_o / U_i$ 测算放大电路的电压放大倍数。将 S1 置于"1"，S2 分别置于"1"和"2"位置；然后再将 S1 置于"2"，S2 分别置于"1"和"2"位置，重复上述步骤。将次测量结果分别填入实验表 6-3 中。

实验表 6-3　四种情况下的电压放大倍数

测量次数	测试条件		测量结果		计算放大倍数
			U_i	U_o	A_u
1	S1 置"1" $R_{C1} = 3.3\text{k}\Omega$	S2 置"1" $R_{L1} = 2.7\text{k}\Omega$			
2		S2 置"2" $R_{L1} = 5.6\text{k}\Omega$			
3	S2 置"2" $R_{C2} = 10\text{k}\Omega$	S2 置"1" $R_{L1} = 2.7\text{k}\Omega$			
4		S2 置"2" $R_{L1} = 5.6\text{k}\Omega$			

六、实验报告

1. 集电极负载电阻变大时对电压放大倍数有何影响？为什么？

2. 负载 R_L 阻值变小时对电压放大倍数有何影响？为什么？

第七章

晶闸管及其应用电路

知识目标

1. 熟悉晶闸管的结构、外形及符号，了解晶闸管的工作原理及主要参数。

2. 掌握晶闸管的导通、关断条件以及简单测试方法。

3. 掌握计算(电阻性负载)单相半波可控、单相半控桥式整流电路的输出电压、晶闸管可能承受的最高反向电压与流过晶闸管的电流有效值的计算方法。

4. 了解单结晶体管的结构、特性，理解触发电路的工作原理、各组成环节及其作用，掌握单结晶体管的简单测试方法。

技能目标

1. 能计算(电阻性负载)单相半波可控、单相半控桥式整流电路的输出电压、晶闸管可能承受的最高反向电压与流过晶闸管的电流有效值。

2. 能根据电路参数正确选择晶闸管。

3. 会分析单结晶体管触发电路的工作原理、各组成环节及其作用。

4. 会对晶闸管、单结晶体管进行简单测试。

◇◇◇ 第一节 晶闸管

现代生活和工作的各行各业几乎都有晶闸管的应用，因此晶闸管已成为现代生活不可缺少的部分。本章从晶闸管开始，重点介绍晶闸管和单结晶体管的结构、工作原理、简单测试、单相半控桥式整流电路及其触发电路。

一、晶闸管的结构和符号

晶闸管是硅晶体闸流管的简称，它是一种大功率变流器件，主要用于大功率的交流电能与直流电能的相互转换——将交流电转换成直流电，其输出的直流电压具有可控性。晶闸管广泛用在交流调压、无触点交直流开关等方面。其种类较多，有普通型、双向型、可关断型等。在晶闸管整流电路中主要使用的是普通型晶闸管，而且普通型晶闸管的结构和工作原理也是分析其他晶闸管的基础，这

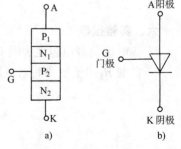

图 7-1 晶闸管的结构、符号
a) 结构 b) 符号

里主要介绍普通型晶闸管。普通型晶闸管的结构与符号如图 7-1 所示，其内部有四层半导体 (P_1、N_1、P_2、N_2)，三个 PN 结构 (P_1N_1、P_2N_2、P_2N_1)。外部有三个电极：阳极 A、阴极 K 和门极 G，文字符号为 VT。其外形如图 7-2 所示。

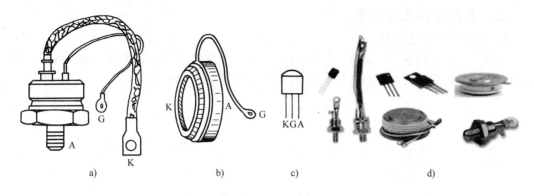

图 7-2　晶闸管的外形

a）螺栓式　b）平板式　c）塑封管式　d）一些常见晶闸管

【想一想】

根据晶闸管的结构（见图7-1a），可将其看成是（　　　）型和（　　　）型两个晶体管的互连。

【小知识】

晶闸管在日常的工作、生活中应用非常广泛。如电焊机、点焊机、调功器（烘干）、调光灯、电泳整流电源（汽车涂装）、直流调速系统（压力机、数控机床）、直流伺服单元（机器人、加工中心、剪板机）等。图7-3a是调光台灯及其调节器，旋动调光旋钮便可以调节灯泡的亮度；图7-3b为电路原理图，它由主电路和触发电路两部分构成。

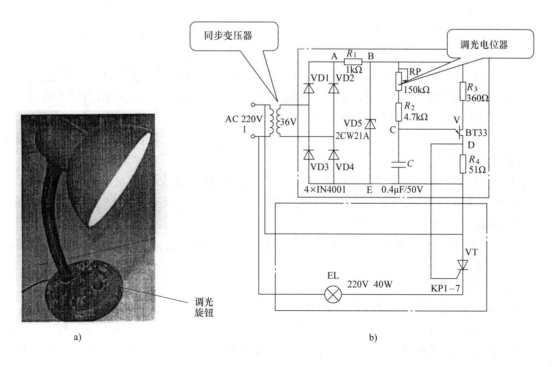

图7-3　调光台灯及其电路原理图

a）调光台灯　b）电路原理图

二、晶闸管的工作原理

1. 晶闸管的导通原理

从图7-4中可以看出，晶闸管可视为两只异型晶体管的组合，阳极一侧为晶体管 V1，阴极一侧为晶体管 V2，门极 G 既是 V2 的基极，又是 V1 的集电极。

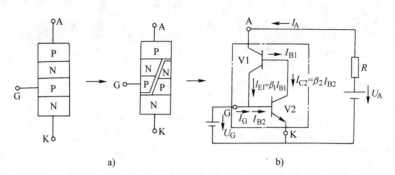

图7-4 晶闸管的内部结构与导通原理
a）内部结构 b）导通原理

当晶闸管加上正向阳极电压，并在门极加上正向触发电压时，从等效电路中看到 V2 首先导通放大，其集电极电流 I_{C2} 经 V1 的发射结构成回路，使 V1 也导通放大，此时 V1 的集电极电流 I_{C1} 经 V2 的发射结构成 V2 的基极电流，经 V2 再一次进行电流放大。如此不断进行正反馈放大，直到最后晶闸管完成导通，此时相当于晶闸管开关处于闭合状态。其导通过程可表述如下：

$$U_G \rightarrow I_{B2} \rightarrow I_{C2}(I_{C2} = \beta_2 I_{B2} = I_{B1}) \rightarrow I_{C1}(I_{C1} = \beta_1 I_{B1} = \beta_1\beta_2 I_{B2})$$
$$正反馈$$

由于晶闸管最终进入饱和导通状态，β 下降，晶闸管电流将最后稳定在某一数值上。

在晶闸管阳极加上正向电压，并经触发之后，从导通原理叙述中可归纳出以下结论：

1）只要 $\beta_1\beta_2 > 1$，便可维持正反馈放大，使晶闸管导通。

2）一旦导通，门极就失去控制作用，门极的触发电压便可撤消。可见触发电压只需要采用适当的脉冲电压即可。

3）晶闸管导通后，阳极电流的大小受电路参数的制约，最后稳定值为 $I_A = (U_A - U_T)/R$，式中 U_A 为电源电压，U_T 为晶闸管的正向饱和压降，一般情况下 $U_T \approx 1V$，R 为负载电阻。

2. 晶闸管的导通与关断条件

从晶闸管的工作原理可知，晶闸管实际上是一只无触点开关，因此讨论的重点是如何控制其通断的问题。

（1）导通条件

1）阳极加适当的正向电压，即 $U_A > 0$。

2）门极加适当的正向触发电压，即 $U_G > 0$。

3）电路参数必须保证晶闸管阳极工作电流大于维持电流，即 $I_A > I_H$，维持电流 I_H 是维持晶闸管导通的最小阳极电流。

（2）关断条件 晶闸管导通后的关断，与有无触发电压无关，而只与电源及电路条件有关，故关断条件是：

1）撤除阳极电压，即 $U_A \leqslant 0$。

2）阳极电流减小到无法维持导通的程度，即 $I_A < I_H$。常采用的方法有：降低阳极电压、切断电流或给阳极加反向电压。

【想一想】

有人说："晶闸管只要加上正向电压就导通，加上反向电压就关断，所以晶闸管具有单向导电性能。"这句话对吗？

三、晶闸管的主要参数

晶闸管的主要参数见表 7-1。

表 7-1　晶闸管的主要参数

名称	符号	性质特点
通态平均电流	$I_{T(AV)}$	在规定的环境温度和散热条件下，允许通过阳极和阴极之间的电流平均值
维持电流	I_H	在规定的环境温度和门极断开的条件下，要维持晶闸管处于导通状态所需要的最小正向电流
门极触发电压和电流	V_{GT}，I_{GT}	在规定的环境温度和一定的正向电压条件下，使晶闸管从关断到导通，门极所需要的最小电压和电流
正向阻断峰值电压		在门极断开和正向阻断条件下，允许加在阳极的正向电压最大值。使用时正向电压若超过此值，晶闸管即使不加触发电压也能从正向阻断转为导通
反向阻断峰值电压		在门极断开和反向阻断条件下，允许加在阳极的反向电压最大值

四、晶闸管型号

晶闸管型号的命名方法如下：

例如 KP10—20 表示额定通态平均电流为 10A，正反向重复峰值电压为 2000V 的普通反向阻断型晶闸管。部分 KP 型晶闸管的主要参数见附表 I。

五、晶闸管使用注意事项

晶闸管是具有体积小、损耗小、无噪声、控制灵敏度高等优点的半导体变流器件，但它对过电流和过电压承受能力比其他电器产品要小得多，为了保证管子正常工作，不致造成损坏，使用时应注意以下几点：

1）在选择晶闸管的额定电压、电流时，应留有足够的安全余量。

2）应有过电流、过电压保护和限制电流、电压变化率的措施。

3）晶闸管的散热系统应严格遵守规定要求。使用中，若冷却系统发生故障，应立即停止使用或将负载减小到额定值的1/3，作短时应急使用。

4）严禁用绝缘电阻表检查晶闸管的绝缘情况。

由于晶闸管的过电流、过电压能力很弱，除选用时有一定的余量外，为防止瞬间的过电流和过电压，实际应用中还要采用并联阻容吸收电路和串联空心线圈、快速熔断器等保护措施。

六、晶闸管电极的判定和简单测试

1. 晶闸管电极的判定

若从外观上判断，3个电极形状各不相同，无需作任何测量就可以识别。小功率晶闸管的门极比阴极细，大功率的门极则用金属编制套引出，像一根辫子。有的在阴极上另外引出一根较细的引线，以便和触发电路连接，这种晶闸管虽有4个电极，也无需测量就能识别。

2. 晶闸管的简单测试

在实际使用过程中，很多时候需要对晶闸管的好坏进行简单的判断，我们常常采用万用表法进行判别，见表7-2。

表7-2 晶闸管测试方法

项目	测试方法	说明	结果及分析
1	万用表置于欧姆挡 $R \times 100$，将红表笔接晶闸管的阳极，黑表笔接晶闸管的阴极，观察指针摆动情况		结果：正反向阻值均很大 原因：晶闸管是四层三端半导体器件，在阳极和阴极之间有三个PN结，无论如何加电压，总有一个PN结处于反向阻断状态，因此正反向阻值均很大
2	将黑表笔接晶闸管的阳极，红表笔接晶闸管的阴极，观察指针摆动情况		

（续）

项目	测试方法	说明	结果及分析
3	将红表笔接晶闸管的阴极，黑表笔接晶闸管的门极，观察指针摆动情况		理论结果：当黑表笔接门极，红表笔接阴极时，阻值很小；当红表笔接门极，黑表笔接阴极时，阻值较大 实测结果：两次测量的阻值均不大
4	将黑表笔接晶闸管的阴极，红表笔接晶闸管的门极，观察指针摆动情况		原因：在晶闸管内部门极与阴极之间反并联了一个二极管，对加到门极与阴极之间的反向电压进行限幅，防止晶闸管门极与阴极之间的 PN 结反向击穿

◇◇◇◇ 第二节 晶闸管可控整流电路

晶闸管可控整流与二极管整流有所不同，它不仅能将交流电变成直流电，而且整流后直流电的大小是可调的、可控的。晶闸管整流电路由整流主电路和触发电路两部分构成，其中触发电路将在本章第三节中讨论。可控整流电路的组成形式有多种，而且每种电路由于连接的负载性质不同，也有不同的工作特点。一般功率在 4kW 以下的可控整流装置多采用单相可控整流，对大功率的负载多采用三相可控整流。本节只介绍接电阻性负载的可控整流电路。

一、单相半波可控整流电路

将单相半波整流电路中的整流二极管换成晶闸管即构成单相半波可控整流电路，如图 7-5a 所示，R_L 为负载电阻，u_1 和 u_2 为电源变压器的一次和二次正弦交流电压。

1. 可控整流原理

由图 7-5a 电路可见，若门极不加触发电压，无论在 u_2 的正半周还是负半周，晶闸管 VT 均不会导通。

1）$\omega t = \alpha$ 时（t_1 时刻）将触发脉冲 u_G 加到 VT 的门极，晶闸管被触发导通，如果忽略管压降，则负载上得到的电压等于 u_2。

2）ωt 接近 π 时，电源电压降低为零，因晶闸管正向电流小于维持电流而自行关断。

3）ωt 在 u_2 的负半周时，晶闸管因承受反向电压，因而不能导通，这时晶闸管承受的反向电压最大值为 $\sqrt{2} U_2$，如图 7-5b 所示。当电源电压 u_2 的第三个正半周开始，再在相应的 t_2 时刻加入触发脉冲，晶闸管再次导通。当触发脉冲周期性地（与电源电压同步）重复加在门极上时，负载 R_L 就可以得到一个单向脉冲的直流电压。

图 7-5b 中，α 称为触发延迟角，θ 称为导通角。α 又称为触发脉冲的移相角，α 的变化范围也称为移相范围。在单相半波可控整流电路中晶闸管只有在电源电压 u_2 的正半周时才有可能被触发导通，$0°$、$360°$ 等这些点是触发延迟角的起点。当 $\alpha = 0°$（或 $360°$ 等）时输出电压 U_L 最大，这时晶闸管全导通；当 $\alpha = 180°$（或 $540°$ 等）时输出电压为零，这时晶闸管全关断。当 α 在 $0° \sim 180°$ 之间变化时，输出电压 U_L 便在 0 到最大值之间连续变化，这就是可控整流的意义。

2. 输出电压和负载中流过的电流

（1）输出电压的平均值　　$U_L = 0.45 U_2 \dfrac{1 + \cos\alpha}{2}$　（7-1）

（2）输出电流的平均值

$$I_L = \frac{U_L}{R_L} \qquad (7-2)$$

式中　U_2——变压器二次电压的有效值，单位为伏［V］；

　　　　α——触发延迟角；单位为弧度［rad］

　　　　U_L——输出电压的平均值，单位为伏［V］；

　　　　I_L——负载中流过的平均电流，单位为安［A］。

【例 7-1】　在图 7-5a 所示电路中，变压器二次电压 $U_2 = 100V$，当触发延迟角 α 分别为 $0°$、$90°$、$120°$、$180°$ 时，负载上的平均电压是多少？

【解】　由式（7-1）知

$\alpha = 0°$ 时　　$U_L = 0.45 \times 100 \times \dfrac{1 + \cos 0°}{2} V = 45V$

$\alpha = 90°$ 时　　$U_L = 0.45 \times 100 \times \dfrac{1 + \cos 90°}{2} V = 22.5V$

$\alpha = 120°$ 时　　$U_L = 0.45 \times 100 \times \dfrac{1 + \cos 120°}{2} V = 11.25V$

$\alpha = 180°$ 时　　$U_L = 0.45 \times 100 \times \dfrac{1 + \cos 180°}{2} V = 0V$

单相半波可控整流电路具有电路简单，只需要一个晶闸管，调整也很方便。但输出直流电压较小，电压波形较差，故只适用于要求不高的小功率整流设备上。

【想一想】

触发延迟角 α 越大，导通角和整流输出的直流电压将怎样变化？

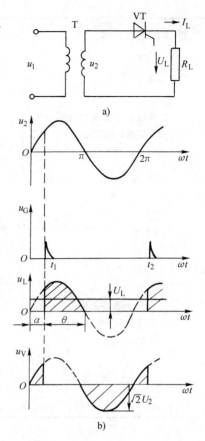

图 7-5　单相半波可控整流电路及符号

a）电路　b）波形

二、单相半控桥式整流电路

单相半波可控整流电路存在着整流输出的直流电压脉动大、设备利用率不高等缺点。为此可将晶体二极管单相桥式整流电路中的二极管换成晶闸管，就构成桥式全波全控整流电路。但在实际应用中，从经济性和可靠性方面考虑，也可采用图 7-6a 所示的两个二极管和两个晶闸管构成的单相半控桥式整流电路。

1. 单相半控桥式整流电路

单相半控桥式整流电路如图 7-6a 所示，与单相桥式整流电路相比，只是将原来的共阴极接法的两个二极管或共阳极接法的两个二极管用晶闸管 VT1 和 VT2 取代，其余仍然用二极管的整流电路，故而称为**半控桥式整流电路**。

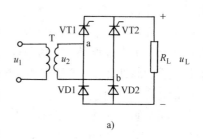

晶体管 VT1 和 VT2 的阴极接在一起，触发脉冲同时送给两管的门极，但能被触发导通的只能是阳极承受正向电压的那只晶闸管。下面分析电路的工作原理。

在电源电压 u_2 的正半周时（a 点电位高，b 点电位低），晶闸管 VT1 和二极管 VD2 承受正向电压，在 t_1 时刻（$\omega t_1 = \alpha$）加入触发脉冲 u_G，VT1 触发导通，电流回路为 a→VT1→R_L→VD2→b，这时晶闸管 VT2 和二极管 VD1 均承受反向电压而关断。

当 u_2 过零时，VT1 因正向电流小于维持电流而自行关断，电流为零。

在 u_2 的负半周时（b 点电位高，a 点电位低），晶闸管 VT2 和二极管 VD1 承受正向电压，在 t_2 时刻（$\omega t_2 = \pi + \alpha$）加入触发脉冲 u_G，VT2 触发导通，电流回路为 b→VT2→R_L→VD1→a。这时晶闸管 VT1 和二极管 VD2 均承受反向电压而关断。

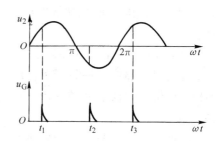

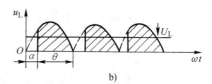

图 7-6 单相半控桥式整流电路
a）电路 b）波形

输出电压的波形如图 7-6b 所示，显然 R_L 得到的平均直流电压（U_2 和 α 相同时）是半波可控整流时的 2 倍，即

$$U_L = 0.9 U_2 \frac{1 + \cos\alpha}{2} \tag{7-3}$$

每只管子承受的最高反向电压为 $\sqrt{2} U_2$，每个晶闸管导通平均电流为负载平均电流的 1/2，即 $I_L = \dfrac{U_L}{2R_L}$。

由式（7-3）可见：

$\alpha = 0$ 时，$\theta = \pi$ 晶闸管出于完全导通状态，$U_L = 0.9 U_2$。

$\alpha = \pi$ 时，$\theta = 0$ 晶闸管出于完全关断状态，$U_L = 0$。

所以单相半控桥式整流输出直流电压的范围为：$0 \sim 0.9 U_2$。

【想一想】

单相半控桥式整流电路输出的直流电压范围为( )U_2。

2. 用一个晶闸管的单相桥式可控整流电路

图7-7所示为用一个晶闸管作开关管的单相桥式可控整流电路，其左半部分为桥式整流电路，其输出电压 u_2' 为全波整流电压，波形如图7-7b所示。

在 u_2 的正半周时，二极管VD1和VD4导通，u_2' 作为正向电压加在晶闸管VT的阳极。若在VT的门极加上合适的脉冲 u_G，VT便在相应的时刻被触发导通，负载上有电流通过。

在 u_2 的负半周时，二极管VD2和VD3导通，u_2' 仍作为正向电压加在晶闸管VT上，在 u_G 的触发下，VT又在相应的时刻被触发导通，负载上有电流通过。

可见VT在电路中不承受反向电压，其作用相当于接在负载电路中的一只开关。R_L 上得到的波形和单相半控桥式整流电路的一样，负载电压的平均值也一样。

这种电路由于只用一个晶闸管，故应用也较广泛，但该电路在晶闸管前不能接滤波电容，否则会导致电源电压 u_2 过零而晶闸管的阳极电压 u_2' 不过零，影响晶闸管的关断。

对于大功率的负载，如果用单相可控整流电路，将造成供电线路三相负荷的不平衡，影响电网供电质量。因此，中型以上的整流装置都采用三相整流，限于专业，这里不再讨论。

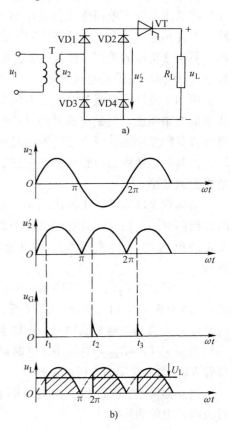

图7-7 用一只晶闸管的单相
桥式可控整流电路
a）电路 b）波形

◇◇◇ **第三节 晶闸管触发电路**

由前面的讨论可以知道，晶闸管阳极加正向电压，门极加适当的正向触发电压时就会导通。这种对晶闸管提供触发信号的电路称为**触发电路**。

一、对触发电路的要求

1）触发电压必须与晶闸管阳极电压同步。

2）触发电压应满足主电路移相范围的要求。

3）触发脉冲电压的前沿要陡，宽度要满足一定的要求。

4）具有一定的抗干扰能力。

5）触发信号应有足够大的电压和功率。

二、单结晶体管触发电路

晶闸管可控整流的触发电路种类很多，本节仅介绍单结晶体管同步触发电路，它具有电路结构简单、触发可靠性高的特点，适用于中小容量的晶闸管可控整流装置。

1. 单结晶体管的结构、符号和特性

单结晶体管又称为双基极二极管。它有一个发射极和两个基极。在一块高阻率的 N 型硅基片上用镀金陶瓷片制作成两个接触电阻很小的极，称为第一基极（B_1）和第二基极（B_2），而在硅基片的另一侧靠近 B_2 处掺入 P 型杂质，并引出一个铝质电极，称为发射极（E）。发射极 E 对基极 B_1、B_2 就是一个 PN 结，故称为**单结晶体管**，如图 7-8a 所示，其符号如图 7-8b 所示。

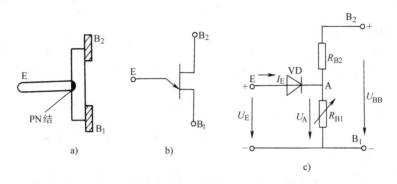

图 7-8　单结晶体管的结构、符号和等效电路

a）结构　b）符号　c）等效电路

单结晶体管的发射极与任一基极之间都存在着单向导电性，当发射极不与电路接通时，基极 B_1B_2 之间的电阻（R_{BB}）一般为 $4 \sim 124\Omega$，R_{B1}、R_{B2} 分别是两个基极与发射极之间的电阻，发射极与两个基极之间的 PN 结用一个等效二极管 VD 表示。这样，单结晶体管可用图 7-8c 所示的等效电路来表示。

【想一想】

单结晶体管具有几个 PN 结？

单结晶体管的电压电流特性是：单结晶体管工作时，需要在两个基极上加以电压 U_{BB}，且 B_2 接正极，B_1 接负极，在发射极不加电压时，A 点和 B_1 之间的电压为

$$U_{AB1} = \frac{R_{B1}}{R_{B1} + R_{B2}} \times U_{BB} = \eta U_{BB} \tag{7-4}$$

η 称为单结晶体管的分压系数（或称为**分压比**），它与管子内部的结构有关，通常为 $0.3 \sim 0.9$。对某一单结晶体管而言，η 是一个常数，且不受电压和温度的影响。

当发射极电压 U_E 从零开始逐渐增加时，在 $U_E < \eta U_{BB} + U_{VD}$ 时（U_{VD} 为等效二极管正向压降），发射极和基极 B_1 之间不能导通，只有很小的反向漏电流；随着 U_E 的增加，这个反向漏电流变为大约几微安的正向电流，对应于图 7-9 中 AP 段，称它为截止区，此时 E、B_1 之间呈现高电阻。

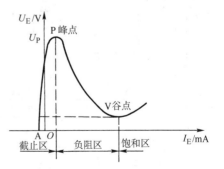

图 7-9　单结晶体管的电压电流特性

当 $U_E = \eta U_{BB} + U_{VD}$ 时，PN 结正向导通，I_E 突然增大，这个点称为峰点 P，与该点对应的电流和电压称为峰点电流 I_P 和峰点电压 U_P，显然：

$$U_P = \eta U_{BB} + U_{VD} \tag{7-5}$$

在单结晶体管的 PN 结充分导通后，电源经过发射结向第一基极注入大量载流子，从而使 R_{B1} 值急剧下降为 R'_{B1}，这就是说，单结晶体管具有负阻特性，故 R_{B1} 可以视为一个可变电阻。导通后单结晶体管的分压比随着 R_{B1} 的变小而下降到 $\eta' = R'_{B1} / (R'_{B1} + R'_{B2})$，维持 PN 结的电压 U_E 就大大地降低了，这一电压称为谷点电压 U_V，即

$$U_V = U_{VD} + \eta' U_{BB} \tag{7-6}$$

U_V 的值一般为 $1 \sim 2.5V$。

当 $U_E < U_V$ 时，单结晶体管的发射结反偏，所以单结晶体管的截止条件是 $U_E < U_V$。

改变加在两基极间的电压 U_{BB}，可以改变单结晶体管的峰点电压，也就改变了单结晶体管的导通条件。

从上述特性可以看出，单结晶体管具有开关特性。当 $U_E > U_P$ 时，"开关"闭合，E、B_1 极之间导通；当 $U_E < U_V$ 时，"开关"断开，即 E、B_1 极之间截止，呈高阻状态。

2. 单结晶体管触发电路

图 7-10 所示为单结晶体管触发电路。同步变压器 T 的作用是让触发脉冲与主电路同步，并且向触发电路提供一个低电压 u_2，此电压经整流、稳压后得到一个稳定电压 U_Z 加在单结晶体管触发电路上。U_Z 经 R 和 RP 对电容 C 充电，当 $u_C(U_E)$ 上升到大于单结晶体管的峰点电压时，单结晶体管导通，C 经过 E→R_{B1}→R_1 放电，在 R_1 形成一个脉冲电压加到主电路中

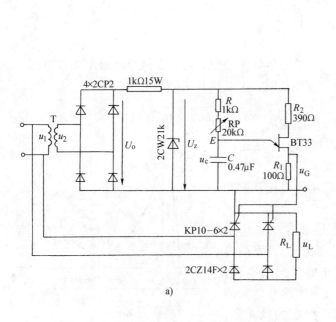

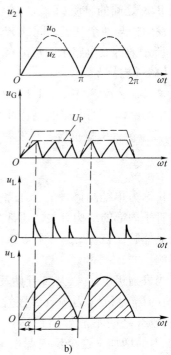

图 7-10　单结晶体管触发电路

a）电路　b）波形

两个晶闸管的门极，使处于承受正向电压的晶闸管导通。电容 C 放电后，U_C 下降，到低于谷点电压时，单结晶体管截止，如图 7-10b 所示。改变 RP 的阻值可改变电容 C 充电的快慢，即改变了加在晶闸管门极上第一个触发脉冲的时刻(改变了触发延迟角 α 大小)，也就改变了可控整流输出电压的高低，实现了可控整流。

【想一想】

单结晶体管触发电路是在每次电源电压过零后的一定角度发出第一个脉冲信号，由此实现触发电路与什么电路的同步？

3. 单结晶体管的简单测试

(1) 单结晶体管的电极判定　在实际使用时，可以用万用表来测试单结晶体管的三个电极，简单测试方法见表 7-3。

表 7-3　单结晶体管的简单测试方法

项目	测试方法	说明	测试结果
1	万用表置于电阻挡，将万用表红表笔接 E 端，黑表笔接 B_1 端，测量 E—B_1 两端的电阻	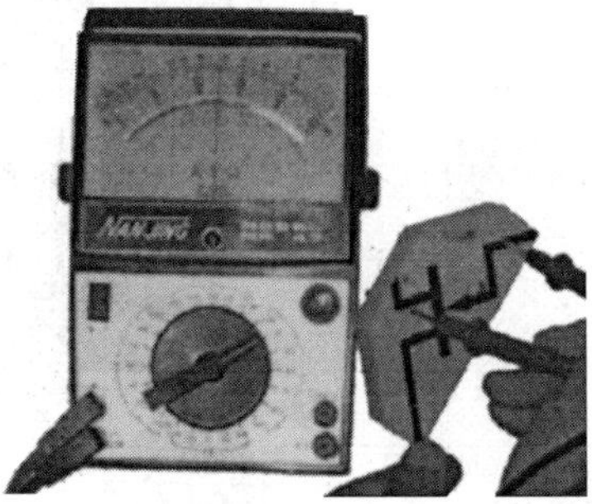	结果：两次测量的电阻值均较大(通常在几十千欧)
2	将万用表黑表笔接 B_2 端，红表笔接 E 端，测量 B_2—E 两端的电阻		
3	将万用表黑表笔接 E 端，红表笔接 B_1 端，再次测量 B_1—E 两端的电阻		结果：两次测量的电阻值均较小(通常在几千欧)，且 $R_{B1} > R_{B2}$

（续）

项目	测试方法	说明	测试结果
4	将万用表黑表笔接 E 端，红表笔接 B₂ 端，再次测量 B₂—E 两端的电阻		结果：两次测量的电阻值均较小（通常在几千欧），且 $R_{B1} > R_{B2}$
5	将万用表红表笔接 B₁ 端，黑表笔接 B₂ 端，测量 B₂—B₁ 两端的电阻	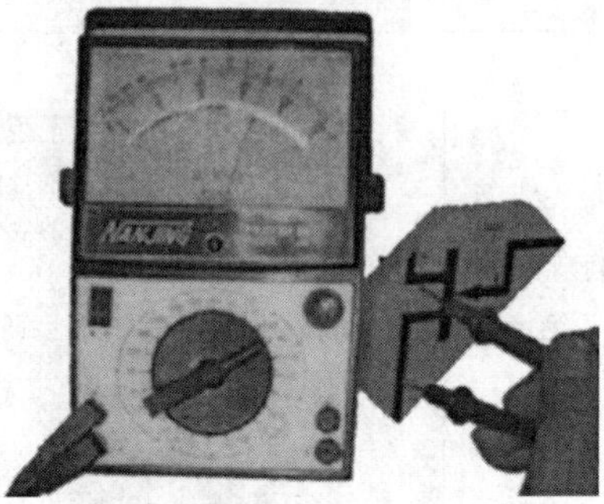	结果：B₁—B₂ 间的电阻 R_{BB} 为固定值
6	将万用表黑表笔接 B₁ 端，红表笔接 B₂ 端，再次测量 B₁—B₂ 两端的电阻	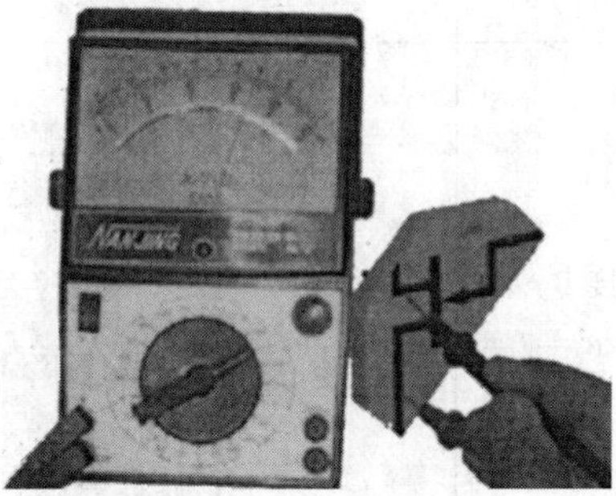	

    由以上的分析可以看出，用万用表可以很容易地判断出单结晶体管的发射极，只要发射极对了，即使 B₁、B₂ 接反了，也不会烧坏管子，只是没有脉冲输出或者脉冲幅度很小，这时只要将两个管脚调换一下就可以了。

    （2）判定单结晶体管的好坏　我们可以通过测量管子极间电阻或负阻特性的方法来判定它的好坏。具体操作步骤见表 7-4。

表 7-4　判定单结晶体管好坏的操作步骤

步骤	项目	方法	结果
1	测量 PN 结正向电阻	将万用表置于 $R \times 100$ 挡或 $R \times 1k$ 挡，黑表笔接发射极 E，红表笔接基极 B₁、B₂	测得管子 PN 结的正向电阻一般应为几至几十千欧

（续）

步骤	项目	方法	结果
2	测量 PN 结反向电阻	将红表笔接发射极 E，黑表笔分别接基极 B1 或 B2	测得 PN 结的反向电阻，正常时指针偏向∞（无穷大）
3	测量基极电阻 R_{BB}	将万用表的红、黑表笔分别任意极 B_1 和 B_2	测量 B_1、B_2 间的电阻应在 2~12kΩ 范围内，阻值过大或过小都不好
4	测量负阻特性	将万用表 $R \times 100$ 挡或 $R \times 1k$ 挡，红表笔接 B1 极，黑表笔接 E 极 负阻特性测试电路	仪表指针应偏向左侧，表明管子具有负阻特性。如果指针偏向右侧，则表明被测管无负阻特性，当然不宜使用

三、应用实例

图 7-11 所示为简易晶闸管充电电源电路。主电路是由 220V 交流电网供电的单相半波可控整流电路及负载组成的，触发电路采用单结晶体管触发电路，它与前面介绍的触发电路稍有不同，单结晶体管两个基极间所加的电压是取自220V 交流电经半波整流再降压后的电压，没有削波环节，所以单结晶体管的峰值电压和谷点电压是变化的。

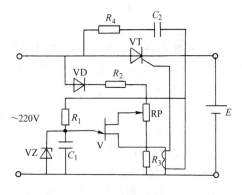

图 7-11　简易晶闸管充电电源电路

由于单结晶体管的发射极取自充电电池 E 的端电压，所以触发电路能正常工作的前提是输出端负载电池的极性必须接正确。若电池极性接反了或发生短路，就无脉冲输出，主电路晶闸管也不会开通，这样可使电器得到自动保护。

当电源电压正半周时，触发电路工作，输出触发脉冲，晶闸管导通。当电源电压负半周时，触发电路停止工作，无脉冲输出，这时晶闸管阳极承受反向电压而关断。此充电电路中，对蓄电池充电的电流是脉冲式的，可以提高充电效率，这种脉冲式的充电电流给选择晶闸管的电流额定值带来不利因素。

在电路中两端并联稳压二极管的目的是对单结晶体管和晶闸管实施过电压保护。

小 结

1) 晶闸管在内部结构上可以等效为由一个 PNP 型晶体管和一个 NPN 型晶体管构成的复合管，这是我们分析晶闸管导通和关断的物理过程的关键。

2) 普通晶闸管具有正向阻断能力。在阳极和阴极间加上正向电压后必须同时在门极和阴极间加适当的触发脉冲才能使它触发导通。晶闸管被触发导通后，其门极便失去控制作用，要使晶闸管重新关断，必须将主电路电源电压降低，使阳极电流减小到低于维持电流，或者给阳极和阴极间加反向电压。

3) 用晶闸管可以构成输出电压可调的可控整流电路，通过改变晶闸管触发延迟角的大小来调节直流输出电压。

① 单相半波可控整流电路有：

$$U_L = 0.45 U_2 \frac{1 + \cos\alpha}{2}$$

晶闸管承受的最大反向电压为 $\sqrt{2} U_2$，流过负载的平均电流和晶闸管的电流相同，即

$$I_L = \frac{U_L}{R_L}$$

② 单相半控桥式整流电路有：

$$U_L = 0.9 U_2 \frac{1 + \cos\alpha}{2}$$

每个晶闸管承受的最大反向电压为 $\sqrt{2} U_2$，每个晶闸管导通平均电流为负载平均电流的 1/2，即

$$I_L = \frac{U_L}{2R_L}$$

4) 触发电路是晶闸管电路中的控制环节，触发电路的种类很多，单结晶体管触发电路利用了单结晶体管的负阻效应和 RC 充放电特性，其结构简单，易于调整，但输出功率较小，一般用在小容量晶闸管可控整流电路中。

习 题

1. 晶闸管的结构有什么特点？其导通与关断的条件是什么？

2. 有一单相半波可控整流电路，电阻性负载 $R_L = 5\Omega$，交流电源电压 $U_L = 220V$，触发延迟角 $\alpha = 60°$，求输出电压平均值 U_L 和负载中平均电流 I_L。

3. 单相半波可控整流电路，直接由 220V 电源供电，若负载电阻 $R_L = 10\Omega$，负载平均电流 $I_L = 2.5$ A，试计算晶闸管的触发延迟角 α 和负载电压 U_L。在 R_L 不变的条件下，若要求 I_L 增大一倍，再计算触发延迟角 α 和负载电压 U_L 的大小。

4. 一单相半控桥式整流电路，直接从电网供电 220V，要求输出直流电压 $U_L = 75V$，直流电流 $I_L = 20A$，试计算晶闸管的导通角 θ。

5. 试画出单相半波可控整流电路接电阻性负载，在触发延迟角：$\alpha = 30°$，$\alpha = 90°$，$\alpha = 120°$ 时，输出电压 u_L 及晶闸管上的电压 u_T 的波形。

6. 晶闸管对触发电路有什么要求？

7. 单结晶体管的电压电流特性是怎样的？

8. 在单结晶体管的振荡电路(见题图 7-1)中，电容 C 与电阻 R 的取值对晶闸管的工作有何影响？若取值太大或太小有何后果？

9. 在题图 7-2 所示的单相交流调压电路中，若已知电源电压为 220V，$R_L = 10\Omega$，试求：$\alpha = 30°$，$\alpha = 60°$ 时输出的电压和电流的有效值。

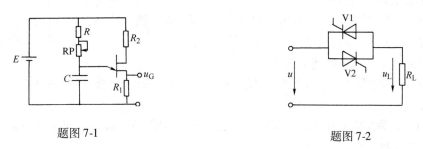

题图 7-1　　　　　　　　　　　　　题图 7-2

实验六　晶闸管的简单测试及晶闸管的导通与关断实验

一、实验目的

1. 掌握晶闸管的简易测试方法。

2. 验证晶闸管的导通条件及判断方法。

二、实验电路(见实验图 7-1)

三、实验器材

1. 单极开关	2 个
2. 4.5V/30V 直流稳压电源(双踪)	1 台
3. 万用表	1 块
4. 晶闸管 KP5(好、坏)	各 1 支
5. 电流表(2A)	1 块
6. 电阻 3kΩ	1 个
7. 电容 10μF/50V	1 个
8. 电容 0.22μF/50V	1 个
9. 灯泡 36V/40W	1 个

实验图 7-1　晶闸管导通关断
条件实验电路

四、实验内容和步骤

1. 鉴别晶闸管好坏

用万用表 $R\times1\mathrm{k}\Omega$ 电阻挡测量两只晶闸管的阳极(A)与阴极(K)之间、门极(G)与阳极(A)之间的正、反向电阻。

用万用表 $R\times10\Omega$ 电阻挡测量两只晶闸管的门极(G)与(K)阴极之间的正、反向电阻，将所测得数据填入实验表 7-1 中，并鉴别被测晶闸管的好坏。

2. 晶闸管的导通条件实验

1)实验电路如实验图 7-1 所示，将开关 S1、S2 处于断开状态。

2)加 30V 正向阳极电压，门极开路或接 -3.5V 电压，观察晶闸管是否导通，灯泡是否亮。

3)加 30V 反向阳极电压，门极开路或接 -3.5V(+3.5V)电压，观察晶闸管是否导通，灯泡是否亮。

4)阳极、门极都加正向电压，观察晶闸管是否导通，灯泡是否亮。

5）灯亮后去掉门极电压，观察灯泡是否继续亮；再在门极加 $-3.5V$ 的反向门极电压，观察灯泡是否继续亮。

6）将以上结果填入实验表 7-2 中。

3. 晶闸管关断条件实验

1）实验电路如实验图 7-1 所示，将开关 S1、S2 处于断开状态。

2）阳极、门极都加正向电压，使晶闸管导通，灯泡亮。断开门极电压，观察灯泡是否亮。断开阳极电压，观察灯泡是否亮。

3）重新使晶闸管导通，灯泡亮。而后闭合开关 S1，断开门极电压，然后接通 S2，看灯泡是否熄灭。

4）在 1、2 端换接上 $0.22\mu F/50V$ 的电容再重复步骤 3），观察灯泡是否熄灭。

五、实验结果

实验表 7-1　晶闸管好坏的判断　　　　　　　　　　（单位：Ω）

被测晶闸管电阻	R_{AK}	R_{KA}	R_{AG}	R_{GA}	R_{GK}	R_{KG}	结论
第 1 支晶闸管							
第 2 支晶闸管							

实验表 7-2　晶闸管导通条件（阳极 A 与阴极 K 之间为 30V 电压）

序号	阳极 A	阴极 K	门极 G	灯泡状态	晶闸管状态
1	正	负	开路		
2	正	负	$-3.5V$ 电压		
3	正	负	$+3.5V$ 电压		
4	负	正	开路		
5	负	正	$-3.5V$ 电压		
6	负	正	$+3.5V$ 电压		

六、实验注意事项

1）用万用表测试晶闸管极间电阻时，特别在测量门极与阴极间的电阻时，不要用 $R \times$ 10k 挡以防损坏门极，一般应放在 $R \times 10$ 挡测量为准。

2）测量维持电流时，晶闸管导通后，要去掉门极电压，再减小阳极电压。

3）测量维持电流时，电流表换挡时，注意要先插入小挡插销，再拔出大挡插销。

七、实验报告要求

1. 总结晶闸管导通的条件和晶闸管关断条件。

2. 总结简易判断晶闸管好坏的方法。

附　　录

◇◇◇ 附录 A　常用物理量及其计量单位

物理量		单位	
名称	符号	名称	符号
电荷[量]	Q	库[仑]	C
电流	I	安[培]	A
时间	t	秒	s
电流密度	J	安培每平方毫米	A/mm^2
电位、电压	U，V	伏[特]	V
电动势	E	伏[特]	V
电阻	R	欧[姆]	Ω
电阻率	ρ	欧米	Ω·m
电功	W	焦[耳]	J
电功率	P	瓦	W
电容	C	法[拉]	F
时间常数	r	秒	s
磁感应强度	B	特[斯拉]	T
磁通	Φ	韦[伯]	Wb
磁导率	μ	亨[利]每米	H/m
相对磁导率	μ_r		
（电磁）力	F	牛[顿]	N
电感	L	亨	H
频率	f	赫[兹]	Hz
角速度	ω	弧度每秒	rad/s
周期	T	秒	s
初相位	φ	弧度	rad
感抗	X_L	欧[姆]	Ω
容抗	X_C	欧[姆]	Ω
阻抗	Z	欧[姆]	Ω
有功功率	P	瓦	W
无功功率	Q	乏	Var
视在功率	S	伏安	VA
功率因数	$\cos\varphi$		
效率	η		
光通量	Φ	流[明]	lm
[光]照度	E	勒[克斯]	lx

◇◇◇ 附录B 半导体分立器件型号命名方法

第一部分		第二部分		第三部分		第四部分	第五部分
用阿拉伯数字表示器件的电极数目		用汉语拼音字母表示器件的材料和极性		用汉语拼音字母表示器件的类型		用阿拉伯数字表示序号	用汉语拼音字母表示规格号
符号	意义	符号	意义	符号	意义		
2	二极管	A	N型，锗材料	P	小信号管		
		B	P型，锗材料	V	混频检波管		
		C	N型，硅材料	W	电压调整管和电压基准管		
		D	P型，硅材料	C	变容管		
3	三极管	A	PNP型，锗材料	Z	整流管		
		B	NPN型，锗材料	L	整流堆		
		C	PNP型，硅材料	S	隧道管		
		D	NPN型，硅材料	K	开关管		
		E	化合物材料	X	低频小功率晶体管 $(f_a < 3\mathrm{MHz}, P_c < 1\mathrm{W})$		
				G	高频小功率晶体管 $(f_a \geqslant 3\mathrm{MHz}, P_c < 1\mathrm{W})$		
				D	低频大功率晶体管 $(f_a < 3\mathrm{MHz}, P_c \geqslant 1\mathrm{W})$		
				A	高频大功率晶体管 $(f_a \geqslant 3\mathrm{MHz}, P_c \geqslant 1\mathrm{W})$		
				T	闸流管		
				Y	体效应管		
				B	雪崩管		
				J	阶跃恢复管		

◇◇◇ 附录C 国外半导体器件型号命名方法

由于目前市场上日本和美国生产的半导体器件产品比较多，下面分别介绍日本和美国半导体器件的命名方法。

一、日本产半导体器件命名方法

日本半导体分立器件或按日本专利生产的半导体器件，都是按照日本工业标准（JIS）规定的命名法（JIS—C—702）命名的。日本半导体器件型号组成部分符号及其意义，见表 C-1。

表 C-1　日本半导体器件型号组成部分符号及其意义

第一部分		第二部分		第三部分		第四部分		第五部分	
用数字表示类型或有效电极数		S 表示日本电子工业协会注册产品		用字母表示器件的极性及类型		用数字表示在日本电子工业协会登记的顺序号		用字母表示对原来型号的改进产品	
符号	意义	符号	意义	符号	意义	符号	意义	符号	意义
0 1 2 3	光敏二极管或三极管及包括上述器件的组合管 二极管 晶体管（或具有3个电极的其他三极管）具有4个有效电极的器件	S	表示已经在日本电子协会（EIAJ）注册登记的半导体分立器件	A B C D J K M	PNP 型高频管 PNP 型低频管 NPN 型高频管 NPN 型低频管 P 沟道场效应晶体管 N 沟道场效应晶体管 双向晶闸管	多位数字	从"11"开始，表示在日本电子工业协会注册登记的顺序号；不同公司功能相同的器件可以使用同一顺序号；其数字越大，越是近期产品	A B C D E F	用字母表示对原来型号的改进产品

例1：2 S A 1015（小功率）
　　　　　　　├─ 日本电子协会登记顺序号
　　　　　　├─ PNP 型高频管
　　　　├─ 日本电子协会注册产品
　　├─ 三极管（两个 PN 结）

例2：2 S C 1815（小功率）
　　　　　　　├─ 日本电子协会登记顺序号
　　　　　　├─ NPN 型高频管
　　　　├─ 日本电子协会注册产品
　　├─ 三极管（两个 PN 结）

例3：2 S B 649（中功率）
　　　　　　　├─ 日本电子协会登记顺序号
　　　　　　├─ PNP 型低频管
　　　　├─ 日本电子协会注册产品
　　├─ 三极管（两个 PN 结）

例4：2 S D 555（大功率）
　　　　　　　├─ 日本电子协会登记顺序号
　　　　　　├─ NPN 型低频管
　　　　├─ 日本电子协会注册产品
　　├─ 三极管（两个 PN 结）

二、美国半导体分立器件型号命名方法

美国实行电子工业协会（EIA）下属的电子元件联合技术委员会（JEDEC）制定的半导体分立器件型号命名方法，见表 C-2。

表 C-2　美国电子工业协会半导体分立器件型号命名方法

第一部分		第二部分		第三部分		第四部分		第五部分	
用符号表示器件用途的类别		用数字表示 PN 结数目		美国电子工业协会（EIA）注册登记		美国电子工业协会注册登记顺序号		用字母表示器件分挡	
符号	意义	符号	意义	符号	意义	符号	意义	符号	意义
JAN JANTX JANTXV JANS （无）	军级 特军级 超特军级 宇航级 非军用品	1 2 3 n	二极管 晶体管 三个 PN 结器件 n 个 PN 结器件	N	该器件已经在美国电子工业协会（EIA）注册登记	多位数字	该器件在美国电子协会（EIA）登记的顺序号	A B C D	同一型号器件的不同挡别

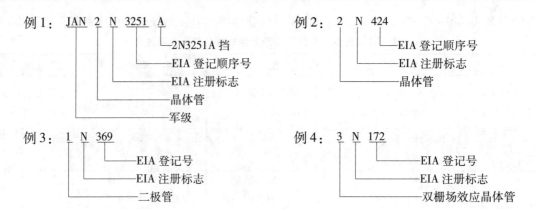

◇◇◇ 附录 D 常用半导体二极管的主要参数

表 D-1 常用普通二极管、整流二极管的主要参数

型号 \ 参数	最大整流电流 (I_F)	最高反向工作电压(峰值) (U_{RM})	反向击穿电压 (U_R)	反向电流 (I_R)	最高工作频率 (f_M)
	mA	V	V	μA	MHz
2AP1	16	20	≥40	≤250	150
2AP8B	35	10	≥20	≤100	150
2CZ50	30	25~3000		5(50℃)	3
2CZ54B	500	50		10(50℃)	3
2CZ56A~X	3×1000	30	25~3000(注)	≤10	3

注：2CZ56A~X的最高反向电压根据规格号不同而不同，规格号为A的最低是25V；为B的是50V；为C的是100V；为D是200V；为E的是300V；为L是900V；为M的是1000V；为N的是1200V；为P的是1400V；为Q的是1600V；为R的是1800V；为S的是2000V；为T的是2200V；为U的是2400V；为V的是2600V；为W是2800V；为X的是3000V。

表 D-2 常用稳压二极管的主要参数

型号 \ 参数	稳定电压 (U_Z)	稳定电流 (I_Z)	最大稳定电流 (I_{ZM})	动态电阻 (r_Z)	电压温度系数 (C_{TV})	耗散功率 (P_Z)
	V	mA	mA	Ω	%/℃	W
2CW52	3.2~4.5	10	55	≤70	≤-0.08	0.25
2CW55	6.2~7.5	10	33	≤15	≤0.06	0.25
2CW104	5.5~6.5	30	150		≤0.06	1
2CW114	18~21	10	47		≤0.11	1
2CW140	13.5~17	30	170	≤25	≤0.10	3

◇◇◇ **附录 E　常用半导体晶体管的主要参数**

参数 型号	电流放大参数 β	反向饱和 电流参数 I_{CBO} μA	极限参数 $U_{(BR)CEO}$ V	极限参数 P_{CM} mW	极限参数 I_{CM} mA	备注
3AX51A	40~150	≤12	30	100	100	低频小功率(锗 PNP)
3DX200B	55~400	≤1	≥18	300	300	低频小功率(硅 NPN)
3DG33	25~270，分挡		≥35	200	300	高频小功率(硅 NPN)
3CG170A	≥25	≤0.1	60	500	50	高频小功率(硅 PNP)
3AD56B	20~140	800	45	50×10^3	15×10^3	低频大功率(硅 PNP)
3DD6A	≥10	200	50	50×10^3	5×10^3	低频大功率(硅 NPN)
3DA28E	≥15，分挡			7.5×10^3	1×10^3	高频大功率(硅 NPN)
3CA1943A	55~160，分挡		≥230	150×10^3	15×10^3	高频大功率(硅 PNP)

◇◇◇ **附录 F　硅整流管的主要参数**

表 F-1　ZP 型整流管的主要参数

参数 型号	额定正向 平均电流 $I_{F(AV)}$	反向重复 峰值电压 U_{RRM}/V	反向不重 复平均电 流 I_{RS}/mA	反向重复 平均电流 I_{RR}/mA	浪涌电流 I_{FSM}/A	正向平均 电压 U_F /V	额定结温 $T_{jM}/℃$	额定结温 升 ΔT_{jM} /℃	结构 形式	冷却 方式
ZP1	1		≤1	<1	40					
ZP5	5		≤1	<1	180					自冷
ZP10	10		≤1.5	<1.5	310					
ZP20	20		≤2	<2	570				螺栓式	
ZP30	30		≤3	<3	750					
ZP50	50		≤4	<4	1260					
ZP100	100		≤6	<6	2200					
ZP200	200	100~3000	≤8	<8	4080	0.4~1.2	140	100		风冷
ZP300	300		≤10	<10	5650					
ZP400	400		≤12	<12	7540					
ZP500	500		≤15	<15	9420					
ZP600	600		≤20	<20	11160				平板式	
ZP800	800		≤20	<20	14920					
ZP1000	1000		≤25	<25	18600					水冷
ZP1500	1500		≤35	<35	28260					

表 F-2　ZP 型硅整流管正向电压组别

正向平均电压/V	$U_F \leqslant 0.4$	$0.4 < U_F \leqslant 0.5$	$0.5 < U_F \leqslant 0.6$	$0.6 < U_F \leqslant 0.7$	$0.7 < U_F \leqslant 0.8$	$0.8 < U_F \leqslant 0.9$	$0.9 < U_F \leqslant 1.0$	$1.0 < U_F \leqslant 1.1$	$1.1 < U_F \leqslant 1.2$
组别	A	B	C	D	E	F	G	H	I

表 F-3　硅塑封整流管的主要参数

型号	2CZ5391	2CZ5392	2CZ5393	2CZ5395	2CZ5397	2CZ5398	2CZ5399	2CZ54001	2CZ54002	2CZ54003	2CZ54004
国外管型号	1N5391	1N5392	1N5393	1N5395	1N5397	1N5398	1N5399	1N54001	1N54002	1N54003	1N54004
$I_F(AV)/A$				1.5					1.0		
U_{RRM}/V	50	100	200	400	600	800	1000	50	100	200	400
U_{RWM}/V	35	70	140	280	420	560	700	35	70	140	280

◇◇◇ 附录 G　半导体集成电路型号命名方法

第 0 部分		第一部分		第二部分	第三部分		第四部分	
用字母表示器件符合国家标准		用字母表示器件的类型		用阿拉伯数字和字符表示器件的系列和品种代号	用字母表示器件的工作温度范围		用字母表示器件的封装	
符号	意义	符号	意义		符号	意义	符号	意义
C	符合国家标准	T	TTL 电路		C	0～70℃	F	多层陶瓷扁平
		H	HTL 电路		G	−25～70℃	B	塑料扁平
		E	ECL 电路		L	−25～85℃	H	黑瓷扁平
		C	CMOS 电路		E	−40～85℃	D	多层陶瓷双列直插
		M	存储器		R	−55～85℃	J	黑瓷双列直插
		μ	微型机电路		M	−55～125℃	P	塑料双列直插
		F	线性放大器				S	塑料单列直插
		W	稳压器				K	金属菱形
		B	非线性电路				T	金属圆形
		J	接口电路				C	陶瓷片状载体
		AD	A/D 转换器				E	塑料片状载体
		DA	D/A 转换器				G	网格阵列
		D	音响、电视电路					
		SC	通讯专用电路					
		SS	敏感电路					
		SW	钟表电路					

◇◇◇ 附录 H 集成运放典型产品的主要技术指标

类别			通用型			专用型				
			Ⅰ型	Ⅱ型	Ⅲ型	高阻型	高精度型	宽带型	低功耗型	高速型
国内外型号			CF702 F002 / μA702 (FSC)	F709 F004 / μA709 (FSC)	F741 F007 / μA741 (FSC)	F3130A / CA3130 (RCA)	F725 / μA725 (FSC)	F507K / AD507 (ANA)	F253A / μpO253 (NEC)	F715 / μA715 (FSC)
电源电压范围	V_{CC} V_{EE}	V	±12, −6	±15	±15	5~16 或 ±2.5~±18	±15	±15	±(3~18)	±15
开环差模增益	A_{ud}	dB	71	10~100	80~86	110	130	104	110	90
共模抑制比	k_{cmR}	dB	100	76~86	90	90	120	100	100	92
最大差模输入电压	U_{idm}	V	±5		±30	±8	±14	±12	±30	±15
最大共模输入电压	U_{icm}	V	+0.5, −0.4	±6	±12	−0.5~+12	−5~+2	±11	±15	±12
最大输出电压	U_{OPP}	V	±4.0	±10	±(8~12)	13.3		±12	±13.5	±13
输入失调电压	U_{io}	mV	0.5	2~10	2~10	2	0.5	1.5	1.0	2.0
U_{io} 的温漂	dU_{io}/dt	μV/℃	2.5	10	20~30	10	2.0	8	3	
输入失调电流	I_{IO}	nA	180	100~500	100~300	0.5×10^{-3}	2.0	15	4	70
I_{io} 的温漂	dI_{io}/dt	nA/℃	3.0	3	1		35×10^{-3}	0.2		
输入偏置电流	I_{IB}	nA	2000	200	30~200	5×10^{-3}	42	15	20	400
差模输入电阻	r_{id}	MΩ	0.04	0.01~0.2		1.5×10^{6}	1.5	300	6	1
输出电阻	r_o	Ω	200	<400	≤200	75	150			75
−3dB 宽带	BW	Hz		3000	7					
单位增益带宽	GBW	MHz	30		1	15		35	1	
转换速率	S_R	V/μs	5		0.5	30		35		70
静态功耗	P_D	mW	90	200	120		80		0.6	165

◇◇◇ 附录 I 部分 KP 型晶闸管的主要参数

表 I-1 KP 型晶闸管的型号及常见参数

参数 型号	通态正向平均电流 $I_{T(AV)}$/A	断态正反向重复峰值 电压 U_{DRM}, U_{RRM}/V	门极触发电压 U_{GT}/V	门极触发 电流 I_{GT}/mA
KP1	1	50 ~ 1600	≤2.5	≤20
KP5	5	100 ~ 2000	≤3.0	≤60
KP10	10	100 ~ 2000	≤3.0	≤100
KP20	20	100 ~ 2000	≤3.0	≤100
KP50	50	100 ~ 2400	≤3.0	≤200
KP100	100	100 ~ 3000	≤3.5	≤250
KP200	200	100 ~ 3000	≤3.5	≤250
KP500	500	100 ~ 3000	≤4.0	≤350
KP800	800	100 ~ 3000	≤4.0	≤450
KP1000	1000	100 ~ 3000	≤4.0	≤450

表 I-2 KP 型晶闸管通态平均电压组别

型号	KP1	KP5	KP10	KP20	KP30	KP50	KP100	KP200	KP300	KP400	KP500	KP600	KP800	KP1000
正反向 重复峰 值电压 /V	100	200	300 400	500 600	700 800	900 1000	1200	1400	1600	1800	2000	2200	2400 2600	2800 3000
级别	1	2	3 4	5 6	7 8	9 10 12		14 16		18 20		22 24		26 28 30
通态平 均电压 /V	$U_{T(AV)}$ ≤0.4		$0.4 < U_{T(AV)}$ ≤0.5	$0.5 < U_{T(AV)}$ ≤0.6	$0.6 < U_{T(AV)}$ ≤0.7	$0.7 < U_{T(AV)}$ ≤0.8		$0.8 < U_{T(AV)}$ ≤0.9		$0.9 < U_{T(AV)}$ ≤1.0		$1.0 < U_{T(AV)}$ ≤1.1		$1.1 < U_{T(AV)}$ ≤1.2
组别	A		B	C	D	E		F		G		H		I

参 考 文 献

[1] 郭赟. 电子技术基础[M]. 4 版. 北京：中国劳动社会保障出版社，2007.

[2] 史娟芬. 电子技术基础与技能[M]. 南京：江苏教育出版社，2010.

[3] 张孝三. 电工学[M]. 3 版. 北京：中国劳动社会保障出版社，2001.

[4] 程周. 电工与电子技术[M]. 北京：高等教育出版社，2002.

[5] 喻华. 建筑应用电工[M]. 武汉：武汉工业大学出版社，1997.

[6] 金国砥. 室内灯具安装入门[M]. 杭州：浙江科学技术出版社，2000.

[7] 赵承荻. 维修电工操作技能训练[M]. 3 版. 北京：中国劳动社会保障出版社，2001.

[8] 李敬梅. 电力拖动控制电路与技能训练[M]. 3 版. 北京：中国劳动社会保障出版社，2001.

教师服务信息表

尊敬的老师：

您好！感谢您多年来对机械工业出版社的支持与厚爱！为了进一步提高我社教材的出版质量，更好地为职业教育的发展服务，欢迎您对我社的教材多提宝贵意见和建议。另外，如果您在教学中选用了《电工与电子技术基础第 2 版》一书，我们将为您免费提供与本书配套的电子课件。

一、基本信息

姓名：_____ 性别：_____ 职称：_____ 职务：_____

学校：_____ 系部：_____

地址：_____ 邮编：_____

任教课程：_____ 电话：_____（O）手机：_____

电子邮件：_____ qq：_____ msn：_____

二、您对本书的意见及建议

　　　　（欢迎您指出本书的疏误之处）

三、您近期的著书计划

请与我们联系：

100037　北京市西城区百万庄大街 22 号　机械工业出版社·技能教育分社　王振国

Tel：010 – 88379743

Fax：010 – 68329397

E-mail：CMPWZG@163.com